Xcode、Apple、Apple ロゴ、iOS、Mac、OS X、iPhone、Swift は、米国 Apple Inc. の各国における商標または登録商標です。iPhone 商標はアイホン株式会社のライセンスに基づき使用されています。その他記載された会社名及びロゴ、製品名などは該当する各社の商標または登録商標です。なお、本文中には™、® マークは明記していません。

本書の内容は執筆時点においての情報であり、予告なく内容が変更されることがあります。また、本書に記載された URL は執筆当時のものであり、予告なく変更される場合があります。本書の内容の操作によって生じた損害、および本書の内容に基づく運用の結果生じたいかなる損害につきましても株式会社ソーテック社とソフトウェア開発者 / 開発元および著者は一切の責任を負いません。あらかじめご了承ください。

本書掲載のソフトウェアのバージョン、URL、それにともなう画面イメージなどは原稿執筆時点のものであり、変更されている可能性があります。本書の内容の操作の結果、または運用の結果、いかなる損害が生じても、著者ならびに株式会社ソーテック社は一切の責任を負いません。本書の制作にあたっては、正確な記述に努めていますが、内容に誤りや不正確な記述がある場合も、当社は一切責任を負いません。

眠ってる才能を揺り起そう！

本書は開発環境の Xcode を使い SwiftUI フレームワークで iPhone アプリを作るための入門解説書です。Xcode では
ライブラリからボタンやテキストなどの部品をドロップするだけで SwiftUI のコードを入力でき、プレビュー表示で簡
単にレイアウトを確認したり調整したりできます。ライブプレビューやシミュレータを使えば実機さながらにタッチや
スワイプアクションの動作確認も行えます。とは言え、アプリを作りコードに意味をもたせるのはプログラマの仕事です。
SwiftUI を理解し語れる人になりましょう。

・試しながら開発手法を習得する

本書では開発環境 Xcode の使い方から、SwiftUI コードの便利な入力補完機能などをステップを追って説明します。ポ
イントにはマーカーを引き、長いコードも見てすぐわかるように枠囲みや補足説明を付けました。将来役立つ中級者向
けの内容には「Level Up」アイコンが付いてます。 iOS 15 になって追加変更された新機能にも注目です。
Chapter 1 では簡単な SwiftUI アプリを試しに 1 個作ります。Xcode の設定や基礎知識に加えてシミュレータや
Playground についても説明します。Chapter 2 ではテキスト表示のレイアウト調整をもとに SwiftUI の基本を学びま
す。Chapter 3 は写真や図形の表示と画像効果へと進みます。Chapter 4 ではリスト表示やナビゲーションリンクを
SwiftUI ではどのように行うかを説明します。リンクリストから Web ブラウザを開く例も試します。Chapter 5 はボ
タン、スイッチ、スライダー、テキストフィールド入力などの UI 部品を実装していきます。重要キーワードの @State
が登場し、条件分岐、オプショナルバリュー、例外処理などコードも本格的になり、学ぶべき Swift シンタックスも多
くなります。Chapter 6 は確認ダイアログ、シート、スクロールビュー、ダブビューの操作とグリッドレイアウトを取
り上げます。複数データの処理もポイントです。Chapter 7 はバインディングとオブジェクトの共有です。@Binding、
@StateObject、@ObservedObject、@EnvironmentObject の使用例や違いを示します。Chapter 8 は地図表示です。
シミュレータや実機で試してみましょう。最終章の Chapter 9 では新機能の AsyncImage、async/await を使った非
同期処理を解説します。

・Swift 初心者のための基礎知識入門

SwiftUI を使うにしても、プログラミング言語 Swift の基礎力が欠かせません。そこで、各セクションを補完するよう
に「Swift シンタックスの基礎知識」を設けました。変数、演算子、制御構造、構造体、配列、関数定義、例外処理、オ
プショナル、クラス、継承など、これだけは知っておきたい内容を図とコードで丁寧に説明しました。コラム形式なので、
繰り返し読み返したり、まとめ読みしたりしてもよいでしょう。

・ゴールはどこだ！？

新しいツールを手にするとそれだけで希望が湧き、道がひらけた高揚感を覚えます。ここで大切なのはゴールの設定。
やり方やルールを変えても目指すゴールが変わらなければ今までと同じこと。どこへ向かうのか、自分のゴールはそこ
でよいのか。楽しい未来を語らなければ、楽しい未来はやって来ない。眠ってる才能を揺り起こし共に進むのだ！

2021 年 11 月 21 日（曇り）ニットのようによくできた世界 ／ 大重美幸

Contents

まえがき……………………………………………………………… 003
本書の構成…………………………………………………………… 007
サンプルプログラムのダウンロード・サポートページ………… 008

Chapter 1
iPhone アプリを作ってみよう／Playground の活用 …… 009

- Section 1-1　Xcode のインストール ………………………… 010
- Section 1-2　SwiftUI を使うプロジェクトを作る …………… 014
- Section 1-3　エディタとキャンバスを使ってみよう ………… 022
- Section 1-4　iPhone シミュレータを使う …………………… 028
- Section 1-5　iPhone の実機でアプリを試そう ……………… 033
- Section 1-6　Playground を活用して Swift を学ぼう ……… 038

Chapter 2
テキスト表示で学ぶ基本操作とレイアウト調整 …………… 055

- Section 2-1　新しいテキストを追加する ……………………… 056
- Section 2-2　コードを効率よく入力する ……………………… 067
- Section 2-3　フォントや縦横サイズを設定する ……………… 075
- Section 2-4　レイアウトを調整する …………………………… 090

Chapter 3
イメージと図形の表示／配置／画像効果 …………………… 101

- Section 3-1　イメージを表示する ……………………………… 102
- Section 3-2　図形の作成と配置 ………………………………… 110
- Section 3-3　ビューの画像効果 ………………………………… 121

Chapter 4
リスト表示とナビゲーションリンク ………………………… 129

- Section 4-1　コンテンツのリスト ……………………………… 130
- Section 4-2　配列をリスト表示する …………………………… 136
- Section 4-3　複数のセクションがあるリスト ………………… 152

Section 4-4	行に表示するビューを定義する	157
Section 4-5	リストから詳細ページを開く	168
Section 4-6	ブラウザで表示する Web リストを作る	183

Chapter 5

ボタンやテキストフィールドなどユーザー入力で使う部品 … 189

Section 5-1	ボタンで実行する	190
Section 5-2	オン／オフ切り替えトグルスイッチ	205
Section 5-3	ステッパーでカウントアップ	220
Section 5-4	スライダーを作る	228
Section 5-5	メニュースタイルのピッカーを作る	236
Section 5-6	ピッカーとナビゲーションビューを組み合わせる	245
Section 5-7	デートピッカーを作る	252
Section 5-8	キーボードでテキストフィールド入力	261
Section 5-9	テキストエディタでテキストの読み書き	278

Chapter 6

アラート、シート、スクロール、グリッドレイアウト、タブを使う … 295

Section 6-1	アラートを表示する	296
Section 6-2	確認ダイアログを表示する	302
Section 6-3	シートで作るハーフモーダルビュー	308
Section 6-4	スクロールビューを作る	315
Section 6-5	グリッドレイアウトを使う	325
Section 6-6	タブやスワイプでビューを切り替える	336

Chapter 7

バインディングとオブジェクトの共有 … 343

Section 7-1	@Binding 変数を別のビューの変数とひも付けて使う	344
Section 7-2	@Binding を使ってビューを閉じるボタンを作る	349
Section 7-3	オブジェクトを見張ってビュー表示を更新する	357
Section 7-4	リストのスワイプアクションを処理する	364
Section 7-5	@StateObject オブジェクトと @ObservedObject オブジェクト	377
Section 7-6	どこからでも共有できる @EnvironmentObject	384

Chapter 8

SwiftUI の Map() で地図表示 ………………………………… 403

Section 8-1	Map() で地図を作る ………………………………	404
Section 8-2	地図にアノテーションを表示する …………………	409
Section 8-3	現在地を表示して移動をフォロー …………………	416

Chapter 9

async/await を使った非同期処理 ……………………… 425

Section 9-1	画像データを非同期処理で表示する ………………	426
Section 9-2	非同期処理の並行処理 ………………………………	432
Section 9-3	非同期処理の逐次処理 ………………………………	438

INDEX ……………………………… 443

Swift シンタックスの基礎知識

Section 1-3	コメント文を利用しよう	027
Section 1-6	変数、タプル、型、繰り返し	043
Section 2-1	リードオンリーの変数	063
Section 4-2	配列	142
Section 4-5	構造体とユーザー定義関数	176
Section 5-1	乱数とシャッフル	201
Section 5-2	条件分岐と論理演算子	215
Section 5-3	構造体で使う関数と外部引数名について	226
Section 5-4	よく使う便利な関数	234
Section 5-5	switch 文	243
Section 5-8	オプショナルバインディング	273
Section 5-9	do-try-catch を使う例外処理	290
Section 7-6	クラス定義	394

本書の構成

本書は各 Section ごとに用意されたサンプルファイルを作成し、Xcode の操作を覚えながら SwiftUI を使って iPhone アプリを完成させていきます。

このセクションのトピック、重要キーワード

各 Section の最初のページには、「このセクションのトピック」が箇条書きされています。解説に出てくる重要なキーワードも最初のページでピックアップしています。

STEP

プロジェクトをつくる方法を手順を追って説明していきます。
次ページで説明するダウンロード用サイトからサンプルファイルをダウンロードしてご使用ください。

解説

各 Section で登場するプロジェクトを作成するにあたり必要な Xcode のインターフェース、ツールの使い方、SwiftUI での開発方法、Swift シンタックスについて書式を明示し詳細に解説しています。コードにはコードタイトル、ファイル名、マーカー線、引き出しによる注釈があります。

Swift シンタックスの基礎知識

Section で出てくる Swift シンタックス、または関連する Swift シンタックスについて主に Playground を使って解説しています。

サンプルプログラムのダウンロード・サポートページ

本書で使用したサンプルは、下記のソーテック社 Web サイトのサポートページからダウンロードして使用することができます。サンプルプログラムダウンロードのほか、本書の補足説明、誤りの訂正などを掲載しています。

「詳細！ SwiftUI　iPhone アプリ開発入門ノート［2021］iOS 15+Xcode 13 対応」

サンプルプログラムダウンロード・サポートページ URL

http://www.sotechsha.co.jp/sp/1295/

■著作権、免責および注意事項

ダウンロードしたサンプルプログラムの著作権は、大重美幸に帰属します。すべてのデータに関し、著作権者および出版社に無断での転載、二次使用を禁じます。
ダウンロードしたサンプルプログラムを利用することによって生じたあらゆる損害について、著作権者および株式会社ソーテック社はその責任を負いかねます。また、個別の問い合わせには応じかねますので、あらかじめご了承ください。

iPhoneアプリを作ってみよう／Playgroundの活用

Xcodeをインストールして、実際に簡単なアプリを作ってシミュレータやiPhoneでさっそく試してみましょう。
どうしても欠かせないSwiftシンタックスの基礎知識の学習もPlaygroundで効率よくスタートです。

Section 1-1	Xcodeのインストール
Section 1-2	SwiftUIを使うプロジェクトを作る
Section 1-3	エディタとキャンバスを使ってみよう
	↳ コメント文を利用しよう
Section 1-4	iPhoneシミュレータを使う
Section 1-5	iPhoneの実機でアプリを試そう
Section 1-6	Playgroundを活用してSwiftを学ぼう
	↳ 変数、タプル、型、繰り返し

Section 1-1 Xcode のインストール

Xcodeはアプリ開発に必要な複数のツールが集まったmacOS用の統合開発環境（IDE）です。このセクションではXcodeのインストールに続いてアカウントの登録を行い、iPhoneアプリ開発の準備を整えるところまでを行います。アカウントの登録はiPhoneに接続して実機テストするときまで必要ありませんが、ここでやってしまいましょう。

このセクションのトピック

1. App StoreからXcode13をダウンロードし、Macにインストールしよう
2. Xcodeに開発用のアカウント（Apple ID）を登録しよう
3. Apple Developer Programについて知ろう

重要キーワードはコレだ！
Xcode、AppleID アカウント、Apple Developer Program

❶ Xcodeをインストールします

Xcode

❷ 開発用のアカウントを登録します

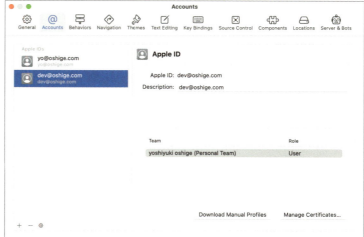

⚠️ **Xcode と macOS のバージョン**
Xcode 13 を使うには、macOS Big Sur 11.3 以降の環境が必要です。

Xcode をダウンロードしてインストールする

Xcode を MacBook にインストールし、開発アカウントを追加するまでのステップを説明します。各ステップでサインインやアカウントとパスワードが求められます。次のように対応してください。

- App Store へのサインイン　→　通常利用している Apple ID とパスワード
- MacBook へのインストール　→　MacBook ユーザーのアカウントとパスワード
- Xcode のアカウント　→　開発用の Apple ID とパスワード（通常利用の Apple ID でも構いません）

1 App Store から Xcode をダウンロードする

MacBook の Apple メニューから App Store を開いて Xcode をダウンロードします。Xcode は「開発する」のカテゴリにあります。「xcode」でも検索できます。

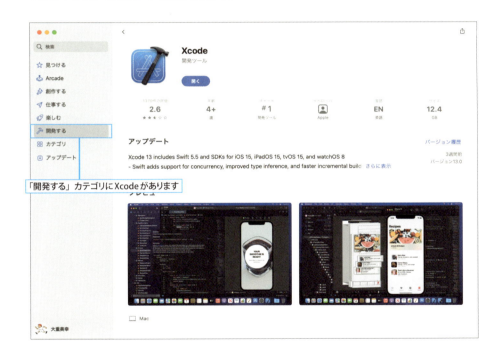

「開発する」カテゴリに Xcode があります

2 MacBook へのインストールを許可する

MacBook にインストールする際に MacBook のユーザーアカウントの許可が求められた場合は、MacBook のユーザーログインに使うアカウントとパスワードを入力してインストールを許可します。

3 開発用のアカウント（Apple ID）を登録する

Xcode を起動して、Xcode メニューの Preferences を選び、Accounts タブを開きます。＋ボタンをクリックして開発用の Apple ID を登録します。通常利用している Apple ID を登録しても問題ありません。

Xcode のアカウントで使う Apple ID

開発中のアプリは SwiftUI のプレビュー機能や iPhone シミュレータ（Simulator アプリ）で動作を試すことができますが、iPhone で実機テストするには、Xcode にデベロッパ登録したアカウント（Apple ID）を入力する必要があります（実機テスト☞ P.33）。

● デベロッパアカウントについて
https://help.apple.com/developer-account/

無料のアカウント

アプリを配布しないならば、Apple Developer 契約に同意しただけの無料のアカウントでも iPhone を使った実機テストを行えます。ただし、無料アカウントで作ったアプリの有効期間は、実機にインストールから 1 週間です。

有料のアカウント

開発中のアプリをテスターに配布してベータ版のテストを行ったり、完成したアプリを App Store から配布したりするには、有料メンバーシップの Apple Developer Program に登録した Apple ID で開発を行わなければなりません（年会費 12,800 円）。開発に使用するデバイスも登録します（☞ P.37）。

● Apple Developer Program
https://developer.apple.com/jp/programs/

●日本語ドキュメントや開発ツール
https://developer.apple.com/jp/develop/

SwiftUI を使うプロジェクトを作る

Xcode のアプリ開発は、アプリの種類や利用したいテクノロジーに適したテンプレートからプロジェクトを作るところから始めます。このセクションでは、SwiftUI を使うプロジェクトを作り、Xcode の基本的な操作方法を学びます。

このセクションのトピック

1. SwiftUI を利用するプロジェクト「HelloWorld」を作って保存しよう
2. Xcode の画面の各エリアの名前と概要を知ろう
3. 各エリアを表示／非表示して画面を広く使おう

重要キーワードはコレだ！
新規プロジェクト、App テンプレート、ナビゲータエリア

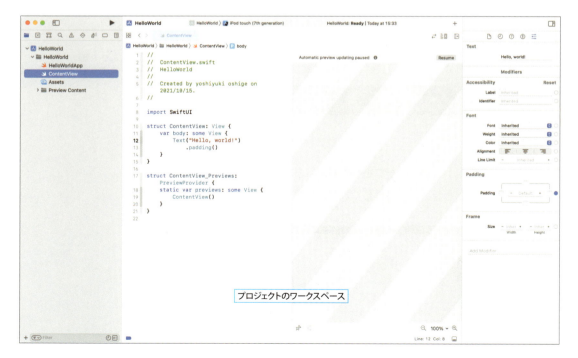

プロジェクトのワークスペース

STEP SwiftUI 対応の新規プロジェクトを作る

Xcode で新規に iOS アプリのプロジェクトを作るステップを説明します。アプリ開発には複数のプログラムファイル、ライブラリ、素材などが必要になるので、それらを1つのプロジェクトとして管理します。

1 新規プロジェクトを選ぶ

«SAMPLE» **HelloWorld.xcodeproj**

Xcode を起動すると表示される「Welcome to Xcode」パネルの「Create a new Xcode project」をクリックします。メニューの File > New > Project... を選択して新規プロジェクトを作ることもできます。

クリックします

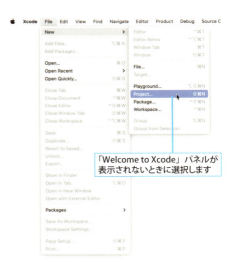

「Welcome to Xcode」パネルが表示されないときに選択します

2 iOS の App テンプレートを選択する

テンプレートの種類を選ぶパネルが表示されたならば、iOS タブにある「App」を選択し、Next ボタンをクリックして次へ進みます。

❶ iOS を選びます
❷ App を選びます
❸ クリックします

3 プロダクト名などを付け、SwiftUI を選択して保存する

プロダクト名などの項目を入力します。Team はアカウントで登録したチームから選択します（☞ P.12）。実機テストや配布を行わない場合は「None」のままでも構いません。Interface で「SwiftUI」、Life Cycle で「SwiftUI App」、Language で「Swift」を選択します。Include Tests のチェックは上級者向けなので外しておきます。

入力例：
Product Name：HelloWorld
Team：アカウントで登録したチームから選択します
Organization Identifier：com.oshige.dev

4 プロジェクトのワークスペースが表示される

プロジェクトを保存するとツールバーやエリアに区切られたワークスペースが表示されます。

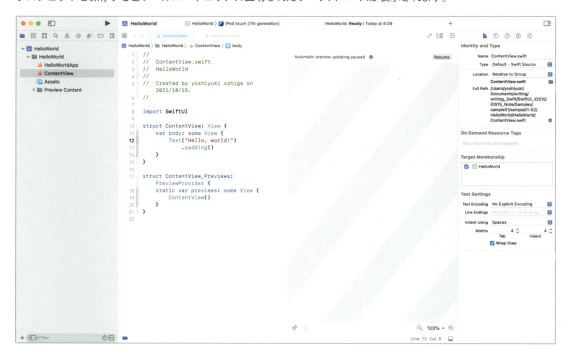

5 iOS のバージョンを確認する

図のようにナビゲータエリアの 1 行目を選択します。開いたパネルの Deployment Info が iOS15 かどうか確認し、そうでなければ iOS 15 を選択します。ナビゲータエリアの ContentView を選択すれば最初のワークスペースの画面に戻ります。

> **! NOTE**
>
> **プロジェクトフォルダと xcodeproj ファイル**
>
> プロジェクトを保存するとプロジェクトフォルダが作られます。フォルダの中には、xcodeproj ファイルと、Swift ファイルなどが入ったプロジェクト名のフォルダが作られます。既存のプロジェクトを開くときは xcodeproj を開きます。プロジェクトフォルダの名前は変更できますが、その中の xcodeproj ファイルと Swift ファイル等が入っているフォルダの名前をファインダ上で変更しないでください。

ワークスペースのエリアの名称と概要

ワークスペースを使って開発を進めるために、区切られている各エリアの名称や操作方法や機能の概要を知っておきましょう。

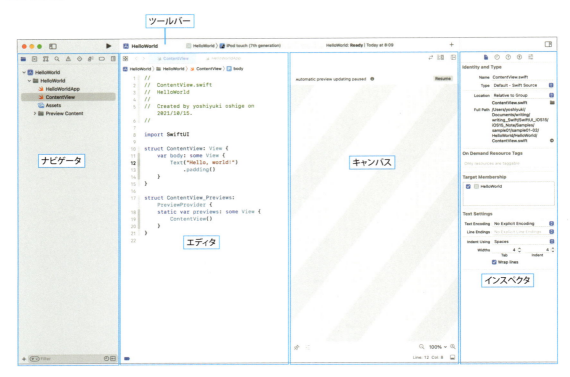

設定やコードを編集するファイルをナビゲータで選択する

ナビゲータにはプロジェクトに含まれているファイルがリスト表示されています。リストはフォルダ階層になっていますが、これは種類によるグループ分けであり、保存のファイル階層ではありません。

ナビゲータのリストをクリックすると、選択したファイルの編集設定画面が右のエリアに表示されます。たとえば、1行目の**プロジェクト名**を選択すると、右のエリアにはプロジェクトの各種設定画面が表示され、.swiftの拡張子が付いている**Swiftファイル**を選択すると、エディタにはプログラムコードの標準エディタとキャンバスのエリアが表示されます。

1-2 SwiftUI を使うプロジェクトを作る

❶ Swift ファイルを選択します

❸ 選択しているファイル、コード、オブジェクトなどの属性が表示され、設定などができます

❷ プログラムコードの編集ができるようになります

インスペクタで属性の設定を確認変更する

インスペクタには、ナビゲータやエディタエリアで選択している**ファイルやオブジェクトの属性の現在の設定値**が表示されます。属性の値を変えて設定し直すこともできます。

インスペクタエリアの上部には、File インスペクタや Attributes インスペクタなどを切り替えるボタンが並んでいます。

インスペクタの種類を切り替えるボタン

エリアを表示／非表示して使う

ツールバーには、ナビゲータエリア、インスペクタエリアの表示と非表示を切り替えるボタンがあります。使わないエリアを消すとエディタエリアが広くなり、編集しやすくなります。

ナビゲータエリアの表示／非表示を切り替えます

インスペクタエリアの表示／非表示を切り替えます

019

キャンバスが表示されるのはプレビューのための ContentView_Previews のコードが書いてある場合です（PreviewProvider プロトコル ☞ P.167）。その場合にも Editor メニューの Canvas で消すことができます。

コードのミニマップ

エディタの右端のスクローラには、プログラムのコード全体を縮小表示したミニマップを表示できます。ミニマップのコードをクリックするとエディタがスクロールし、クリックしたコードが表示される位置にジャンプできます。ミニマップは、Editor メニューの Minimap で表示と非表示を切り替えることができます。

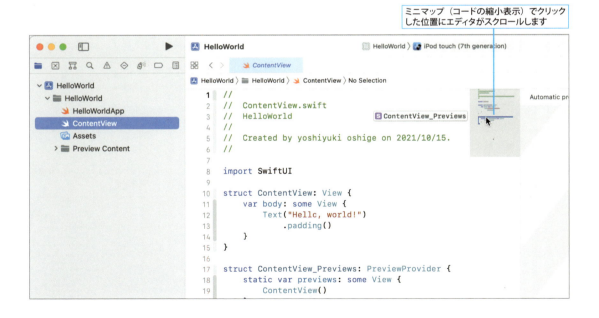

クイックヘルプとデベロッパドキュメンテーション

　コードで使われている命令や関数の書式や機能を調べたいときは、調べたいコードをクリックして指し、Show Quick Help Inspector ボタンをクリックしてクイックヘルプを開きます。クイックヘルプの最終行の「Open In Developer Documentation」をクリックするとデベロッパドキュメンテーションで該当ページが開き、さらに詳しく調べることができます。Help メニューにはデベロッパドキュメンテーションをはじめ、さまざまなガイドブックを開くメニューがあります。

Section 1-3 エディタとキャンバスを使ってみよう

SwiftUIを使うプロジェクトを作ったならば、キャンバスにコードのプレビューを表示してみましょう。コードを変更するとプレビューが即座に更新される様子も試しましょう。

このセクションのトピック

1. プレビュー表示できるSwiftファイルを選択してみよう
2. キャンバスにプレビューを表示してみよう
3. コードを変更してプレビューを確かめよう

重要キーワードはコレだ！
プレビュー表示、スキームメニュー、コメント文

STEP プレビューを表示してコードを書き替える

SwiftUIのキャンバスにアプリのプレビュー画面を表示し、コードを書き替えるとプレビューが即座に更新される様子を確認してみましょう。

1 ContentView.swift を選択する

«SAMPLE» **HelloWorld2.xcodeproj**

HelloWorld2 プロジェクトを作り、ContentView を選択します。エディタにコードが表示されますが、キャンバスには何も表示されていません。

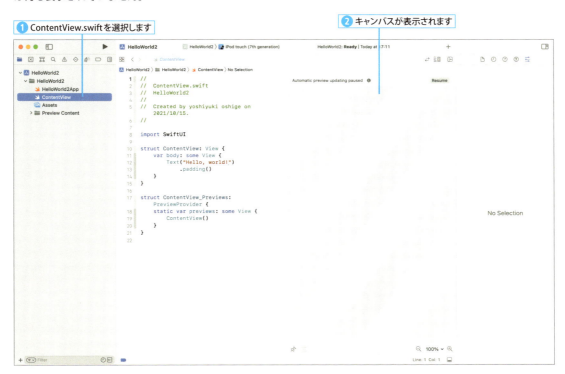

2 キャンバスの Resume ボタンをクリックする

キャンバスの右上にある Resume ボタンをクリックします。

3 キャンバスのプレビューを縮小表示する

しばらく待つと「Hello, World!」と書かれたiPhoneのプレビュー画像がキャンバスに表示されます。右下にある ⊖ ボタン、⊕ボタンをクリックしてプレビューを拡大縮小できます。

4 コードのテキストを変更する

エディタに表示されているコードの "Hello, World!" を " ハローワールド " に書き替えます。するとプレビューに表示されている文字も即座に「ハローワールド」に更新されます。アトリビュートインスペクタには、選択されたTextオブジェクトの属性の情報が表示されます。

| Code | "ハローワールド" に書き替える | «FILE» HelloWorld2/ContentView.swif |

```
struct ContentView: View {
    var body: some View {
        Text(" ハローワールド ")
            .padding()
    }
}
```

> **NOTE**
> **プレビューのテキストを直接書き替える**
> プレビューのテキストを直接変更することもできます。プレビューを変更するとコードが更新されます。

コードをビルドしてプレビューする

　ContentView を選択するとキャンバスが表示されますが、最初はプレビューが表示されていません。Resume ボタンをクリックすることでコードのビルド処理が開始され、しばらく待ってビルドが成功したならばプレビューが表示されます。

　ビルドとは、Xcode がコードを読み取り（コンパイル）、必要なライブラリや画像などの素材と組み合わせてアプリに組み上げる処理のことです。

プレビューで使用するデバイスを選ぶ

　プレビューで使用するデバイスの種類は、スキームメニューで選びます。デバイスが更新されない場合は Resume ボタンをクリックしてください。

デバイスを回転する

プレビューに表示されたデバイスの上に表示されているツールバーの回転ボタン をクリックするとデバイスが回転して、それに合わせて画面の上下が回転します。

Swift シンタックスの基礎知識
コメント文を利用しよう

コメント文

プログラムコードに説明などを書いておきたいときコメントを利用します。コードを見ると // から始まる行がありますが、これがコメントです。コメントの機能は、特定のコードが実行されないように、コードを一時的にコメント文にする「コメントアウト」という手法でも利用されます。

《FILE》Multi-Comment.xcodeproj

複数行コメント

複数行のコメントは /* と */ で囲んで作ることができます。すでに // でコメントになっている行や /* ～ */ でコメントになっている区間を含んだ複数行を /* ～ */ で囲んで全体をコメントにすることもできます。これをコメントのネスティングと呼びます。

> **❶ NOTE**
>
> **コメントアウトのショートカット command + /**
>
> コメントアウトはショートカットを使うと便利です。コメントアウトしたい行を選択して command + / を押すと選択しておいた行の先頭に // が挿入されてコメントになり、逆にコメントアウトされている行を選択して command + / を押すと行の先頭の // が取り除かれます。

027

iPhone シミュレータを使う

Section 1-4

Xcode には iPhone、iPad、Apple Watch、Apple TV のシミュレータ（Simulator アプリ）があります。シミュレータには iPhone の各機種ごとのアプリが用意されていて、キャンバスのプレビューよりもさらに実機の iPhone に近い状況でアプリをテストできます。

このセクションのトピック

1. iPhone シミュレータでアプリを実行しよう
2. iPhone シミュレータを回転してみよう
3. アプリを終了しよう
4. iPhone シミュレータを日本語にするには？

重要キーワードはコレだ！
iPhone シミュレータ、スキーム

作ったアプリをシミュレータで試します

作ったアプリがインストールされています

シミュレータを日本語にします

1-4 iPhone シミュレータを使う

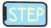 **iPhone シミュレータでアプリを実行する**

プロジェクタをビルドしてアプリを作り、iPhone シミュレータでアプリの動作を確かめるステップを説明します。iPhone シミュレータは Simulator アプリで起動します。iPhone シミュレータの回転も試します。

1 機種を選んで、Run ボタンをクリックする

«SAMPLE» **GoodMorning.xcodeproj**

iPhone の機種をスキームメニューから選択し、▶（Run ボタン）をクリックします。プロジェクトがビルドされ、スキームで選んだ iPhone シミュレータにアプリがインストールされます。

2 Simulator アプリが起動する

アプリのインストールが完了すると Simulator アプリが起動して Xcode の画面の前にスキームで選んだ iPhone のシミュレータが表示されます。画面には「おはよう！」と表示されます。

❷ スキームで選んだiPhoneのシミュレータにアプリがインストールされて起動します

029

3 iPhone シミュレータを回転させる

表示された iPhone シミュレータの上に付いてるツールバーにある Rotate ボタン 🔁 をクリックすることで、シミュレータを回転させることができます。回転に合わせて「おはよう！」の文字が水平になるように画面も回転します。

4 アプリを停止する

Xcode のツールバーにある Stop ボタン ■ をクリックするとシミュレータのアプリが停止します。

シミュレータの使い方

　シミュレータの操作は基本的に実機の iPhone と同じです。Xcode でインストールしたアプリは、アイコンのクリック（iPhone でのタップ）で再起動でき、ホーム画面の長押しでアイコンが揺れる状態にして配置の移動や削除を行えます。

　標準でインストールされているアプリをクリックすれば起動し、連携などを確認することができます。Simulator の File、Edit、Device、I/O、Features、Debug などのメニューにも開発で役立つ機能があります。

アプリをホームで確認する

　シミュレータのツールバーには Home、Save Screen（画面のスナップショット）、Rotate のボタンが並んでいます。Home ボタン をクリックするか、Device メニューの Home を選択すると、ホーム画面になります。ホーム画面には iOS の標準アプリに加えて、ビルドしてインストールしたアプリのアイコンも同じように並びます。ホーム画面のアプリをクリックすると起動します。

設定アプリ

　ホーム画面の 1 ページに Settings（設定）アプリがあります。Settings アプリをクリックして General（一般）の Language & Region（言語と地域）をクリックします。

　iPhone Language（iPhone の使用言語）で「日本語」、Region（地域）で「Japan（日本）」を選択することでメニューが日本語になり、日付や金額の表記が日本の書式になります。

1-5 iPhone の実機でアプリを試そう

iPhone の実機でアプリを試そう

カメラや加速センサーなどを使うアプリは実機でなければテストできません。そして、実際に持ち歩いたり、現場で長時間操作したりすることで、プレビューやシミュレータではわからなかった不具合や改良点に気付く場合もあります。それになんと言っても、実際に iPhone にアプリをインストールすると学習や開発のモチベーションも上がりますね。

このセクションのトピック

1. 利用するアカウントと開発チームを確認しよう
2. iPhone に自分で作ったアプリをインストールする方法は？
3. 自分で作ったアプリを iPhone で試そう

 重要キーワードはコレだ！
開発チーム、Apple MFi 認証ケーブル、iPhone の選択

❶ iPhone にアプリをインストールします

❷ アプリが起動します

033

STEP アプリを iPhone にインストールして実行する

プロジェクトのアカウントと Team を確認し、アプリをビルドして MacBook に接続した iPhone にインストールします。なお、iPhone は iOS 14 以降でなければなりません。（アカウントの登録 ☞ P.11）

1 開発チームを選ぶ

《SAMPLE》 **HelloWorld.xcodeproj**

ナビゲータの 1 行目のプロジェクト名を選択し、右に表示された TARGETS の設定を選びます。そして Signing & Capabilities を開いて Signing に設定されている開発チーム（Team）を確認します。

2 iPhone を接続してロックを解除する

MacBook と iPhone をケーブルで接続し、iPhone のロックを解除してホームで待機状態にします。

⚠ **必ず Apple MFi 認証のケーブルを**
接続には必ず Apple MFi 認証のケーブルを使用します。

3 スキームで iPhone を選択し、Run ボタンをクリックする

接続した iPhone が Xcode のスキームに表示されるので、iPhone を選択して Run ボタン ▶ をクリックします。

1-5 iPhoneの実機でアプリを試そう

4 デバイスの登録とキーチェーンの許可

ここでデベロッパアカウントにデバイスが登録してないという内容の確認ダイアログが出たならば「Register Device」をクリックしてください。続いてキーチェーンの許可を求められたならば、macOSユーザのログインパスワードで許可してください。

5 実機でアプリを操作する

ビルドが成功するとiPhoneにアプリがダウンロードされインストールされます。インストールが完了するとアプリが起動して開きます。

6 アプリを終了する

Xcode の Stop ボタン■をクリックするとアプリが終了してホーム画面に戻り、iPhone のアプリと Xcode のプロジェクトの連携が外れます。

> **NOTE**
> **信頼されていないデベロッパ**
> 「信頼されていないデベロッパ」の警告が出た場合には、設定アプリの 一般＞プロファイル から Apple Development: アカウント をタップして「信頼」を選んでください。

7 アプリを起動して動作を確かめる

インストールしたアプリはケーブルを外しても通常のアプリと同様に使うことができます。ホームに戻ってアプリをタップすると起動します。

開発チームを選んでビルドする

実機にアプリをインストールするためには、Signing & Capabilities にアカウントで作った開発チーム（☞ P.12）を必ず Team に指定しなければなりません。Team が「None」だと警告が出てビルドできません。

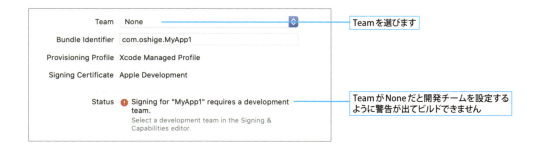

開発チームを選び直しても警告が消えない

開発チームを選び直しても警告が消えない場合は Bundle Identifier を変更してみてください。異なる開発チームで同じバンドル ID を指定した場合にこのようなケースが発生することが考えられます。

Apple Developer Program に登録したアカウントを使う場合

Apple Developer Program に登録したアカウントを使って開発する場合は、開発で使うデバイスを Apple Developer Program の「Certificates, Identifiers & Profiles」の Devices に登録しておきます。

アプリの有効期間

iPhone にインストールしたアプリには有効期間があります。Apple Developer Program のアカウントで作成したアプリは Apple Developer Program の有効期限、参加していないアカウントで作成したアプリは 1 週間です。

Playground を活用して Swift を学ぼう

Playground を使うと Swift のシンタックスを手軽に試すことができます。このセクションでは、Playground で Swift の基礎的なシンタックスを試しながら、Playground の使い方を学びます。Playground の使い方を覚えて、Swift の学習を効率よく行いましょう。

このセクションのトピック

1. Playground を使って Swift のプログラムを試そう
2. 変数と代入についての大事な話
3. 数値や文字列などの型について知ろう
4. 繰り返しの処理を見てみよう
5. 値の変化をグラフで確認

 重要キーワードはコレだ！
var、let、for-in、=、...、..<、変数、定数、代入、型推論、繰り返し、レンジ

Playground で計算する

Playground のファイルを作り、変数を使った簡単な計算を行います。変数の値の確認、再計算が行われるタイミングの確認などを行います。

1 Playground ファイルを作る

Playground を始めるには、File メニューの New > Playground... を選択します。

2 iOS のテンプレートを選択して保存する

テンプレートの種類を選ぶパネルが表示されたならば、iOS タブにある「Blank」を選択し、Next ボタンをクリックして次へ進み、ファイルを保存します。

3 Playground のワークスペースが表示される

エディタとライブビューが並んだワークスペースが表示されます。Playground ファイルを開いたときにエディタエリアに「No Editor」と表示されていることがあります。そのような場合は、ツールバーの Hide or show Navigator をクリックしてナビゲータエリアを表示してファイルを選択してください。

4 数式を入力して実行する

エディタに半角で「1 + 2」と入力して行の左にある▶をクリックするとコードが実行されます。その結果、各行の右に式を実行した結果が表示されます。"Hello, playground" は変数 greeting の値、3 は「1 + 2」の計算結果です。

5 式を変更する

先の式を「1 + 5」に変更します。式を変更しても右の計算結果は「3」のままです。

6 式を再計算する

行の左にある▶をクリックすると再計算されて式の結果が「6」になります。

1-6　Playground を活用して Swift を学ぼう

式を実行しよう

エディタに書いた式は、行の左の⊙をクリックすると実行され、その結果は各行の右のライブビューに表示されます。

たとえば、「var a = 1」の式は変数 a に 1 を入れる（代入する）式です。右には結果として 1 が表示されます。同様に「var greeting = "Hello, playground"」の式は変数 greeting に "Hello, playground" を代入しています。式の結果として、greeting に入った "Hello, playground" が行の右に表示されます。

式を再計算する

ステップ 5 で試したように<mark>式を変更しただけでは再計算されません</mark>。再計算の様子をもう少し詳しく見てみましょう。

次のように 4 行の式を追加します。変数 a、b、c にそれぞれ 1、2、3 の値を入れて、3 個の変数の値を足し算した結果を変数 ans に入れています。⊙をクリックして実行するとそれぞれの行の右に式の結果として各変数の値が表示されます。

Playground　変数 a、b、c の値を決め、合計を求める　　　《FILE》**MyPlayground.playground**

```
var a = 1
var b = 2
var c = 3
var ans = a + b + c
```

❶ 式を入力します

```
6  var a = 1
7  var b = 2
8  var c = 3
9  var ans = a + b + c
⊙  |
```

```
6  var a = 1                                          1
7  var b = 2                                          2
8  var c = 3                                          3
9  var ans = a + b + c                                6
⊙
```

❷ クリックします　　　　　　　　　　　　　　　　　　❸ 各行の結果が表示されます

では、「b = 2」を「b = 20」に変更してみましょう。書き替えただけでは再計算されないので、⊙をクリックして再計算します。このとき、変更した「b = 20」の行の⊙をクリックしても変数 b の値の変更までしか実行されないので、ans の式の再計算を行うには ans の行の⊙をクリックします。⊙にマウスカーソルをロールオーバーすると、<mark>再計算する行番号は青色になります</mark>。

041

Playground は上の行から順に実行される

　続いて変数 c の値を 100 に変更する式と変数 ans を調べる 2 行を追加します。▶をクリックして式を実行すると c は 100 になりますが、ans は 24 から変化しません。c の値を変えても ans の値は更新されません。

　ans が再計算されない理由は、<mark>Playground は上の行から順に実行される</mark>からです。ans の計算が終わってから c の値を変えても ans の値は変わりません。したがって、ans の計算結果を正しい結果にするには、もう一度計算式を入力して実行しなければなりません。

042

1-6 Swift シンタックスの基礎知識

Swift シンタックスの基礎知識
変数、タプル、型、繰り返し

変数を使って式を作る

プログラミングでは変数を利用して式を書きます。たとえば、「1200 * 3」では、この式が何を計算しているかわかりませんが、「tanka * kosu」と書くことで式の意味を読み取ることができるようになります。そして、変数を使えば定価や個数の値が決まっていなくても式が書くことができ、個数が 10 個以上ならば割引するといった条件分岐なども組み込むことができるようになります。つまり、変数を使うことでアルゴリズムを書けるようになるわけです。

変数に値を代入する：代入演算子

変数は変数名に var を付けて宣言し、= を使って値を設定します。この操作を代入と呼び、= を代入演算子と言います。変数の宣言と同時に「3 + 2」や「tanka * ninzu」のように式を使って求めた結果を代入することもできます。= は数学の等号とは違うので、「120 = tanka」や「3 + 2 = ninzu」という式は間違いです。

> **書式** 変数を宣言して値を代入する
>
> **var** 変数名 = 値

男子 3 人、女子 2 人の分の単価 120 円のアイスキャンディを買ったときの金額は次のように計算できます。ここで tanka、ninzu、price の変数を使って計算式を作っています。計算式では掛け算の × の代わりに * を使います。このような演算記号を総称して演算子という言い方をします。

Playground 変数を使った計算式 «FILE» variable.playground

```
var tanka = 120
var ninzu = 3 + 2
var price = tanka * ninzu    tankaにninzuを掛けた結果をpriceに代入します
```

```
3    var tanka = 120                              120
4    var ninzu = 3 + 2                            5
5    var price = tanka * ninzu                    600
```

変数自身の値と置き換える：複合代入演算子

「a = a + 5」は変数 a に 5 を足した結果を a に代入する式です。このように変数に対して操作した結果を変数自身の値と置き換える操作を「a += 5」の式で書くことができます。演算と代入を 1 個の演算子で行うので、+= を複合代入演算子と呼びます。複合代入演算子には、+=、-=、*=、/= などがあります。

Playground km に 5 ずつ加算する «FILE» variable.playground

```
var km = 10
km += 5
km += 5
km += 5
```

```
7     var km = 10        10
8     km += 5            15
9     km += 5            20
10    km += 5            25
```

043

| Playground | value に 2 を足す、5 を掛ける、2 で割る | «FILE» variable.playground |

```
var value = 0
value += 2
value *= 5
value /= 2
```

```
12  var value = 0          0
13  value += 2             2
14  value *= 5             10
15  value /= 2             5
```

変数名の付け方

このセクションの例では a、b、c といった変数名を使いましたが、tanka や kosu といった具体的な名前の方がプログラミングには適しています。

変数名には、英数文字、かな漢字、絵文字などのユニコードを利用できますが、Swift では小文字の英文字を使い、単語の区切りを大文字にして複数の単語を組み合わせる名前が一般的です。

英文字の大文字と小文字は区別するので、myValue と myvalue は名前が似ている別の変数です。box_red のように _ を名前の途中で使うことはできますが、_ の 1 個だけは別の機能があるので変数名には使えません。

例：userName、myCarNo、color1、color2

利用できない名前

数字から始まる名前、演算子が含まれている名前は使えません。

例：7eleven、red-1、cat+dog

変数の型と値の型

Playground のファイルを作ると変数 greeting に "Hello, playground" を代入する式が書いてあるように、変数には数値だけでなくテキストを代入することもできます。変数の値は変更できるので " こんにちは " と変えることもできます。

しかし、greeting に 1234 を代入しようとするとエラーになります。エラー表示が出たまま実行するとデバッグエリアが開いてエラーメッセージが出ます。エラーメッセージには cannot assign value of type 'Int' to type 'String' と書いてあります。

このエラーは、String 型の変数に Int 型の値を代入できないというエラーです。つまり、変数 greeting は String 型であり、"Hello, Playground" と " こんにちは " のテキスト（文字列といいます）は String 型の値なので greeting に代入することができましたが、エラーになった数値の 1234 は Int 型（Integer の略で整数の意味）なので代入できなかったのです。

```
5  greeting = "こんにちは"
6  greeting = 1234        ⊗ Cannot assign value of type 'Int' to type 'String'
```

変数の型はいつ決まるのか？：型推論

このように変数には型があり、同じ型の値でなければ代入することができません。では、変数の型はいつ、どのように決まるのでしょうか？

変数の型は、最初に代入された値の型で決まります。これを「型推論」と呼びます。たとえば、次のコードでは、title、dollar、rate の 3 つの変数を宣言し、宣言と同時に " 為替計算 "、250、108.5 を代入しています。3 つの変数の型は型推論により、それぞれ String 型、Int 型、Double 型になります。

Playground 変数の型を型推論で決める　　　　　　　　　　　　　　　　《FILE》**TypeInference.playground**

```
// 変数の宣言と同時に初期値を設定する
var title = " 為替計算 "      ──── String 型
var dollar = 250             ──── Int 型
var rate = 108.5             ──── Double 型
```

変数の型を知りたいときは、変数をエディタでクリックし、インスペクタエリアの Help インスペクタを開くことで調べることができます。

変数宣言で型を指定する

変数の初期値を指定しないで、名前の宣言だけを行うこともできます。その場合は名前と同時に型も指定しなければなりません。型と同時に初期値を設定することもできます。

書式 変数の宣言

var 変数名 : 型
var 変数名 : 型 = 初期値

先の3つの変数は次のように型を指定して宣言します。後から型に応じた値を代入して使います。

| Playground | 型を指定して変数を宣言する | «FILE» variableType2.playground |

```
// 変数の宣言
var title:String
var dollar:Int
var rate:Double
// 値を代入する
title = "為替計算"
dollar = 250
rate = 108.5
```

初期値を指定しない場合は、型を指定しなければなりません

型が違う同士の計算

　Swiftでは型を厳密に扱うので、計算式では注意が必要です。先のコードに続いて250ドルが何円になるかを計算してみましょう。

| Playground | 型が違うためにエラーになる式 | «FILE» variableType2.playground |

```
var yen = dollar * rate
```

　計算式は間違っていないように見えますが、この式はエラーになります。このエラーは、エラーメッセージにあるように、*演算子ではInt型とDouble型の掛け算ができないのが原因です。

　この為替計算が正しく行われるようにするには、変数dollarもDouble型で宣言します。初期値を指定する際にもDoubleを指定しておけば、整数の250を初期値にしてもDoubleになります。また、250.0にすることでもDoubleの値になります。（IntをDoubleに変換する方法☞ P.52）

| Playground | 変数dollar、rateをDouble型で作る | «FILE» variableType3.playground |

```
var dollar:Double = 250
var rate:Double = 108.5
```

Double型を指定します

　また、dollar * rateの計算結果は27125ですが、Double型同士の演算結果はDouble型になるので、変数yenは型推論によってDouble型になります。

046

1-6 Swift シンタックスの基礎知識

値を変えられない変数（定数）：var と let の違い

変更できない固定の値を定数（ていすう）と言いますが、定数を使いたい場合は、var ではなく、let を使って変数（定数）を宣言します。

書式 値を変えられない変数（定数）を宣言する
- -

let 変数名 **=** 初期値
let 変数名 : 型

実際のプログラムコードでは、値を代入した後から最後まで変更しない変数が多くあります。そこで Swift では、変数は基本的に let で宣言し、値を途中で変更する変数だけを var で宣言します。

Playground 値を変更しない変数を let で宣言する　　　　　　　　　　　　　　　«FILE» **variable_let.playground**

```
// 変数の宣言
let title = " 為替計算 "
var dollar:Double
var rate:Double                    ─── title と yen は値を変更しないので let で宣言します
// 値を代入する
dollar = 250
rate = 108.5
// 計算する
let yen = dollar * rate
```

文字列（ストリング）の演算

プログラミングでは文字列（ストリング）を扱った演算も重要な操作の1つです。ここではその中からよく行う操作を紹介します。

文字列を作る

文字列は " ハロー " のようにダブルクォーテーションで囲むだけで作成できます。ダブルクォーテーションを3個を使って """ 改行 〜 改行 """ のように囲むことで、改行やダブルクォーテーションを文字列に含むことができます。このように直接書いてある文字列をストリングリテラルと呼びます。なお、文字列内の改行は特殊文字の \n で書くこともできます。

Playground ストリングリテラルを作る　　　　　　　　　　　　　　　　　　«FILE» **stringSample.playground**

```
let hello = " ハロー "

let message = """         ─────── ここで改行が必要です

iOS アプリは Swift で作ります。
空を素早く飛び回る " アマツバメ " です。
"""
```

文字列の連結

文字列と文字列の連結は + 演算子で行うことができます。次の例では変数 name に入っている " 高橋 " と " さん " を連結して " 高橋さん " を作っています。このように、+ 演算子は数値の足し算だけでなく、文字列の連結もできます。

047

`+` を文字列の連結で使えるように、`+=` の複合代入演算子も文字列の連結で使えます。`+=` を使う場合は、最初に文字列が入っている必要があります。次の例では最初は `""` の空の文字列の変数から始めて、`"★"`、`"☆"`、`"★"`の順で連結して最後に `"★☆★"` になっています。

数値から文字列を作る

文字列は、`String("ハロー")`、`String(123)` のようにして作ることもできます。`String()` を使うことで、数値を文字列に変換できます。

文字列に変数や式を埋め込む

文字列の中で `\(変数)` のように書くことで、文字列に変数や数式を直接埋め込むことができます。

```
Playground  文字列に変数を埋め込む          «FILE» stringSample.playground
let time = 9.95
let result = "タイムは \(time) 秒でした。"
                      変数の値が文字列に入ります
結果
"タイムは 9.95 秒でした。"
```

048

複数の値をいっぺんに扱えるタプル

タプル（tuple） を使うと複数の値を1個の変数で扱えるようになります。異なった型の値を組み合わせて1つの値にすることもできます。たとえば、次のような値がタプルです。greeting は値が2個の組み合わせ、guest と point は値が3個の組み合わせです。

Playground タプルの例 «FILE» tuple.playground

```
var greeting = ("Hello", "こんにちは")
var guest = ("直鳥", "なおとり", 24)
var point = (23.1, 51.2, 13.8)
```

タプルの型指定

タプルの型は、含まれている値（要素）の個数とそれぞれに対応する値の型で決まります。先の例のタプルの型を指定して書くと次のようになります。タプルの型が宣言してあれば、値の代入は後から行えます。

Playground タプルの型指定 «FILE» tuple_type.playground

```
var greeting:(String, String) = ("Hello", "こんにちは")    ── タプルの型に応じた値を代入しています
var guest:(String, String, Int)
guest = ("直鳥", "なおとり", 24)
var point:(Double, Double, Double)    ── タプルの型が宣言してあるので、後から値を代入できます
point = (23.1, 51.2, 13.8)
```

タプルの型推論と型エラー

タプルを型を宣言文をしていない場合でも、値を代入した時点で **型推論** で型が決まります。したがって、値を代入後に別の型の値を代入しようとすると型エラーになります。要素の個数が一致しない場合も型エラーです。

Playground タプルの型推論と型エラー «FILE» tuple_type_error.playground

```
var greeting = ("Hello", "こんにちは")    ── 型推論で型が決まります
greeting = ("よろしく", 4649)       // 2番目の要素の型が違うのでエラー
var guest = ("直鳥", "なおとり", 24)
guest = ("金田一", "きんだいち")       // 要素の個数が一致しないのでエラー
```

```
3  var greeting = ("Hello", "こんにちは")
4  greeting = ("よろしく", 4649)          ⊗ Cannot assign value of type '(String, Int)' to type '(String, String)'
5  var guest = ("直鳥", "なおとり", 24)
6  guest = ("金田一", "きんだいち")          ⊗ Cannot assign value of type '(String, String)' to type '(String, String, Int)'
```

タプルを要素を個別に取り出す

タプルの値を要素別に取り出す（展開、**アンパック**）するには、値を代入する変数を入れた、同じ要素数のタプルを利用します。アンパック後に使わない要素がある場合は、該当位置に変数の代わりに **_** を書きます。次の例ならば、変数 name に "桑原"、age には 34 が代入されます。2番目の要素の "くわはら" は利用しないので _ で受けます。なお、文字列同士ならば + 演算子は文字列の連結します。

Playground	タプルをアンパックする	«FILE» tuple_unpack.playground

```
var guest = (" 桑原 ", " くわはら ", 34)
let (name, _, age) = guest ————— guest の値をアンパックします
let user =  name + " さん、" + "\(age) 歳 "
print(user)
```

結果

```
桑原さん、34 歳
```

ラベルが付いているタプル

タプルの各要素にはラベルを付けることができます。ラベルがあれば、各要素を個別に「タプル名 . ラベル」のように ドットを使って指し示せます。これによりラベルで指した要素の値を取り出したり書き替えたりすることができ るようになります。次の例では user タプルの 1 番目の要素は user.name、2 番目の要素は user.point で指し示せ ます。user.point += 5 の式では user.point の元の値に 5 を足した 35 で書き替えています。

Playground	ラベル付きタプル	«FILE» tuple_label.playground

```
var user = (name:" 鈴木 ", point:30) ———— 要素にラベルが付いています
user.point += 5
print(user.name)
print(user.point)
```

結果

```
鈴木
35
```

ラベル付きタプルの型

ラベル付きタプルの型は (ラベル : 型 , ラベル : 型) のように書くことで指定できます。ラベルを付けて宣言してあ れば、代入でラベルが付いていなくてもラベルで要素を参照できます。

Playground	ラベル付きタプルの型	«FILE» tuple_label.playground

```
var point:(x:Double, y:Double, z:Double) ———— ラベルと型を指定して宣言します
point = (4.2, 3.5, 6.1)
print(point.x) ———— 最初の要素をラベル x で取り出せます
```

結果

```
4.2
```

タプルの要素にインデックスで番号でアクセスする

タプルの要素にはインデックス番号でもアクセスできます。インデックス番号は、要素を先頭から 0、1、2 のよう に数えた番号です。要素には「タプル . 番号」のようにドットを使ってアクセスします。次の例は value.1 なので、 value の先頭から 2 番目の要素 200 を取り出します。

| Playground | タプルのインデックス番号 | «FILE» tuple_index.playground |

```swift
var value = (100, 200, 300)
print(value.1)
```

結果
```
200
```

処理を繰り返す for-in 文

プログラミングでは同じ処理を繰り返す操作（ループ処理）をよく行います。Swiftでは for-in 文を使って処理を繰り返します。次の書式では { } の中に書いてある複数行のステートメントを繰り返し実行します。

書式 for-in

```
for 変数 in コレクション {
    ステートメント
}
```

コレクションとは 1 個ずつ順に取り出すことができる複数の値の集まりのことで、整数のレンジ、文字列、配列（☞ P.142）などがあります。for-in 文ではコレクションから値を順に変数に取り出し、すべて取り出したならば処理を終了します。

配列から順に値を取り出す

次の例では配列 numList から順に数値を取り出して変数 num に入れ、変数 sum に加算することで値を合計しています。配列についてはあらためて説明しますが、荷物がコインロッカーに入っているような感じです。次の例の [4, 8, 15, 16, 23, 42] ならば、6 個の数値が numList という配列に並んで入っています。

print() は値をデバッグエリアに書き出すことができるデバッグ（開発のための試行）用の関数です。print(" こんにちは ") なら「こんにちは」が出力されます。例のように print(" 合計 \(sum)") ならば、変数 sum の値に置き換えた「合計 108」が出力されます。

| Playground | 配列から値を取り出して合計する | «FILE» for-in_array.playground |

```swift
let numList = [4, 8, 15, 16, 23, 42]    // 6個の数値が入っている配列を作ります
var sum = 0
for num in numList {
    sum += num    // 配列の6個の数値が num に順に取り出されて sum に加算されていきます
}
print(" 合計 \(sum)")    // sumの値を出力します
```

結果
```
合計 108
```

```
                                          Ready to continue for-in_array            +    ⬚

⬚  ⟨  ⟩      ⌇ for-in_array                                                        ⇄  ⬚  ⊞

⟋ for-in_array
   1    import UIKit
   2
   3    let numList = [4, 8, 15, 16, 23, 42]              [4, 8, 15, 16, 23, 42] ▣
   4    var sum = 0                                        0                      ▣
   5    for num in numList {
   6        sum += num                                     (6 times)              ▣
   7    }
   8    print("合計 \(sum)")                                "合計 108\n"            ▣
   ▶

  □                                                                  Line: 9 Col: 1
```

整数のレンジから数値を順に取り出して使う

次の例は 0 から 720 までの範囲（レンジ、range）から整数を 0、1、2、3 のように順に取り出して変数 x に入れ、その数値を使ってサイン値を計算しています。なお、後述するように最終値の 720 は含みません。

Playground	サインの計算式を繰り返す	«FILE» for-in_range.playground

```
for x in 0 ..< 360*2 {
    let radian = Double(x) * Double.pi/180
    let y = sin(radian)                      ─── x の値を変更しながら、この 3 行を繰り返し実行します
    print(x, y)
}
```

整数の範囲を作るレンジ演算子

整数の範囲は レンジ演算子の **...** または **..<** で作ることができます。

書式 レンジ演算子
- -

開始値　**...**　終了値
開始値　**..<**　終了値

..< と **...** の違いは、終了値を含むか含まないかの違いです。1 ... 5 ならば 1 から 5 までの整数で、1 ..< 5 ならば 5 の手前までの 1 から 4 までの整数です。したがって、例のコードの 0 ..< 360*2 は、0 から 719 の整数です。

サインを計算して結果を出力する

サインは sin(角度) で計算できますが、角度はラジアン角なので x をラジアン単位に変換しています。ラジアンへの変換は「角度 × 円周率 /180」で計算できます。円周率は Double.pi で定義されているので、これを利用します。この式で x は Int 型なので Double(x) で Double 型に変換して型を揃えています。なお、このような型変換を「キャスト」と呼びます。x と y の値の変化は print(x, y) でデバッグエリアに出力して確認しています。

値の変化をグラフで見る

コードの右のライブビューを見ると四角いボタンがあります。これをクリックすると、繰り返しで変化する値の変化が図で表示されます。先のコードでは、yの値の変化がサイン波になっています。

for-in を利用してループ処理を行う

次のコードは処理を5回数繰り返すためにfor-inを使った例です。先のサインの計算と違って、レンジから取り出した値を使わないので、値を受け取る変数の代わりに _ を指定します。このような _ の使い方は随所で出てくるので覚えておいてください。

Playground　処理を5回繰り返す　　　《FILE》**for-in_repeat.playground**

```
var stars = ""
for _ in 1 ... 5 {
    stars += "★"
    print(stars)
}
```

この区間の処理を5回繰り返します

結果

```
★
★★
★★★
★★★★
★★★★★
```

文字列 + 文字列は文字列の連結です。変数 stars の初期値は空の文字列 "" なので、stars += " ★ " の式を for-in で繰り返し実行することで、stars の値は " ★ "、" ★★ "、" ★★★ " のように " ★ " が 1 個ずつ連結されて増えていきます。

テキスト表示で学ぶ
基本操作とレイアウト調整

SwiftUIではライブラリから画面やコードエディタにテキストなどの部品をドロップするだけで表示でき、プログラムコードも入力されます。テキストの表示方法をステップを追って試しながら、表示結果とコードとの関係、効率的なコード入力の方法、レイアウトの調整などの基本的な要素を身につけましょう。

Section 2-1　新しいテキストを追加する
　　　　　　　🐦 リードオンリーの変数
Section 2-2　コードを効率よく入力する
Section 2-3　フォントや縦横サイズを設定する
Section 2-4　レイアウトを調整する

新しいテキストを追加する

このセクションではプロジェクトに新しいテキストを追加してみましょう。ここでは、手始めとしてライブラリからキャンバスのプレビュー画面にテキストをドロップする方法を試しましょう。Swift のシンタックスでは、少し不思議な書式をしている変数 body について取り上げます。

このセクションのトピック

1. ライブラリからプレビューに Text を追加しよう
2. テキストを上下に並べよう
3. テキストを左右に並べよう
4. 式の値を返す変数（Computed プロパティ）を知ろう

重要キーワードはコレだ！
ライブラリパネル、Text、VStack、HStack、get/set

2-1 新しいテキストを追加する

STEP ライブラリにある部品をプレビュー画面に追加する

1 プロジェクトを作りキャンバスにプレビューを表示する　«SAMPLE» addText.xcodeproj

addTextプロジェクトを作り、ナビゲータでContentViewを選択します。表示されたキャンバスの右上にあるResumeボタンをクリックしてプレビューを表示します。

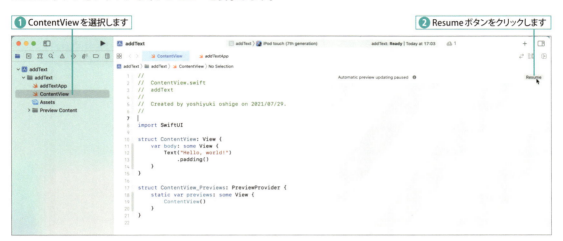

❶ ContentViewを選択します　　❷ Resumeボタンをクリックします

2 ライブラリを表示する

ツールバーの [+] ボタンをクリックしてライブラリのパネルを表示します。

❶ クリックします
❷ ライブラリが表示されます

057

3 ライブラリから Text をドラッグ＆ドロップする

ライブラリから Text をプレビューの画面にドラッグし、「Hello, World!」の下に Text の挿入ポイントが表示される位置にドロップします。

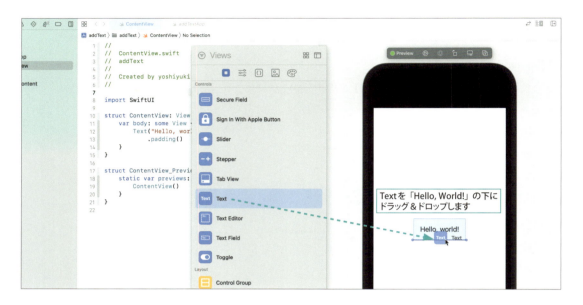

4 画面に「Placeholder」のテキストが追加される

Text をドロップすると画面に「Placeholder」のテキストが追加され、エディタのコードにも「Placeholder」を作って並べるためのコードが追加されます。ハイライトになっている Placeholder はダブルクリックすると選択が解けます。

ライブラリから部品をドロップ

アプリの画面にテキストやボタンなどの部品を追加したいときは、ライブラリから部品を選んで画面にドラッグ＆ドロップします。部品をドロップすると、エディタに表示されているコードも部品を表示するためのコードが追加更新されます。

ライブラリから部品をドロップするとパネルが消えてしまいますが、連続して部品をドロップしたいときは、option キーを押したままで ＋ ボタンをクリックするとクローズボタンがあるパネルになって消えなくなります。

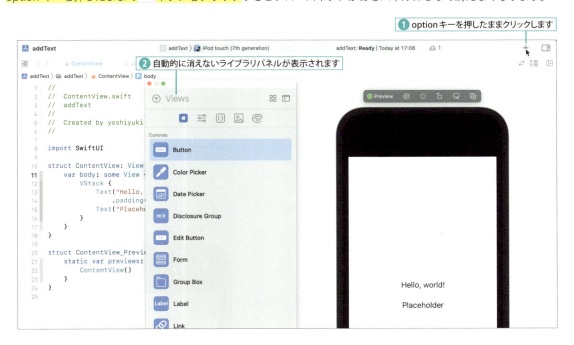

部品を縦に並べる VStack

最初から配置されている「Hello, World!」テキストの下にライブラリから新しい Text をドロップすると、画面では「Placeholder」が追加され、それに合わせてコードも変更されます。

修正されたコードを元のコードと見比べてみると、単に Text("Placeholder") が追加されるのではなく、VStack{} の中にテキストを作る 2 行のコードが入った構造になっています。VStack は Vertical Stack（垂直スタック）を意味しています（LazyVStack ☞ P.324）。

Code テキストを追加後のコード　　《FILE》addText/ContentView.swift

```swift
struct ContentView: View {
    var body: some View {
        VStack {
            Text("Hello, world!")
                .padding()
            Text("Placeholder")
        }
    }
}
```

VStack{} の中に入ります

3個目のテキストを表示するコードを追加してみる

　修正されたコードを見ると、VStack{} の中に Text() のコードを書けばテキストが作られて、下に並んでいくのではないか？と想像できます。試しに Text("Placeholder 2") をキーボードでタイプして下に追加し、プレビューで確認してみましょう。すると期待通りに「Placeholder 2」のテキストがプレビューに追加されます。なお、.padding() の 1 行は間隔を空けるための修飾（モディファイア）です（☞ P.80、☞ P.97）。

Code　テキストを追加後のコード　　　　　　　　　　　　　　　　　　　　《FILE》 **addText/ContentView.swift**

```
struct ContentView: View {
    var body: some View {
        VStack {
            Text("Hello, World!")
                .padding()
            Text("Placeholder")
            Text("Placeholder 2")     ——— タイプして追加します
        }
    }
}
```

VStack 全体を選択

　コードで Text() の行を選択すると該当するテキストがプレビューの画面で選択されます。では、コードの VStack を選択するとどうなるでしょうか。すると VStack{} に入っている領域全体が選択されます。

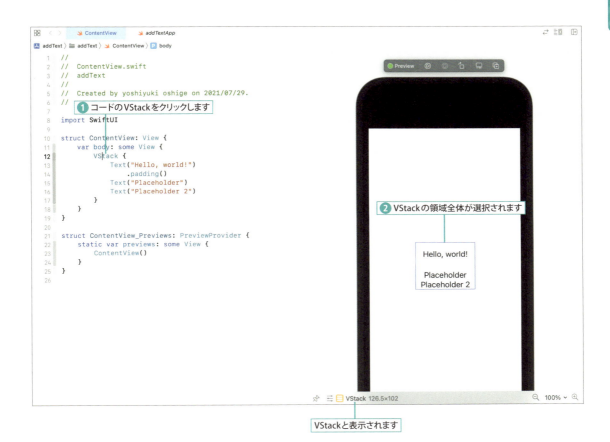

部品を横に並べる HStack

　ライブラリから Text をドラッグして「Hello, World!」の下ではなく<mark>横並びにドロップする</mark>とどうなるかを見てみましょう。

　Text を右にドロップすると「Hello, World!」と並んで「Placeholder」のテキストが配置され、コードも書き換わります。コードをよく見ると Text() の 2 行が、VStack{} ではなく <mark>HStack{}</mark> で囲まれたコードになっています。HStack は Horisontal Stack（水平スタック）を意味しています（LazyHStack ☞ P.324）。

```
 8   import SwiftUI
 9
10   struct ContentView: View
11       var body: some View
12           Text("Hello, worl
13               .padding()
14       }
15   }
16
17   struct ContentView_Previe
18       static var previews:
19           ContentView()
20       }
21   }
22
```

	Tab View
Text	**Text**
	Text Editor
	Text Field
	Toggle

Layout

	Control Group
	Depth Stack
	Geometry Reader
	Horizontal Stack
	Lazy Horizontal Grid

Hello, world! **Text** Text

「Hello, World!」の右側にドロップします

```
10   struct ContentView: View {
11       var body: some View {
12           HStack {
13               Text("Hello, world!")
14                   .padding()
15               Text("Placeholder")
16           }
17       }
18   }
19
20   struct ContentView_Previews: PreviewProvider {
21       static var previews: some View {
22           ContentView()
23       }
24   }
25
```

HStack{}で囲まれたコードが作られます

テキスト「Placeholder」が作られて横に並びます

Hello, world!　　Placeholder

Code　テキストを横に並べたときに作られるコード　　　　　　　　　«FILE» **addTextHStack/ContentView.swift**

```swift
struct ContentView: View {
    var body: some View {
        HStack {
            Text("Hello, World!")
                .padding()
            Text("Placeholder")
        }
    }
}
```

HStack{}の中に入ります

Swift シンタックスの基礎知識
リードオンリーの変数

■ 変数 body は値を代入しないリードオンリーの変数

ContentView を見ると var body :some View {} というコードが書いてあります。var から始まる式なので、これは変数 body を定義しているコードです。前セクションで Playground を使って変数について説明しましたが、次に示す書式で変数が値を保持していました（変数 ☞ P.43）。

書式 変数の宣言

```
var 変数名：型
var 変数名：型 = 初期値
```

しかし、変数 body はこの書式には当てはまらず、値を代入して使いません。body は次に示す書式を使って書かれた変数です。

■ 式の値を返す変数

次の変数はステートメントで求めた値を return で返します。return で返す値が変数の値になります。

書式 式の値を返す変数

```
var 変数名：型 {
    ステートメント
    return 値
}
```

たとえば、次のように変数 num を宣言すると、num の値は 10 になります。

Playground 式の結果を返す変数　　《FILE》var_return.playground

```
var num:Int {
    let result = 2 * 5
    return result
}
print(num)
```

計算結果の result が num の値として返ってきます

結果
```
10
```

「return 値」を省略する

ステートメントの式の値が1個だけならば、「return 値」の式を省略できます。

> **書式** 値を返す変数（return 値を省略）
>
> ```
> var 変数名:型 {
>     値
> }
> ```

したがって、ステートメントが1行ならば return を省略して次のように書けます。

Playground return を省略した変数　　　　　　　　　　　　«FILE» var_return.playground

```
var num2:Int {
    2 * 5         式が1行で値が1個なので return を省略できます
}

print(num2)
```

結果
```
10
```

テンプレートの変数 body は、次に示すように Text("Hello, World!") を body の値として返す retun が省略されているわけです。

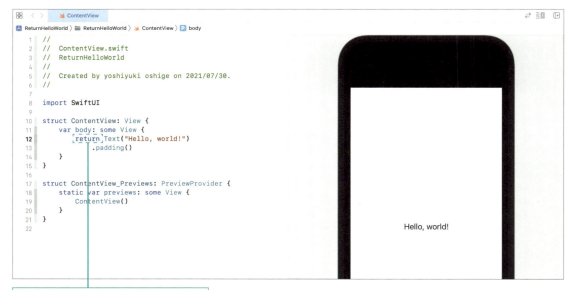

テンプレートでは、この return が省略されています

Computed プロパティ

ここで、変数 num がリードオンリーの変数である点に注目してください。num の値を取り出すことはできますが、num = 5 のように式を書いて num に値を設定することはできません。実は num の定義で使った書式は次の get{} を省略した形です。この書式でわかるように、値の取得のみが可能なリードオンリーの変数を定義しています。

書式 リードオンリーの変数

```
var 変数名 : 型 {
    get {
        ステートメント
        return 値
    }
}
```

— get 文だけならば、get{} は省略した中身だけでよい

get{} を省略せずに変数 num2 のコードを書くと次の num3 の式のようになります。式の値が 1 個なので return は省略できます。

Playground get{} を省略せずに書いた場合　　　　　　　　　«FILE» var_return.playground

```
var num3:Int {
    get {
        return 2 * 5
    }
}
```

get / set がある書式

リードオンリーだけでなく変数に値を設定できる書式もあります。それが次の書式で、set ブロックで値を設定します。先の書式は値を設定する set ブロックがなく、get ブロックだけの書式だったわけです。このような書式を Computed プロパティ と呼びます。

書式 Computed プロパティ

```
var 変数名 : 型 {
    get {
        ステートメント
        return 値
    }
    set ( 引数 ) {
        ステートメント
    }
}
```

— 変数の値を返す
— 変数の値を設定する

set ブロックでは引数で受け取った値を保存しますが、その値をそのまま変数の値として保存せずに、別の形で保存します。たとえば、次の例では半径 radius は通常の変数ですが、直径 diameter と円周 around は半径の長さから計算して求めた値を返す変数です。逆に直径および円周の値を設定すると、その長さから逆算して半径 radius の値を設定します。直径 diameter と円周 around の値そのものは保存していないところに注目してください。円周率は Double.pi で定義してあるので、それを使います。

Playground 直径、円周の値を式で計算する　　　　　　　　　　　　　　«FILE» ComputedProperty.playground

```
// 半径
var radius = 10.0 ——————— radius の値だけが保存されています
// 直径
var diameter:Double {  ——————— 変数 diameter は計算しているだけで、値をもっていません
    // 半径から直径を計算して返す
    get {
        radius * 2 ——————— return が省略されています
    }
    // 直径から半径を計算して変数 radius に保存する
    set (length){
        radius = length / 2
    }
}
// 円周の長さ
var around:Double {  ——————— 変数 around は計算しているだけで、値をもっていません
    // 半径から円周を計算して返す
    get {
        let length = 2 * radius * Double.pi
        return length
    }
    // 円周から半径を計算して変数 radius に保存する
    set (length) {
        radius = length / (2 * Double.pi)
    }
}
```

　では、実際に半径 radius と直径 diameter の値を確かめてみます。最初は radius が 10.0 なので、diameter は 2 倍の 20.0 になります。逆に直径 diameter を 30 にすると半径 radius が逆算されて 15.0 に設定されます。同様に円周 around を 100 にすると半径 radius は約 15.9 になります。

Playground 半径、直径、円周の値を調べてみる　　　　　　　　　　　　«FILE» ComputedProperty.playground

```
print("半径が \(radius) のとき直径の長さは、\(diameter)") ——————— radius は初期値の 10.0
// 直径を 30 にする
diameter = 30
print("直径が \(diameter) の円の半径は、\(radius)")
// 円周を 100 にする
around = 100
print("円周の長さが \(around) の円の半径は、\(radius)")
```

結果

```
半径が 10.0 のとき直径の長さは、20.0
直径が 30.0 の円の半径は、15.0
円周の長さが 100.0 の円の半径は、15.915494309189533
```

　このように、変数 radius と diameter は、内部で get ／ set の式で値の取得や設定が処理されていることをまったく意識させることなく、普通の変数と同じように使うことができます。

2-2 コードを効率よく入力する

コードを効率よく入力する

エディタのショートカットメニューやライブラリからのドロップでコードを効率よく入力することができます。入力するコードがわかっている場合はもちろんのこと、正しい書式やスペルがわからない場合にも有効です。

 このセクションのトピック

1. アクションメニューを使ってコードを入力しよう
2. ライブラリからコードをドロップしよう
3. スタックの入れ子を作って試そう

 重要キーワードはコレだ！
Embed in VStack、Embed in HStack、Horizontal Stack

067

VStack と HStack を使ってテキストを配置する

　テキストを上下に並べた場合と左右に並べた場合のコードを見てきました。次のコードは左右に並んだテキストが上下に並んでいる場合です。テキストを左右に並べる HStack{} のコードを VStack{} で囲んで入れ子の状態にすることで、左右に並んでいるテキストを積み上げたように並べることができます。

Code VStack() の中に HStack() を入れ子にしてテキストを並べる　　《FILE》addTextStacking/ContentView.swift

```
struct ContentView: View {
    var body: some View {
        VStack {
            HStack {
                Text("Hello, World!")
                    .padding()
                Text("Placeholder")
            }
            HStack {
                Text("Placeholder")
                Text("Placeholder")
            }
        }
    }
}
```

左右に並べたテキスト
左右に並べたテキスト
上下2段に積み上げます

　ここで示したコードは、これまでと同じようにライブラリから Text をプレビュー画面にドラッグ&ドロップすることで入力していくことができます。しかし、実際に操作してみると正確な挿入箇所に Text をドロップするのは意外と難しく、期待しているコードとは違うコードが書き込まれてしまうことが少なくありません。そこで効率よくコードを入力していく方法をステップを追って説明します。

1 プレビューを表示しておく　　《SAMPLE》HelloWorld.xcodeproj

　コードの追加、修正でテキストがどのように配置されていくかを見ていくために、Resume ボタンをクリックしてキャンバスにプレビューを表示しておきます。

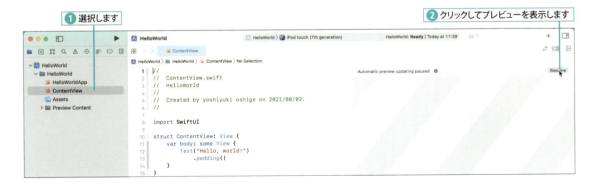

2-2 コードを効率よく入力する

2 Text("Hello, World!") を HStack{ } ブロックで囲む

コードの Text を command クリック（command キーを押したままでクリック）するとアクションメニューが表示されるので、Embed in HStack を選択します。すると Text("Hello, World!") の行が HStack{}のブロックで囲まれたコードになります。

3 ライブラリからコードに Text をドロップする

.padding() の次を改行して 1 行空けておき、ライブラリを表示して Text をドロップします。するとコードの Text("Placeholder") が挿入されます。プレビューにはテキストの「Placeholder」が「Hello, World!」に並んで追加されます。

4 HStack{} ブロック全体を VStack{} ブロックで囲む

コードの HStack を command クリックしてアクションメニューを表示し、Embed in VStack を選択します。すると HStack{} 全体が VStack{} のブロックで囲まれたコードになります。

2-2　コードを効率よく入力する

5　ライブラリからコードに Horizontal Stack をドロップする

ライブラリから Horizontal Stack を HStack {} ブロックの下にドロップします。すると Text("Placeholder") が入っている HStack {} ブロックが追加されます。VStack {} ブロックの中に 2 個の HStack {} ブロックが入っているコードになり、プレビューでは 2 行目に Content と表示されます。

071

6 Content を Text で置き換える

HStack{} の中の「Content」が選択されている状態でライブラリの Text をダブルクリックします。すると Content が Text("Placeholder") に置き換わります。プレビューでも「Content」が「Placeholder」に置き換わります。

7 HStack{} の中に Text のコードをもう 1 行追加する

挿入された Text("Placeholder") の行を改行して 1 行空けます。ライブラリから Text をドロップするかダブルクリックして Text("Placeholder") の行を追加して 2 行にします。プレビューで見ると 2 行目の「Placeholder」が 2 個横に並んで表示されます。

2-2 コードを効率よく入力する

コードを入力するアクションメニュー

ステップで示したように<mark>コード内のキーワードを command クリック</mark>すると HStack {} ブロックや VStack {} ブロックなどのコードを効率よく入力できるアクションメニューが表示されます。このアクションメニューは、<mark>プレビューの画面のオブジェクトを command クリック</mark>しても表示されます。

073

ライブラリからのコード入力

　ライブラリからコードを入力するには、ライブラリから<mark>アイコンをドロップ</mark>するか<mark>ダブルクリック</mark>します。コードを挿入したい位置にカーソルを入れておき、ライブラリの部品をダブルクリックすればコードが挿入されます。入力されたコードは、書き替え位置が選択されている状態になっています。

　コードをタイプすると選択されていたコードと置換されますが、そのまま使いたい場合はダブルクリックすると選択状態が解かれます。

Section 2-3 フォントや縦横サイズを設定する

このセクションではテキストのフォントのサイズ、種類、色、位置揃えなどの属性（プロパティ）を設定する方法を紹介します。プロパティの設定には、インスペクタエリアにあるアトリビュートインスペクタを利用できます。プロパティを設定するための修飾コードをモディファイア（Modifier）と呼びます。

このセクションのトピック

1. インスペクタを使って属性を設定するモディファイアを追加しよう
2. プレビューとコードでインスペクタを表示しよう
3. テキストのフォントや文字色などを設定しよう
4. padding() で余白、frame() で縦横サイズを調整しよう
5. コードの中のドット . の意味を理解しよう

重要キーワードはコレだ！
font()、fontWeight()、foregroundColor()、frame()、padding()

フォントや色などを指定します

フォントサイズを数値で指定します

属性のInherited（引き継ぎ）を利用します

STEP インスペクタでテキスト属性を指定する

次に示すように VStack{} を使ってテキストが2個並んだプロジェクトを用意します。続くステップでは、このテキストのフォントをインスペクタを使って設定します。インスペクタは、インスペクタエリアのアトリビュートインスペクタを使うのがもっとも手軽です。インスペクタで属性を指定するとテキストの属性（プロパティ）を設定するモディファイアが追加されます。

Code 2個のテキストが上下に並んでいる状態のコード «FILE» **TextInspector/ContentView.swift**

```swift
struct ContentView: View {
    var body: some View {
        VStack {
            Text("Bicycle for the Mind")
                .padding()
            Text(" 知性の自転車 ")
        }
    }
}
```

この2個のテキストの属性を設定していきます

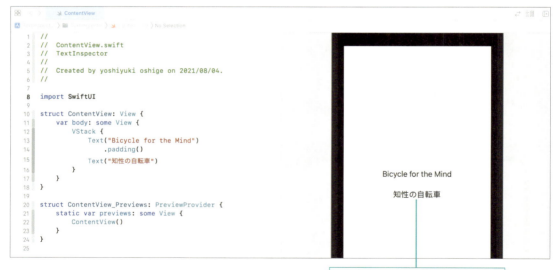

この2個のテキストの属性を設定していきます

1 プレビューで「Bicycle for the Mind」のインスペクタを表示 «SAMPLE» TextInspector.xcodeproj

キャンバスの Resume ボタンをクリックしてプレビューが表示されたならば、アトリビュートインスペクタを表示してテキスト「Bicycle for the Mind」を選択します。コードの Text をクリックして選択することもできます。

2 アトリビュートインスペクタでフォントの書体を選ぶ

アトリビュートインスペクタの Font のメニューには目的別の書体が表示されます。この中から「Title」を選ぶとタイトル表記に適した少し大きいサイズの書体になります。コードには .font(.title) が挿入されます。

3 フォントの線の太さを選ぶ

Weight のメニューにはフォントの線の強さ（太さ）の種類が表示されます。この中から「Thin」を選択します。「Thin」を選ぶと線が細くなります。コードには .fontWeight(.thin) が挿入されます。

4 変更されたコードを確認する

アトリビュートインスペクタで属性を設定すると即座にコードも更新されます。変更後のコードには、.padding() の前に .font(.title) と .fontWeight(.thin) が挿入追加されています。なお、図では .padding() が次の行になっていますが、エディタエリアの横幅に応じて改行しているだけで、実際には Text() から始まる同じ1行です。

Code テキストの書体と太さが設定されている «FILE» TextInspector/ContentView.swift

```swift
struct ContentView: View {
    var body: some View {
        VStack {
            Text("Bicycle for the Mind")
                .font(.title)
                .fontWeight(.thin)
                .padding()
            Text(" 知性の自転車 ")
        }
    }
}
```

フォントの種類と太さが設定されます

5 「知性の自転車」のテキストの文字色を変える

「知性の自転車」を選択するとアトリビュートインスペクタが「知性の自転車」のテキストの属性表示に変わります。Color のメニューから「Red」を選択するとテキストの文字が赤になります。

6 追加されたコードを確認する

コードを確認すると色指定の .foregroundColor(Color.red) が追加されています。2つのテキストを表示するコードは最終的に次のようになります。

Code テキストにサイズ、太さ、色を指定したコード　　《FILE》**TextInspector/ContentView.swift**

```swift
struct ContentView: View {
    var body: some View {
        VStack {
            Text("Bicycle for the Mind")
                .font(.title)
                .fontWeight(.thin)
                .padding()
            Text(" 知性の自転車 ")
                .foregroundColor(Color.red)  ← 文字の色を指定します
        }
    }
}
```

> **NOTE**
>
> **アクションメニューからインスペクタを表示する**
>
> インスペクタはアクションメニューから表示することもできます。
> プレビューのテキスト、あるいはコードの Text を command クリックするとアクションメニューが表示されます。メニューの中から「Show SwiftUI Inspector...」を選ぶとその位置にインスペクタが表示されます。

padding() で領域の余白を設定する

ライブラリから Text を挿入すると Text("Placeholder") と入りますが、テンプレートに最初から入っている Text ("Hello, World!") には、Text("Hello, World!").padding() のように後ろに .padding() が付いています。

Text("Hello, World!) を選択してインスペクタを見ると Padding の項目の右端の●が選択されています。この選択がモディファイア（修飾）の .padding() の設定を示しています。

Padding 項目のチェックを外してみる

試しに Padding の●の選択を外すと Text("Hello, World!) に付いていた .padding() が消えます。そして、改めてプレビューに表示すると「Hello, World!」を囲む青枠の余白部分が狭くなります。

Padding 項目を指定する

再びチェックすると Text("Hello, World!) には .padding(.all) が追加され、「Hello, World!」を囲む青枠の余白部分が広がります。このように Padding は Text の領域の周りに余白を付けるかどうかを設定しています。

padding() は padding(.all) を省略して書いたコードです。Padding 項目を見るとわかるように、領域は前後左右の余白を個別にチェックして指定できます。さらに padding(.all, 20) のように書いて余白の幅を指定することもできます。padding() を使った余白指定については改めて説明します（☞ P.97）。

テキストの縦横サイズと文字の位置揃え

テキストのインスペクタの Alignment と Line Limit は文字の位置揃えと行数制限の設定項目です。テキストの縦横サイズは文字数に合わせて自動調整されるので、文字数が少ないとその効果がよくわかりません。そこで、少し長めの文章を使って確認してみましょう。

長い文章を表示してみる

次のように長い文章をテキストに表示します。すると、テキストの横幅が画面いっぱいまで広がり、それでも入りきれないので2行で表示されます。padding() の指定はしていません。

Code テキストに長文を表示してみる　　　　　　　《FILE》TextInspector2/ContentView.swift

```swift
struct ContentView: View {
    var body: some View {
        Text(" 春はあけぼの。やうやう白くなり行く、山ぎは少しあかりて、紫だちたる雲の細くたなびきたる。")
    }
}
```

横幅が画面サイズいっぱいに広がり、文章を表示できるように行数も増えます

テキストの縦横サイズを指定する

このようにテキストのサイズは表示する文章の量で自動調整されますが、インスペクタの下の方にある Frame の Width、Height でテキストのサイズを固定できます。このとき、Width だけ設定すると横幅だけが固定され、高さは文章の量に合わせて調整されます。

❶ widthを200にします
❷ 横幅が200になり、文章の長さに合わせて縦サイズが調整されます

コードでの縦横サイズの指定は、横幅だけ指定するならば .frame(width: 200)、高さだけ指定するならば .frame(height: 100)、縦横サイズ両方ならば .frame(width: 200, height: 100) のように書きます。

Code テキストの横幅は frame(width:) で指定する «FILE» TextInspector2/ContentView.swift

```
struct ContentView: View {
    var body: some View {
        Text(" 春はあけぼの。やうやう白くなり行く、山ぎは少しあかりて、紫だちたる雲の細くたなびきたる。")
            .frame(width: 200.0)            横幅だけ指定します
    }
}
```

行数制限をする

インスペクタの Line Limit は行数制限 の設定です。2 にすると表示行数が最大 2 行に制限され、表示しきれなかった文が残っている場合は最終行の 末尾が … になります。

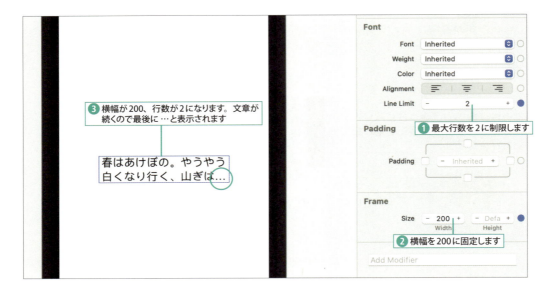

行数制限のメソッドは lineLimit(行数) です。例では lineLimit(2) で 2 行に制限しています。

Code テキストの横幅を 200 にし、表示行数を 2 行に制限する «FILE» TextInspector2/ContentView.swift

```
struct ContentView: View {
    var body: some View {
        Text(" 春はあけぼの。やうやう白くなり行く、山ぎは少しあかりて、紫だちたる雲の細くたなびきたる。")
            .lineLimit(2)            最大行数を 2 行にします
            .frame(width: 200.0)
    }
}
```

2-3 フォントや縦横サイズを設定する

複数行の文字の位置揃えを指定する

テキストの横幅を指定して、複数行の長文を表示する際の文字の位置揃えは、Alignment の設定で行います。改行がある文や英文などの空白区切りがある文で効果的です。

位置揃えを指定するとメソッドは multilineTextAlignment (揃える位置) が入力され、インスペクタで選んだ位置に応じて、.leading（左揃え）、.center（中央揃え）、.trailing（右揃え）が指定されます。

Code　テキストの書体を Large Title、文字の表示を右揃え、横幅を 200 に　　《FILE》TextInspector3/ContentView.swift

```
struct ContentView: View {
    var body: some View {
        Text("The quick brown fox jumps over the lazy dog.")
            .font(.largeTitle)
            .multilineTextAlignment(.trailing)     複数行表示では右揃えになります
            .frame(width: 200.0)
    }
}
```

インスペクタでは設定できない属性

インスペクタを使うとテキストの属性を簡単に設定できますが、インスペクタでは設定できない属性もたくさんあります。インスペクタにない属性はコードを直接書いて設定します。

枠線を表示する

テキストの属性の設定にどんなコードを書くことができるかは、エディタに . をタイプすると表示される書式の候補（コード補完機能）から知ることができます。.bo までタイプすると枠線を表示する border の書式が表示されるので、border(_:width:) の書式を選択して入力します。

```
10    struct ContentView: View {
11        var body: some View {
12            Text("Bicycle for the Mind")
13                .font(.title)
14                .frame(width: 200.0, height: 200.0)
15                .bo
16        }
17    }
18
19    struct Co
20        stati
21            C
22        }
23    }
24
```

① .boまでタイプします

```
   P   body
   M   border(_ content:)
   M   border(_:width:)
   M   groupBoxStyle(_ style:)
   M   buttonBorderShape(_ shape:)
       border(_ content: ShapeStyle, width: C
       GFloat) -> View
       Adds a border to this view with the specified style
       and width.
```

② border(_:width:)を選択して確定します

```
10    struct ContentView: View {
11        var body: some View {
12            Text("Bicycle for the Mind")
13                .font(.title)
14                .frame(width: 200.0, height: 200.0)  ⊗  Proto...
15                .border(content: ShapeStyle, width: CGFloat)
16        }
17    }
```

③ border()のコードが入力されます

```
10    struct ContentView: View {
11        var body: some View {
12            Text("Bicycle for the Mind")
13                .font(.title)
14                .frame(width: 200.0, height: 200.0)  ⊗  Proto...
15                .border(Color., width: CGFloat)
16        }                       M   clear
17    }                           M   cyan
18                                M   green
```

④ Color.までタイプすると選べる色が表示されます

border(:width:) を選ぶと border(content: ShapeStyle, width:CGFloat) のように入るので、border(Color.green, widht:5) に変更します。Color.green の入力では、Color. までタイプすると選べる色が表示されます。

コードを確定するとプレビューが再描画されて、frame() で指定した 200、200 の領域が緑色の線幅 5 の枠線で囲まれて表示されます。そして、アトリビュートインスペクタには、board を指定するまではなかった枠線の色と線幅を設定する Border 項目が追加されます。

❗ NOTE

Color で選べる色

Color で選ぶことができる色が増えました。

red、orange、yellow、green、mint、teal、cyan、blue、indigo、purple、pink、brown、white、gray、black、clear、primary、secondary

2-3 フォントや縦横サイズを設定する

Code テキストの枠線を表示する　　　　　　　«FILE» TextInspector4/ContentView.swift

```
struct ContentView: View {
    var body: some View {
        Text("Bicycle for the Mind")
            .font(.title)
            .frame(width: 200, height: 200)
            .border(Color.green, width: 5) ── 入力された border のコードを完成させます
    }
}
```

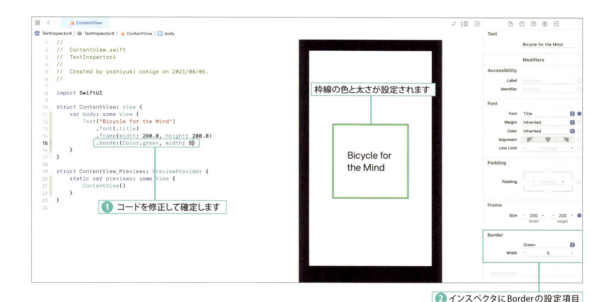

❶ コードを修正して確定します
枠線の色と太さが設定されます
❷ インスペクタに Border の設定項目が追加されます

文字サイズを数値で指定する

インスペクタではあらかじめ設定されている文字サイズを font リストから選択しますが、コードを書けば文字のサイズを数値で指定できます。フォントサイズは、font(.system(size: 100)) のように指定します。

Code 文字サイズを数値で指定する　　　　　　«FILE» TextInspector5/ContentView.swift

```
struct ContentView: View {
    var body: some View {
        Text("Hello World")
            .padding()
            .font(.system(size: 100)) ── 文字サイズを数値で指定します
    }
}
```

085

```
 8  import SwiftUI
 9
10  struct ContentView: View {
11      var body: some View {
12          Text("Hello, world!")
13              .padding()
14              .font(.system(size: 100))
15      }
16  }
17
18  struct ContentView_Previews: PreviewProvider {
19      static var previews: some View {
20          ContentView()
21      }
22  }
23
```

フォントサイズを指定します

frame の中での位置指定

テキストの縦横サイズはインスペクタでも設定できて、幅、高さを指定すると frame(width: height:) のコードが入力されますが、この frame() には alignment オプションがあります。

alignment オプションは領域内での表示位置を、bottom、bottomLeading、bottomTrailing、center、leading、top、topLeading、topTrailing で指定します。

たとえば、bottomTrailing を指定すると領域の右下に表示されます。

frame() で alignment オプションを追加するとインスペクタにも Alinment 項目がある Frame モディファイアが追加されます。

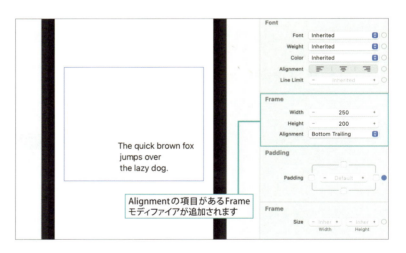

Alignmentの項目があるFrameモディファイアが追加されます

Code 領域の右下に表示する　　《FILE》 TextInspector6/ContentView.swift

```
struct ContentView: View {
    var body: some View {
        Text("The quick brown fox \n jumps over \n the lazy dog.")
            .frame(width: 250, height: 200, alignment: .bottomTrailing)
            .padding()
    }
}
```

> **! NOTE**
>
> **文の途中で改行する**
>
> テキストに表示する文を途中で改行したいときは、改行位置に特殊文字（エスケープシーケンス）の \n を入力します。

2-3　フォントや縦横サイズを設定する

ドット . で省略されているコード

コードには .font(.title) のようにワードの前にドット . が付いているものがたくさんあります。このドットは何でしょうか？

```
Code   コードの中にあるドットは？                    «FILE» DotSyntax1/ContentView.swift

struct ContentView: View {
    var body: some View {
        Text("Hello World")
            .font(.title)
            .fontWeight(.heavy)
    }
}
```

結論から言うと .title は Font.title を省略して書いたものです。font() のカッコの中に入れる値（引数）は Font 型の値に限られているので、Font を省略して . から書くことができます。Font を省略して . をタイプするだけで候補が表示されることから、引数として指定できる値や書式を知ることができ、入力も効率化されます。同様に .heavy は Font.Weight.heavy の省略ですが、この場合も . をタイプするだけで Font.Weight 型の中から値の候補が表示されます。「Font の Weight の heavy」のように . を「の」に読み替えることができます。このようにドットを使った記述式をドットシンタックスといいます。

```
10   struct ContentView: View {
11       var body: some View {
12           Text("Hello, world!")
13               .font(.title)
14               .fontWeight(.|)              .をタイプすると書式に従って、Font.Weight
15       }                                    で定義されている候補が表示されます
16   }
17
18   struct ContentView_Pr      M  bold
19       static var previe      M  heavy
20           ContentView()      M  light
21       }                      M  medium
22   }                          M  regular
23                              M  semibold
                                M  thin
                                M  ultraLight
                                heavy: Font.Weight
                                No overview available.
```

ドット . でつながっているコード

では、改行された .font() のドットで省略されているものは何でしょうか？　実は何も省略されておらず、単に改行されているだけです。つまり、Text() に続く複数行はつながっている 1 行のコードです。先のコードをドットで改行せずに書くと、次のように 1 行で書くことができます。ここでは引数の中も省略せずに書いています。

```
Code   改行せずに 1 行で書いた場合                    «FILE» DotSyntax2/ContentView.swift

struct ContentView: View {
    var body: some View {
        Text("Hello, world!").font(Font.title).fontWeight(Font.Weight.heavy)
    }
}
```

実際には 1 行のステートメント

087

Text() に付けることができるモディファイアは？

例で見てきたように Text() には font()、fontWeight()、frame()、border() といったモディファイアを付けることができますが、ほかにはどのようなモディファイアを利用できるのでしょうか？

それを簡単に知るには、Text() に付けてドットを書きます。すると利用できるモディファイアのリストが表示されます。リストを見ると font()、fontWeight() といったモディファイアが入っているのがわかります。

上位の設定を受け継ぐ Inherited の設定

インスペクタの Font、Weight、Color などの設定値には Inherited という選択値があります。Inherited を選択すると font(.inherited) のようなコードが入るわけではなく、属性を設定するコードが挿入されません。

属性を設定するコードがないので初期値が採用されるのかと言えば、実際にはそうではありません。「Inherited」は「受け継ぐ」といった意味で、上位の階層に設定があった場合は、その設定値に従います。

たとえば、次のように VStack に font と foregroundColor を指定することで、すべてのテキストの書体と文字色を指定できます。そして、2番目のテキストだけ個別に foregroundColor(.red) に指定すれば、2番目のテキストだけが赤になります。

2-3 フォントや縦横サイズを設定する

| Code | 上位の VStack の設定でテキストの書体と色を表示する | «FILE» Inherited/ContentView.swift |

```
struct ContentView: View {
    var body: some View {
        VStack {
            Text(" 春はあけぼの ")
            Text(" 夏は夜 ")
                .foregroundColor(.red)       ── このテキストは red の指定に従います
            Text(" 秋は夕暮 ")
            Text(" 冬はつとめて ")
        }
        .font(.title)
        .foregroundColor(.blue)              ── この指定が VStack 内の Text に受け継がれます
    }
}
```

このテキスト以外は色の指定がないので、VStack の設定を受け継いで青色になります

テキストを連結して表示する

Text() で作るテキストは + 演算子で連結して表示することができます。Text("Hello,") + Text("World!") ならば「Hello, World!」と連結されて表示されるわけですが、これは単純に文字列が連結されるということではなく、次の例に示すように個々に属性を指定したテキストを続けて表示できます。（文字列の連結 ☞ P.47）

| Code | テキストを連結して表示する | «FILE» TextPlusText/ContentView.swift |

```
struct ContentView: View {
    var body: some View {
        Text("No.").bold() + Text("123").font(.largeTitle).foregroundColor(.red)
    }
}
```

2 個のテキストを連結して表示します

レイアウトを調整する

思い通りの画面レイアウトを行うには多くの設定が必要になってきます。このセクションではその中でも基本的な位置揃えや余白の調整方法などをいくつか紹介します。画像表示や図形の重なり、伸縮などの調整を学ぶ前の基礎知識として習得しましょう。

1. スタック内の位置揃えとスペーシングを知ろう
2. スペーサーを使って余白を調整しよう
3. padding() を使いこなそう
4. オフセットを使って位置を微調整しよう

重要キーワードはコレだ！
VStack(alignment: spacing:)、italic()、Spacer、padding()、offset()

STEP 複数のテキストを整列させる

複数のテキストを VStack を使って並べると画面の真ん中に左右中央揃えで並びます。個々のテキストの文字の表示位置を設定してもこれは変わりません。複数のテキストを左揃えで並べたい場合は、VStack の属性を設定します。

Code　VStack で並べたテキストは中央揃えで表示される　　«FILE» StackAlignment/ContentView.swift

```swift
struct ContentView: View {
    var body: some View {
        VStack {
            Text(" 春はあけぼの ")
            Text(" 夏は夜 ")
            Text(" 秋は夕暮 ")
            Text(" 冬はつとめて ")
        }
        .font(.largeTitle)
    }
}
```

VStack の中の 4 行は中央揃えになります

左右中央揃えで表示されます

1 プレビューでスタックのインスペクタを表示する　　«SAMPLE» StackAlignment.xcodeproj

アトリビュートインスペクタを表示してスタックを選択します。プレビューでもスタックを選択できますが、コードの VStack をクリックして選択する方法が簡単です。

❶ VStack をクリックしてスタック全体を選択します　　❷ Vertical Stack のインスペクタを表示します

2 スタック内の行間と文字揃え

スタック内の複数のテキストを左揃えで並べるには、スタックを選択してアトリビュートインスペクタのAlignmentで左揃えを指定します。Spacingを15にすれば、テキストとテキストの間隔が15に広がります。

3 変更されたコードを確認する

VStackのコードには VStack(alignment: .leading, spacing: 15.0) のように左揃えと複数のテキストの間隔を指定する引数が入ります。

Code 複数のテキストを整列する　　　　　　　　　　　　　　　　　《FILE》 StackAlignment/ContentView.swift

```
struct ContentView: View {
    var body: some View {
        VStack(alignment: .leading, spacing: 15.0) {   ── スタックの中のテキストが左揃えになり、
            Text("春はあけぼの")                              間隔も広がります
            Text("夏は夜")
            Text("秋は夕暮")
            Text("冬はつとめて")
        }
        .font(.largeTitle)
    }
}
```

スペーサーを使って位置を調整する

次のコードではスタックの中に2つのスタックがあり、合計4個のテキストが入っています。各テキストには書体や太さが指定してあります。英文テキストは italic() の実行でイタリック体で表示されます。

Code 4個のテキストを中央に表示する «FILE» layoutSpacer0/ContentView.swift

```
struct ContentView: View {
    var body: some View {
        VStack {
            VStack(alignment: .trailing) {
                Text(" 知性の自転車 ")
                    .font(.largeTitle)
                    .fontWeight(.black)
                Text("Bicycle for the Mind.")
                    .italic()
            }
            VStack(alignment: .trailing) {
                Text(" 憐れみは恋の始まり ")
                    .font(.largeTitle)
                    .fontWeight(.medium)
                Text("Pity is akin to love.")
                    .italic()
            }
        }
    }
}
```

2行ずつ入ったスタックです

このコードをプレビューすると4行のテキストはスタック内で右揃えですが、2個のスタックは画面中央にセンター揃えで並びます。

2個のスタックは画面の中央に表示されますが、それぞれのスタック内では右揃えになっています

スペーサーで上の余白を埋める

先のコードのテキストが入った 2 個のスタックの上に Spacer() を入れると上の余白がスペーサーで埋まり、結果としてテキストが画面の下に詰まって表示されます。

Code スペーサーを上に載せてテキストを下詰めで表示する «FILE» layoutSpacer1/ContentView.swift

```
struct ContentView: View {
    var body: some View {
        VStack {
            Spacer()          ───── 上の余白をスペーサーで埋めます
            VStack(alignment: .trailing) {
                Text(" 知性の自転車 ")
                    .font(.largeTitle)
                    .fontWeight(.black)
                Text("Bicycle for the Mind.")
                    .italic()
            }
            VStack(alignment: .trailing) {
                Text(" 憐れみは恋の始まり ")
                    .font(.largeTitle)
                    .fontWeight(.medium)
                Text("Pity is akin to love.")
                    .italic()
            }
        }
    }
}
```

この余白をスペーサーが埋めています

スペーサーで下の余白を埋める

テキストが入った 2 個のスタックの下に Spacer() を入れると下の余白がスペーサーで埋まり、結果としてテキストが画面の上に詰まって表示されます。

Code　スペーサーをテキストの下に入れて上詰めで表示する　　《FILE》 layoutSpacer2/ContentView.swift

```swift
struct ContentView: View {
    var body: some View {
        VStack {
            VStack(alignment: .trailing) {
                Text(" 知性の自転車 ")
                    .font(.largeTitle)
                    .fontWeight(.black)
                Text("Bicycle for the Mind.")
                    .italic()
            }
            VStack(alignment: .trailing) {
                Text(" 憐れみは恋の始まり ")
                    .font(.largeTitle)
                    .fontWeight(.medium)
                Text("Pity is akin to love.")
                    .italic()
            }
            Spacer()  ——— 下の余白をスペーサーで埋めます
        }
    }
}
```

この余白をスペーサーが埋めています

スペーサーを間に入れて等間隔にする

テキストが入った 2 個のスタックの上、間、下に Spacer() を入れると 3 個のスペーサーで余白を均等に埋めるので、2 つのスタックが等間隔で表示されます。

Code スペーサーを 2 個のスタックの間に挟んで等間隔に表示する　　《FILE》 **layoutSpacer3/ContentView.swift**

```swift
struct ContentView: View {
    var body: some View {
        VStack {
            Spacer()
            VStack(alignment: .trailing) {
                Text(" 知性の自転車 ")
                    .font(.largeTitle)
                    .fontWeight(.black)
                Text("Bicycle for the Mind.")
                    .italic()
            }
            Spacer()
            VStack(alignment: .trailing) {
                Text(" 憐れみは恋の始まり ")
                    .font(.largeTitle)
                    .fontWeight(.medium)
                Text("Pity is akin to love.")
                    .italic()
            }
            Spacer()
        }
    }
}
```

3 個のスーペーサーで余白を均等に埋めます

この余白をスペーサーが均等に埋めています

パディングを使った余白の調整

　パディング（Padding）を使うと上下左右の間隔を広げることができ、画面の縁や他のテキストなどとの余白の調整を細かくできます。Padding はテキスト、スタックなどに個々に付けることができ、間隔もサイズ指定できるので微妙な位置調整ができるようになります。Padding はアトリビュートインスペクタでも設定できますが、コードでは間隔を空ける位置を .top、.bottom、.leading、.trailing、.all、.vertical、.horizontal などで指定できます。数値だけの padding(20) は padding(.all, 20) と同じです。間隔の数値をマイナスにすると余白が狭まります。

　次の例では上のスタックは padding(.top, 80)、下のスタックには padding(.top, 20) を実行して上との間隔を広げています。

Code Padding を使って上との余白をとる　　《FILE》 layoutPadding/ContentView.swift

```swift
struct ContentView: View {
    var body: some View {
        VStack{
            VStack(alignment: .trailing) {
                Text(" 知性の自転車 ")
                    .font(.largeTitle)
                        .fontWeight(.black)
                Text("Bicycle for the Mind.")
                    .italic()
                    .offset(x: -10, y: 0)   ── 表示を左に 10 ずらします
            }
            .padding(.top, 80)   ── 領域の上の余白を 80 とります
            VStack(alignment: .trailing){
                Text(" 憐れみは恋の始まり ")
                    .font(.largeTitle)
                        .fontWeight(.medium)
                Text("Pity is akin to love.")
                    .italic()
                    .offset(x: -10, y: 0)   ── 表示を左に 10 ずらします
            }
            .padding(.top, 20)   ── 領域の上の余白を 20 取ります
            Spacer()   ── 下の余白を埋めるので、全体が上に詰まります
        }
    }
}
```

オフセットでずらす

英文のテキストには offset(x: -10, y: 0) が実行してあります。これは表示座標をずらすメソッドで、x 座標を左に10 ずらすことで、右に少し余白を作っています。

知性の自転車
Bicycle for the Mind.

文字表示が領域より少しだけ左にずれて、
右に余白ができます

パディングを使いこなす

パディング（Padding）を使って領域の余白を指定できることを説明しましたが、別の例でさらに詳しく見ていきましょう。次のコードでは padding() が 4 箇所で使われています。

| Code | Padding を 4 箇所で指定 | «FILE» **PaddingStudy/ContentView.swift** |

```swift
struct ContentView: View {
    var body: some View {
        VStack(alignment: .leading) {
            Text("1. 枕草子／清少納言 ")
                .padding([.leading, .bottom], 20.0)          左と下の余白をセットで指定します
            Text("2. 春はあけぼの ")
            Text("3. やうやう白くなり行く ")
            Text("4. 山ぎは少しあかりて ")
                .padding()                                   .padding( .all) と同じです
            Text("5. 紫だちたる雲の細くたなびきたる ")
        }
        .padding(.vertical, 50.0)
        .padding(.horizontal, 30.0)                          スタックが含んでいるコンテンツとの余白を設定します
        .font(.callout)
        .border(Color.pink, width: 2)
    }
}
```

複数の方向の余白を Set で指定する

1 番目のテキスト Text("1. 枕草子／清少納言 ") を選択してインスペクタの Padding を見ると左と下がチェックされていて、間隔は 20 に設定してあります。この設定をコードで見ると .padding([.leading, .bottom], 20.0) です。このように、複数方向を指定するにはカンマで区切って [ ] で囲みます。この形式は配列に似ていますが（配列☞P.142）、値の重複や順番がない Set と呼ばれる形式です。ここで指定できるのは .top、.bottom、.leading、.trailingの 4 つから選んだ値です。

098

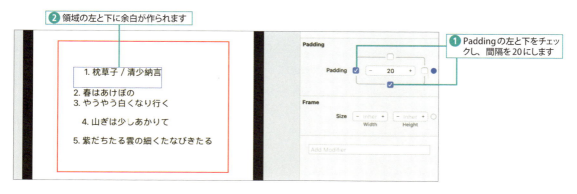

padding() で指定される余白の方向は？

4番目のテキスト Text("4. 山ぎは少しあかりて ") は padding() が指定してあります。余白を指定した値が () の中にありませんが、これは左右上下にすべて余白を入れる padding(.all) と同じです。

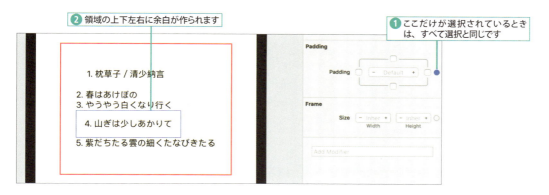

padding(.vertical, 50.0) と padding(.horizontal, 30)

padding(.vertical, 50.0) は padding([.top, .bottom], 50) と同じで、上下の余白の設定です。同様に padding(.horizontal, 30) は padding([.leading, .trailing], 30) と同じで、左右の余白の設定です。ここでは VStack{ } に指定してあるので、スタックが含んでいるコンテンツとの間の余白が設定されます。

テキストの背景色と余白の背景色

テキストの文字色はforegroundColorモディファイアで指定できますが（☞ P.79）、文字の背景色はbackgroundモディファイアで指定します。backgroundColorではないので注意してください。

たとえば、background(Color.yellow)を指定すればテキストの背景が黄色になります。

`Code` テキストに背景色を付ける　　　　　　　　　　　　　　　　　　«FILE» Text_background/ContentView.swift

```
struct ContentView: View {
    var body: some View {
        Text("Hello, world!")
            .background(Color.yellow)  ——— Textの背景
            .padding()
    }
}
```

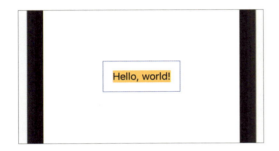

ただこれでは窮屈なので、Text()ではなくpadding()にbackground(Color.yellow)を指定することで余白までを含んで背景色を付けることができます（テキストの背景色は指定無しの状態）。

`Code` 余白に背景色を付ける　　　　　　　　　　　　　　　　　　«FILE» Text_background2/ContentView.swift

```
struct ContentView: View {
    var body: some View {
        Text("Hello, world!")
            .padding()
            .background(Color.yellow)  ——— paddingの背景
    }
}
```

イメージと図形の表示／配置／画像効果

写真や絵などのイメージの取り込み方と表示方法、円や四角形などの図形の作成と表示方法について取り上げます。イメージの伸縮やサイズ指定、イメージを図形で切り抜く、影を付ける、回転するといったこともできます。

Section 3-1　イメージを表示する
Section 3-2　図形の作成と配置
Section 3-3　ビューの画像効果

Section 3-1 イメージを表示する

これまでテキストを表示する方法をいろいろ見てきましたが、このセクションでは写真などのイメージを表示する方法を説明します。インスペクタでモディファイアを設定するとコードが追加され、コードを追加修正するとインスペクタが設定されるようすも確認しましょう。

このセクションのトピック

1. イメージを表示しよう
2. イメージサイズと伸縮モードを使いこなそう
3. はみ出た部分をクリッピングしよう
4. 写真に文字を重ねてみよう

重要キーワードはコレだ！

Image、resizable()、aspectRatio()、clipped()、scaleEffect()、offset()、overlay()

写真を表示

サイズと伸縮モードの設定

トリミングとオーバーレイの利用

STEP 写真を表示する

写真をプロジェクトに取り込んで表示する方法を説明します。写真の縦横サイズや表示の伸縮モードについては改めて詳しく解説します。

1 写真をプロジェクトに取り込む

《SAMPLE》 addImage.xcodeproj

ナビゲータエリアで Assets を選択して開き、ファインダから写真の画像をドロップします。

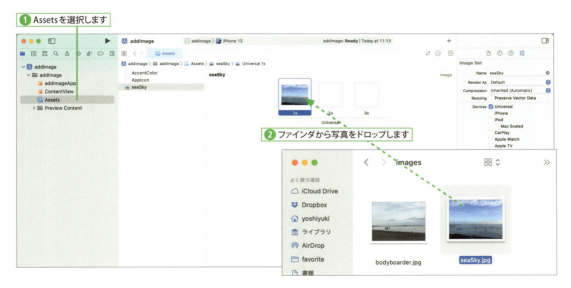

2 イメージライブラリからプレビューにドロップする

ナビゲータエリアで ContentView を選択し、Resume ボタンをクリックしてプレビューを表示します。ライブラリパネルを表示し、メディアライブラリからイメージのアイコンをプレビューにドロップします。

3 プレビューに写真が表示される

プレビューの iPhone 画面いっぱいに写真が広がって表示されます。コードは VStack の構造になって Image("seaSky") が追加されます。

Code　写真を表示するコードが追加される　　　　　　　　　　　　　　　《FILE》 **addImage/ContentView.swift**

```
struct ContentView: View {
    var body: some View {
        VStack {
            Image("seaSky")        ──── イメージを表示するコードが追加されます
            Text("Hello, World!")
                .padding()
        }
    }
}
```

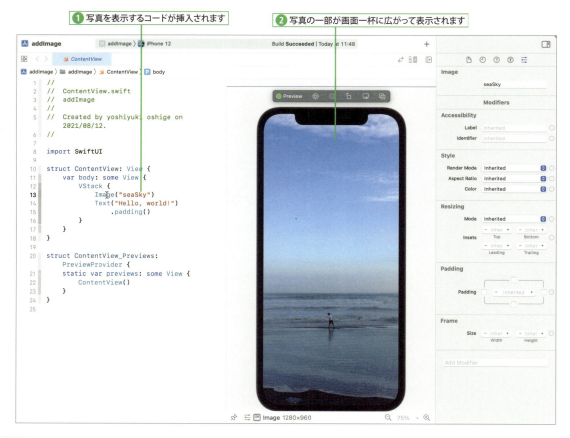

❶ 写真を表示するコードが挿入されます　　❷ 写真の一部が画面一杯に広がって表示されます

4 イメージをリサイズ可能にする

Image("seaSky") を選択してインスペクタを表示し、Resizing の Mode から Stretch を選択します。すると写真が画面サイズに合わせて縦長に伸縮します。Image("seaSky") には .resizable(resizingMode: .stretch) が追加されます。

3-1 イメージを表示する

Code イメージをリサイズするコードを追加する　　　　　　　《FILE》addImage/ContentView.swift

❶ Resizing の Mode から Stretch を選びます

❷ 画面サイズに合わせて写真が縦長に伸縮します

5 写真の縦横比が保たれるように伸縮モードを設定する

続いて、インスペクタの Stype の Aspect Ratio から Fit を選択します。すると縦長に伸びていた写真が縦横比が保たれるように伸縮します。コードには .aspectRatio(contentMode: .fit) が追加されます。

Code イメージの伸縮モードを指定する　　　　　　　　　　　《FILE》addImage/ContentView.swift

❶ Style の Aspect Ratio から Fit を選びます

❷ 写真の縦横比が保たれるように伸縮します

6 横サイズを指定する

コードに .frame(width: 300) を追加して写真のサイズを横 300 に指定します。元の縦横比を保つモードに指定しているので高さ（height）は指定しません。アトリビュートインスペクタの Frame でも width だけに 300 が設定されます。以上で body のコードは次のようになります。

Code 写真を横幅 300 で表示する   «FILE» addImage/ContentView.swift

```
struct ContentView: View {
    var body: some View {
        VStack {
            Image("seaSky")
                .resizable(resizingMode: .stretch)
                .aspectRatio(contentMode: .fit)
                .frame(width: 300)   ——— 横幅 300 にフィットするように伸縮します
            Text("Hello, world!")
                .padding()
        }
    }
}
```

イメージの表示サイズと伸縮モード

イメージは Image("画像名") で表示できます。これだけでは画面一杯に広がってしまいますが、.resizable(resizingMode: .stretch) を付ければ、ステップ 4 で見たようにイメージは表示サイズにピッタリ合うように縦横が伸縮します。なお、resizingMode の .stretch は初期値なので省略でき resizable() だけでも伸縮されるようになります。

写真の縦横サイズの比率を保って伸縮させたいときは aspectRatio(contentMode:) を使います。伸縮モードを指定する contentMode の値は .fill と .fit の 2 種類です。ステップ 5 のように .fit を指定すると表示の縦横サイズに全体が納まるように比率を保ったまま伸縮します。.fill は余白が出ないように領域を埋めるように伸縮します。

3-1 イメージを表示する

> **! NOTE**
> **aspectRatio() の代わりのメソッド**
> aspectRatio(contentMode: .fill) の代わりに scaledToFill()、aspectRatio(contentMode: .fit) の代わりに scaledToFit() を使うこともできます。

比率を保って伸縮する .fill と .fit の違い

aspectRatio(contentMode:) の .fit と .fill の伸縮モードの違いを具体的な例で見てみましょう。

次の例では frame(width: 200, height:300) を指定して、このサイズより大きいイメージを表示しています。図では左が .fit で表示した場合、右が .fill で表示した場合です。.fit の場合は frame で指定した領域内に納まるようにイメージが伸縮していますが、.fill を指定すると領域を埋めるように縦横サイズの長い辺に合わせて伸縮します。この例では縦サイズに合わせて伸縮するので、領域より大きな写真になっています。

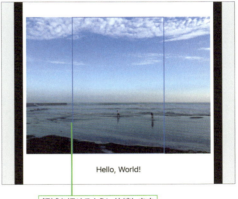

.fitで表示した場合	.fillで表示した場合
領域内に納まるように伸縮します	領域を埋めるように伸縮します

Code .fill の伸縮モードで写真を表示する «FILE» imageAspectRatioFill/ContentView.swift

```swift
struct ContentView: View {
    var body: some View {
        VStack {
            Image("seaSky")
                .resizable(resizingMode: .stretch)
                .aspectRatio(contentMode: .fill)  ── .fit だと frame 領域に納まるように、
                .frame(width: 200, height: 300)      .fill だと埋めるように表示します
                .clipped()  ── はみ出た部分をクリッピングします
            Text("Hello, world!").padding()
        }
    }
}
```

領域からはみ出た部分を隠す

.fill で表示すると領域より大きく表示されてしまうので、はみ出た部分は clipped() で切り取ることができます。

領域からはみ出た部分が消えます

伸縮率と位置の調整

.fill モードで表示すると中央が切り取られたように表示されますが、伸縮率を scaleEffect() で指定し、offset() で画像をずらすことで見たい部分を表示できます。領域内で表示する画像がずれるだけで、画像領域全体の位置が移動するわけではありません。例のコードの scaleEffect(1.8) はイメージを 1.8 倍に拡大します。scaleEffect() と offset() の実行順が違うと結果が違ってくるので注意してください。画像を切り取る clipped() は最後で実行します。

イメージを 1.8 倍に拡大したあとで表示する位置をずらしています。前の図と見比べてみてください

Code 写真の一部分を拡大して表示する «FILE» imagescaleEffect/ContentView.swift

```swift
struct ContentView: View {
    var body: some View {
        VStack {
            Image("seaSky")
                .resizable(resizingMode: .stretch)
                .aspectRatio(contentMode: .fill)
                .scaleEffect(1.8)         ──── 画像を 1.8 倍に拡大します
                .offset(x: -70, y: -30)   ──── 表示する画像をずらします
                .frame(width: 200, height: 300)
                .clipped()                ──── 最後に実行します
            
            Text("Hello, world!").padding()
        }
    }
}
```

オーバーレイを使って文字を重ねる

overlay() を使うとテキストなどを重ねたイメージを作ることができます。次の例では Text("Hello World") で作ったテキストを重ねたイメージを表示しています。そのままではテキストの位置がイメージの中央になるので、offset(x: 0, y: -50) で少し上にずらしています。なお、オーバーレイではなく ZStack を使って図形やテキストを重ね合わせる方法もあります。ZStack は次のセクションで解説します。

オーバーレイを使ってテキストを重ねたイメージを作ります

Code オーバーレイを使って写真に文字を重ねる «FILE» overlayText/ContentView.swift

```
struct ContentView: View {
    var body: some View {
        Image("seaSky")
            .resizable(resizingMode: .stretch)
            .aspectRatio(contentMode: .fill)
            .frame(width: 300, height: 400)
            .clipped()
            .overlay(
                Text("Hello World")
                    .font(.title)
                    .fontWeight(.light)
                    .foregroundColor(Color.white)
                    .offset(x: 0, y: -50)
            )
    }
}
```

写真にテキストを重ねています

Section 3-2 図形の作成と配置

このセクションでは円や四角形などの図形を作ります。図形の回転、塗り色、座標指定、ZStack を利用したビューの重ね合わせなどの基本的なテクニックはテキストやイメージの表示にも応用できます。

このセクションのトピック

1. いろんな形と色の図形を作ろう。カスタムカラーを作るには？
2. Modifiers ライブラリを使ってコード入力
3. 面を塗らない線だけの図形を描いてみよう
4. ZStack を使って図形を重ね合わせてみよう
5. 表示位置を座標で指定するには？

重要キーワードはコレだ！
Circle、Ellipse、Rectangle、RoundedRectangle、Capsule、rotationEffect()、stroke()、ZStack、position()

図形を描く

図形の重ね合わせ

図形の座標指定

3-2　図形の作成と配置

STEP 図形を表示する

SwiftUI では円、楕円、四角形、角丸四角形といった基本的な図形を簡単に作って表示することができます。円の図形を作って表示する手順を追ってみましょう。コードはライブラリパネルの Views ライブラリ、Effect Modifires ライブラリからドロップ、またはダブルクリックで挿入することもできます。

1 円を作る Circle() を追加する

«SAMPLE» **drawCircle.xcodeproj**

テンプレートに最初から追加されている Text("Hello, world!").padding() を削除して、代わりに Circle() を追加します。コードは Views ライブラリから Circle をドロップ、またはダブルクリックで挿入 もできます。プレビューの画面中央に黒色の円が表示されます。

① Views ライブラリを開きます

② Circle をドロップします

③ 黒色の円が追加されます

```
struct ContentView: View {
    var body: some View {
        Circle()——— 円が表示されます
    }
}
```

Code　円を作る　　　　　　　　　　　　　　«FILE» **drawCircle/ContentView.swift**

2 塗り色を青色にする

.foregroundColor(.blue) を追加します。コードはライブラリパネルの 2 番目のタブの Modifires ライブラリから Foreground Color をドロップ、またはダブルクリックして挿入することもできます。円が黒色から青色に変わります。

Chapter **3**

イメージと図形の表示／配置／画像効果

111

```
Code  塗り色を青色に設定する                                    «FILE» drawCircle/ContentView.swift

struct ContentView: View {
    var body: some View {
        Circle()
            .foregroundColor(.blue) ———— 円が青色になります
    }
}
```

3 円の縦横サイズを指定する

.frame(width: 200, height: 200) を追加します。コードは Modifires ライブラリから Frame をドロップして挿入できますが、初期値の縦横サイズが 100 なので 200 に変更します。

112

| Code | 図形の縦横サイズを設定する | «FILE» drawCircle/ContentView.swift |

```
struct ContentView: View {
    var body: some View {
        Circle()
            .foregroundColor(.blue)
            .frame(width: 200, height: 200)    ——— 領域サイズに内接する大きさの正円が描かれます
    }
}
```

図形を作る

円は Circle() を実行するだけで作ることができます。塗り色は foregroundColor()、大きさは frame() で指定します。領域サイズに内接する正円を描くので、短い方の辺に合わせた大きさになります。

同様にして楕円形、四角形、角丸四角形、カプセル形といった基本的な図形を簡単に作って表示することができます。

楕円形

楕円形は Ellipse() で作ります。縦と横の辺に内接する楕円になります。

| Code | 楕円を作る | «FILE» drawEllipse/ContentView.swift |

```
struct ContentView: View {
    var body: some View {
        Ellipse()    ——— 楕円形が作られます
            .foregroundColor(.blue)
            .frame(width: 200, height: 400)
    }
}
```

領域に内接した楕円になります

四角形

四角形（矩形）は Rectangle() で作ります。四角形の縦横サイズは、frame() で指定した縦横サイズになります。

| Code | 四角形を作る | «FILE» drawRectangle/ContentView.swift |

```
struct ContentView: View {
    var body: some View {
        Rectangle()    ——— 四角形が作られます
            .foregroundColor(.blue)
            .frame(width: 200, height: 400)
    }
}
```

角丸四角形

RoundedRectangle(cornerRadius:) は角が丸い四角形を作るメソッドです。引数に角の半径を指定します。

Code 角丸四角形を作る　　　　　　　　　　　　　　　　　　　«FILE» drawRoundedRectangle/ContentView.swift

```
struct ContentView: View {
    var body: some View {
        RoundedRectangle(cornerRadius: 50)        ── 角丸四角形が作られます
            .foregroundColor(.blue)
            .frame(width: 200, height: 400)
    }
}
```

四角形　　角丸四角形

カプセル形

カプセル形は Capsule() で作ります。縦横で短い方の辺が丸く曲がります。

Code カプセル形を作る　　　　　　　　　　　　　　　　　　　«FILE» drawCapsule/ContentView.swift

```
struct ContentView: View {
    var body: some View {
        Capsule()        ── カプセル形が作られます
            .foregroundColor(.blue)
            .frame(width: 250, height: 100)
                                        ── 短い辺が丸まります
    }
}
```

縦横で短い方の辺が丸まります

STEP 図形の塗り色

図形の色は fourgroundColor() で塗ることができます。塗り色は Color.blue、Color.red のように Color 型で指定してある色から選びます。Color は省略でき．をタイプするだけで色の候補が表示され、例で示したように fourgroundColor(.blue) で図形は青色で塗られます。

さらに fill() でも同様に塗り色を指定できます。fill() を使う場合は fill(Color.pink) のように Color を省略せずに色を指定します。

Code fill() を使って図形の色を塗る «FILE» fill_color/ContentView.swift

```
struct ContentView: View {
    var body: some View {
        Circle()
            .fill(Color.pink)
            .padding(50)
    }
}
```

カスタムカラーをアセットに登録して使う

fourgroundColor() と fill() では塗り色を Color 型に登録してある色から選択できますが、登録されていない色を使いたい場合には色を作ることができます。色の RGB 値あるいは色相・彩度・明度をコードで指定する書式もありますが（☞ P.233）、ここでは色をアセットに登録する方法を紹介します。

1 Assets に Color Set を作る

まず、ナビゲータエリアで Assets を選択してアセットの登録画面を表示します。次にエディタエリアの左下にある + ボタンをクリックして表示されたメニューから Color Set を選択します。すると Color Set が追加されます。

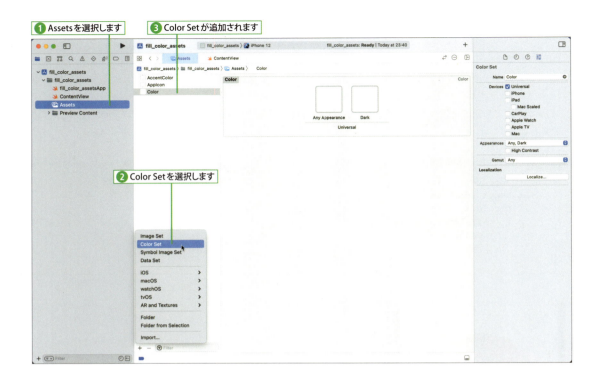

2 Color Set に名前を付けて色を決める

追加された Color Set の名前を「Wakakusa」に書き替え、Any Appearance を選択します。右のインスペクタの Color で色を作ります。ここでは Red 0.765、Green 0.847、Blue 0.145 に設定して若草色を作りました。

3 Colorライブラリから色を選んで使う

ナビゲータエリアでContentViewを選択してコードエディタを開き、Circle()で円を作ります。ライブラリパネルのColorライブラリを開くと先ほどAssetsに登録した「Wakakusa」色があるので、色を塗るforegroundColor()の引数にドロップします。するとColor("Wakakusa")が入ります。

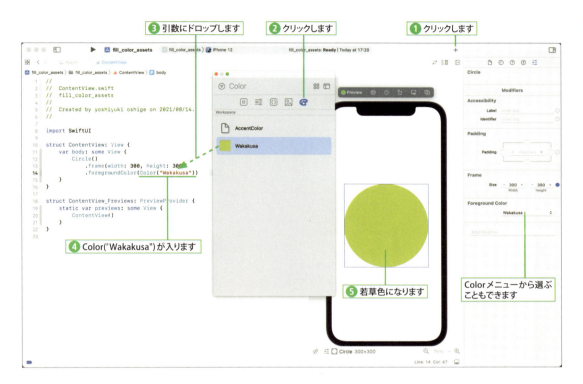

Code Assetsに登録したColorの「Wakakusa」で図形を塗る　　《FILE》fill_color/ContentView.swift

```swift
struct ContentView: View {
    var body: some View {
        Circle()
            .frame(width: 300, height: 300)
            .foregroundColor(Color("Wakakusa"))
    }
}
```

図形の回転

図形は rotationEffect() で回転させることができます。たとえば、楕円形を 45 度傾けるには、rotationEffect(.degrees(45)) を実行します。

プレビューで見るとわかるように、領域全体が傾くのではなく、領域に描かれている楕円形が傾いています。そこで、clipped() を実行して領域サイズでクリッピングすると領域からはみ出た部分が消えます。

Code 楕円形を傾けて領域サイズでクリッピングする «FILE» rotationEffectClipped/ContentView.swift

```
struct ContentView: View {
    var body: some View {
        Ellipse()             ——— 楕円を描きます
            .foregroundColor(.orange)
            .frame(width: 200, height: 400)
            .rotationEffect(.degrees(45))   ——— 45 度傾けます
            .clipped()        ——— 傾いて領域からはみ出た部分をクリッピングします
    }
}
```

描かれた楕円形のイメージが回転します

縦横サイズの領域が回転するわけではありません

領域からはみ出ている部分がクリッピングされて消えます

図形を重ねて表示する

HStack（Horizontal Stack）はビューを横に並べる、VStack（Vertical Stack）はビューを縦に並べますが、ZStack（Depth Stack）はビューを同じ位置に上に重ねます。ZStack での図形やイメージの重なり順は、コードで先に表示したもの上に順に重ねていきますが、作成順に関係なくビュー .zIndex(順番) で指定することもできます。

次のコードでは、線で描いた 3 個の楕円形を ZStack を使って重ねて表示しています。2 個の楕円形は rotationEffect() を実行して 30 度、-30 度に傾けます。このときの回転の中心を anchor: .bottom で底辺の中央に指定しているので、扇を開いたように楕円形が広がります。

線で描いた図形

図形を塗りつぶさずに線で描くには、図形に対して stroke() を実行します。楕円形を線で描くならば、Ellipse().stroke(lineWidth: 4) のように必ず Ellipse() に続いて実行します。foregroundColor(.pink) はピンクの線になります。

3-2 図形の作成と配置

| Code | 線で描いた3個の楕円形を重ねて表示する | «FILE» drawStroke/ContentView.swift |

```
struct ContentView: View {
    var body: some View {
        ZStack {                        ── 3個の図形を重ねて表示します
            Ellipse()
                .stroke(lineWidth: 4)              ── 線で描きます
                .foregroundColor(.pink)            ── 線の色を指定します
                .frame(width: 100, height: 300)
            Ellipse()
                .stroke(lineWidth: 4)
                .foregroundColor(.purple)
                .frame(width: 100, height: 300)
                .rotationEffect(.degrees(30), anchor: .bottom)   ── 回転させます
                                                 回転の中心
            Ellipse()
                .stroke(lineWidth: 4)
                .foregroundColor(.green)
                .frame(width: 100, height: 300)
                .rotationEffect(.degrees(-30), anchor: .bottom)  ── 回転させます
                                                 回転の中心
        }
    }
}
```

ZStackで3個の楕円形が重なって表示されます

回転の中心に指定しています

❶ NOTE

Attributes インスペクタの Add Modifier メニューを使う

オブジェクトを選択して Attributes インスペクタを開くとパネルの一番下に Add Modifier メニューが表示されます。
Add Modifier メニューには、ライブラリパネルと同じようにオブジェクトに設定できるさまざまなモディファイアがあります。オブジェクトを選んで Add Modifier メニューのモディファイアを選択すると、オブジェクトのコードに挿入されます。

表示座標を position() で指定する

図形を作ると画面の中央に表示されますが、好きな位置に表示するにはどうすればよいのでしょうか？

これまでに padding()、Spacer()、offset() を使ってテキストやイメージの表示位置を調整する方法を紹介しましたが（☞ P.80、☞ P.94、☞ P.98）、表示座標を position() で指定する方法があります。

座標はビューに対して position(x: 120, y: 150) のように実行します。複数のビューを同じ座標系で配置するには、表示するビューを ZStack の中に作って表示します。

次のコードでは、Circle() を座標 (x: 120, y: 150)、Rectangle() を座標 (x: 300, y: 350) に表示しています。このとき、図形の中心が座標の位置になることにも注目してください。

Code 円と四角形を座標を指定して表示する «FILE» **layoutPosition/ContentView.swift**

```swift
struct ContentView: View {
    var body: some View {
        ZStack {          ──── Circle と Rectangle のビューを同じ座標系で重ねて表示します
            Circle()
                .foregroundColor(.green)
                .frame(width: 100, height: 100)
                .position(x: 120, y: 150)
            
            Rectangle()
                .foregroundColor(.orange)
                .frame(width: 100, height: 100)
                .position(x: 300, y: 350)
        }
    }
}
```

> **NOTE**
> **セーフティエリアを無視する**
> y 座標の原点を画面の端にしたい場合は、セーフティエリアを無視する edgesIgnoringSafeArea(.top) を実行します。
> Circle() に実行すれば円の座標だけ、ZStack に実行すれば円と四角形の両方の座標に反映されます。

3-3　ビューの画像効果

Section 3-3 ビューの画像効果

テキスト、図形、イメージなどの作成と表示についてだいぶ詳しくなってきたところかと思いますが、さらにこのセクションではこれらのビュー（View）に共通した映像効果の処理について見ていきます。

このセクションのトピック

1. 写真を図形の形に切り抜いてみよう
2. ビューに影を付けよう
3. ビューを3D回転する
4. オリジナルのビューを定義して使おう

 重要キーワードはコレだ！
Image、Text、clipShape()、shadow()、rotation3DEffect()、ZStack

図形で切り抜く

背景の角を丸めて表示

3D回転

STEP イメージを図形で切り抜く

写真を表示して円の形にクリッピングするところまでをやってみましょう。写真を表示する方法については「Section 3-1 イメージを表示する」も参考にしてください（☞ P.102）。

1 写真をプロジェクトに取り込む

«SAMPLE» **ClipShapeImage.xcodeproj**

ナビゲータエリアで Assets を選択し、写真をファインダからドロップして取り込みます。

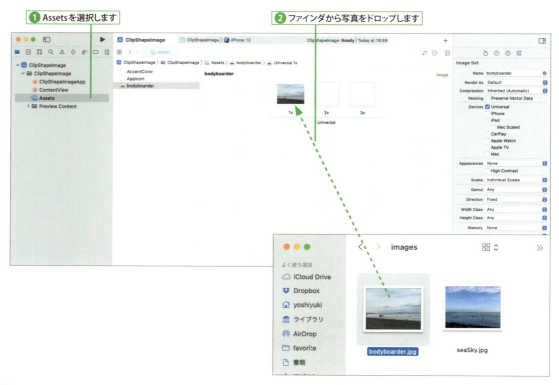

2 写真を表示する

写真を表示するコードを追加します。.resizable() でイメージを伸縮可能に設定し（☞ P.106）、伸縮モードと縦横サイズを設定します。縦横比を保った fill モードなので横サイズよりもはみ出た部分も表示されます。

Code　写真を比率を保って伸縮した fill モードで表示する　　　«FILE» **ClipShapeImage/ContentView.swift**

```swift
struct ContentView: View {
    var body: some View {
        Image("bodyboarder")              ── イメージを表示します
            .resizable()                  ── 伸縮可能にします
            .aspectRatio(contentMode: .fill)  ── 領域を埋めるように表示します
            .frame(width: 300, height: 300)
    }
}
```

縦横比を保った状態で写真を伸縮します。横サイズよりもはみ出た部分も表示されています

3 写真を円の形にクリッピングする

`.clipShape(Circle())` を追加することで円の形で写真が切り取られて表示されます。

Code イメージを円形にクリッピングする　　　«FILE» ClipShapeImage/ContentView.swift

```swift
struct ContentView: View {
    var body: some View {
        Image("bodyboarder")
            .resizable()
            .aspectRatio(contentMode: .fill)
            .frame(width: 300, height: 300)
            .clipShape(Circle())  ──── 画像を円でクリッピングします
    }
}
```

イメージが円で切り取られて表示されます

ビューを図形で切り抜く

clipShape() を使って、イメージやテキストなどのビュー（View）を図形の形で切り抜くことができます。ステップの例では写真のイメージを円で切り抜きましたが、ほかの形でも切り抜くことができます。clipShape(RoundedRectangle(cornerRadius: 20)) ならば角丸四角形で切り抜いたイメージになります。なお、mask() を使ってビューを切り抜くこともできます（☞ P.430）。

角丸四角形でクリッピングして表示します

ビューに影を付ける

shadow() はビューに影を付けるメソッドです。次のように図形で切り取ったイメージに shadow(radius: 20) を実行すると切り取られた輪郭に影が付きます。引数の radius の値が大きいほど影が薄く広がります。

Code イメージに影を付ける «FILE» shadowImage/ContentView.swift

```
struct ContentView: View {
    var body: some View {
        Image("bodyboarder")
            .resizable()
            .aspectRatio(contentMode: .fill)
            .frame(width: 300, height: 300)
            .clipShape(RoundedRectangle(cornerRadius: 20))　── 角丸四角形でクリッピングします
            .shadow(radius: 20)　──── 影を付けます
    }
}
```

角丸四角形でクリッピングした画像に影を付けて表示します

ビューを回転する

図形を回転する例を示しましたが、rotationEffect() はビューに対して実行するメソッドなので、イメージやテキスト、スタック全体を回転して傾けることができます。

写真を傾ける

それでは写真のイメージを傾けて表示してみましょう。ここでの注意点は clipped() を実行するタイミングです。この例では写真のイメージをクリッピングした後で rotationEffect() を実行していますが、順番を逆にして clipped() を最後に実行すると、領域からはみ出た部分が切り取られてしまいます。

Code イメージを回転させる　　　　　　　　　　　　　«FILE» rotationEffectImage/ContentView.swift

```swift
struct ContentView: View {
    var body: some View {
        Image("seaSky")
            .resizable()
            .aspectRatio(contentMode: .fill)
            .frame(width: 300, height: 400)
            .clipped()                                      // 先にクリッピングしてから回転させます
            .rotationEffect(.degrees(10), anchor: .center)
    }
}
```

イメージをクリッピングした後で回転させます

やってみよう！

イメージを回転させてからクリッピングすると
イメージを回転させた後で clipped() を実行するとどうなるか試してみましょう。

ビューの角を丸める

cornerRadius モディファイアでビューの角を丸めることができます。次の例ではテキストの枠線を border(Color.pink, width: 10) で表示し、その角を cornerRadius(10) で丸めています。ただし、枠線が曲がるのではなく、角を丸く切り落としています。

| Code | テキストの枠線の角を丸める | «FILE» cornerRadius_border/ContentView.swift |

```
struct ContentView: View {
    var body: some View {
        Text("Hello, world!")
            .font(.body)
            .frame(width: 150, height: 150)
            .border(Color.pink, width: 10)  ──── 枠線を表示します
            .cornerRadius(10)  ──── 角を丸めます
    }
}
```

cornerRadius(10)で角を丸めています

ビューを定義して背景に使う

次の例ではテキストの背景の角を丸く切り落としています。背景は bakground モディファイアで指定し、引数で背景にしたいビューを指定します。ここでは Rectangle() で作った 2 個の四角形が交差する ShapeView ビューを定義して background(ShapeView()) のように指定しています。

| Code | テキストの背景の角を丸める | «FILE» cornerRadius_background/ContentView.swift |

```
struct ContentView: View {
    var body: some View {
        Text("Hello, world!")
            .font(.largeTitle)
            .padding(15)
            .foregroundColor(.white)
            .background(ShapeView())  ──── ShapeView ビューを背景にします
            .cornerRadius(50)  ──── 背景の角を丸めます
            .frame(width: 150, height: 150)
    }
}
```

```
// 背景にするビューを作る
struct ShapeView: View {
    var body: some View {
        ZStack {
            Rectangle().rotationEffect(.degrees(45))  ——— 回転させた2個の長方形を重ねます
            Rectangle().rotationEffect(.degrees(-45))
        }
        .foregroundColor(.green)
        .frame(width: 50, height: 150)
    }
}
```

元の状態

角を丸めて表示

ビューを3D回転する

ビューの回転はrotationEffect()でできますが（☞ P.125）、rotation3DEffect()を使うとビューを3D回転できます。3DのXYZ軸での回転では、X軸回転で縦回り、Y軸回転で横回りになります。Z軸はXY平面に対して垂直な軸で回転します。

次の例ではテキストをY軸で45度回転しています。rotation3DEffect()でaxis: (x:0, y:1, z:0)と指定することでY軸回りの横回転になります。

Code テキストをY軸回りで45度回転させる　　　　　　　　　《FILE》rotation3DEffect_Text/ContentView.swift

```
struct ContentView: View {
    var body: some View {
        Text("春はあけぼの。やうやう白くなり行く、山ぎは少しあかりて、紫だちたる雲の細くたなびきたる。")
            .fontWeight(.light)
            .font(.title)
            .frame(width: 250)
            .rotation3DEffect(.degrees(45), axis: (x:0, y:1, z:0))
    }                                ——— テキストがY軸回りで横回転します
}
```

テキストがY軸回りに回転します

スタック全体を 3D 回転する

次の例では ZStack を使って写真のイメージとテキストを重ね合わせて表示しています。ZStack 全体を X 軸回りで 3D 回転しているので、写真とテキストが同じ空間で回転して見えます。

Code ZStack を X 軸回りで 45 度回転させる «FILE» rotation3DEffect_ZStack/ContentView.swift

```
struct ContentView: View {
    var body: some View {
        ZStack() {          ──── 画像にテキストを重ねて表示します
            Image("seaSky")
                .resizable()
                .aspectRatio(contentMode: .fill)
                .offset(x: -70, y: 0)
                .frame(width: 250, height:400)
                .clipped()

            Text(" ほととぎす \n 鳴きつる方をながむれば \n ただ有明の月ぞ残れる \n")
                .fontWeight(.light)
                .font(.title)
                .foregroundColor(.white)
                .padding()
                .offset(x: 0, y: -5)
                .frame(width: 250, height:400)
        }
        .rotation3DEffect(.degrees(45), axis: (x:1, y:0, z:0))
    }
}
```

全体が X 軸回りに縦回転します

スタック全体がX軸回りに回転します

Chapter 4

リスト表示と
ナビゲーションリンク

複数の写真やテキストなどのコンテンツを行表示するリストを解説します。リストはスクロールして見ることもでき、セクション分けして表示することもできます。簡単なリストからはじめて、行をタップして詳細ページへと遷移するナビゲーションリンクへと発展させていきましょう。

Section 4-1	コンテンツのリスト
Section 4-2	配列をリスト表示する
	配列
Section 4-3	複数のセクションがあるリスト
Section 4-4	行に表示するビューを定義する
Section 4-5	リストから詳細ページを開く
	構造体とユーザー定義関数
Section 4-6	ブラウザで表示する Web リストを作る

Section 4-1 コンテンツのリスト

リストは罫線があるノートに書くように複数のデータを線で区切った行で表示する方法です。画面の縦サイズより長いリストは、スワイプしてスクロールして見ることができます。このセクションではもっとも簡単なリストの作り方を説明します。

このセクションのトピック

1. List を使ってリストを作ろう
2. リストに写真を表示しよう
3. ライブプレビューでリストの動きを試そう

重要キーワードはコレだ!
List、NavigationView、navigationTitle、
navigationBarTitleDisplayMode

スクロールできるリスト

リストにタイトルをつける
タイトル

タイトルのタイプを変更

4-1 コンテンツのリスト

STEP 表示したいテキストを直接書いてリストを作る

表示したいテキストを List の中に直接書く簡単な方法でリストを作ります。List のコードは Views ライブラリから挿入できます。

1 Views ライブラリから List を追加する

«SAMPLE» ContentList.xcodeproj

コードの Text("Hello, world!").padding() を選択し、Views ライブラリの Views グループにある List アイコンをダブルクリックして List のコードと置換します。

```
//
// ContentView.swift
// ContentList
//
// Created by yoshiyuki oshige on 2021/08/16.
//

import SwiftUI

struct ContentView: View {
    var body: some View {
        List {
            Content
        }
    }
}

struct ContentView_Previews: PreviewProvider {
    static var previews: some View {
        ContentView()
    }
}
```

List のコードを入れます

2 リストで表示する行数を増やす

List {} のコードを修正し、テキストを 6 個表示するコードに書き替えます。プレビューを見ると「Content 1」～「Content 6」のテキストがリストの各行に表示されています。

Code 6行分のリストを表示する　　　　　　　　　　　　　　　«FILE» ContentList/ContentView.swift

```
struct ContentView: View {
    var body: some View {
        List {
            Text("Content 1")
            Text("Content 2")
            Text("Content 3")
            Text("Content 4")
            Text("Content 5")
            Text("Content 6")
        }
    }
}
```

List {} で囲みます

List {} の中に 6 個の Text() を書きます

Chapter 4
リスト表示とナビゲーションリンク

131

各行にテキストが表示されています

List で表示する

List {} にテキストやイメージなどのビューを表示するコードを書くと、それがリストの 1 行ずつに表示されます。コードをさらに次のように変更してみましょう。リストの 3 行目と 5 行目に表示する内容を個別に Photo1、Photo2 としてビュー定義して表示します。変更後のプレビューを見ると、リストの各行の高さが内容に応じて自動的に調整されているのがわかります。なお、写真（"bus" と "lighthouse"）は Assets に用意しておきます。

Code　3 行目と 5 行目で写真とテキストを表示するように変更する　　　《FILE》ContentList2/ContentView.swift

```swift
import SwiftUI

struct ContentView: View {
    var body: some View {
        List {
            Text("Content 1")
            Text("Content 2")
            Photo1().frame(height: 150)
            Text("Content 4")
            Photo2().frame(height: 150)
            Text("Content 6")
        }
    }
}

// 写真 1
struct Photo1: View {
    var body: some View {
        HStack {
            Image("bus")
                .resizable()
                .aspectRatio(contentMode: .fit)
            Text(" えぼし号 ")
                .padding(.horizontal)
```

——— 3 行目のコンテンツ

```
            }
        }
    }

    // 写真2
    struct Photo2: View {
        var body: some View {
            HStack {
                Image("lighthouse")
                    .resizable()
                    .aspectRatio(contentMode: .fit)
                Text(" 白灯台 ")
                    .padding(.horizontal)
            }
        }
    }

    struct ContentView_Previews: PreviewProvider {
        static var previews: some View {
            ContentView()
        }
    }
```

5 行目のコンテンツ

えぼし号

内容に合わせて行の高さが修正されました

白灯台

ライブプレビューで確認する

プレビュー画面の上のツールバーの一番左に Live Preview ボタン◉があります。このボタンをクリックすると背景の色が変わり、画面のタップやスワイプなどのインタラクティブな操作に応答するライブプレビューのモードになります。よく見ると iPhone の左右両端にボタンも付いています。

リスト表示の画面はドラッグ（実機ならばスワイプ）でスクロールできるようになります。

リストにタイトルを付けたい

リスト表示にタイトルを付けたいとき、NavigationView の navigationTitle を利用できます。あるいは、Section を使ってタイトルを表示する方法もあります（☞ P.152）。NavigationView の使い方については「Section 4-5 リストから詳細ページを開く」で詳しく説明します（☞ P.168）。

Code navigationTitle を利用してタイトルを入れる　　　　　　　　　　　　　　　　«FILE» ListTitle/ContentView.swift

```swift
struct ContentView: View {
    var body: some View {
        NavigationView {          ——— タイトル表示をするために利用します
            List {
                Text("Content 1")
                Text("Content 2")
                Text("Content 3")
                Text("Content 4")
            }
            .navigationTitle("タイトル")   ——— タイトルを付けます
        }
    }
}
```

タイトルが表示されます

Section 4-2 配列をリスト表示する

Listで表示する各行のコンテンツを配列から取り出して表示する方法を紹介します。配列とは、複数の値をコインロッカーのように区切りのある箱に入れて扱うような仕組みです。前セクションとは少し違うListの書式でリストを作ります。

このセクションのトピック

1. アクションメニューでListのコードを挿入してみよう
2. 複数の値が入っている配列を作ろう
3. 配列の値をリストで表示しよう
4. 配列の連結やスライスをやってみる
5. リストを検索しよう

 重要キーワードはコレだ！
List、\.self、count、indices、ForEach-in、Array、append()、searchable、fillter()、inout

配列の要素をリストにします

配列から順に色を取り出して設定します

リストを検索します

4-2 配列をリスト表示する

Embed in List でリスト表示を作る

アクションメニューの Embed in List を使うと List(0 ..< 5) のようにレンジ（レンジ ☞ P.52）が入ったカッコ付きの構文が挿入されます。これを利用して配列の値をリスト表示します。

1 アクションメニューから Embed in List を選択する

«SAMPLE» SimpleList.xcodeproj

コードの Text を command クリックします。表示されたアクションメニューから Embed in List を選択します。

2 Text("Hello, World!") を List{} で囲む

コードの Text("Hello, World!") が List{} で囲まれます。プレビューで確認するとテキストの「Hello, World!」がリスト表示されます。リストは 5 行で、すべての行に「Hello, World!」が繰り返し入っています。

Code 「Hello World」をリスト表示する

«FILE» SimpleList/ContentView.swift

```
struct ContentView: View {
    var body: some View {
        List(0 ..< 5) { item in
            Text("Hello, world!")
        }
    }
}
```

この区間を 5 回繰り返します

5 行のリスト表示になります

3 アクションメニューから Embed in HStack を選択する

先ほどと同じように Text を command クリックし、アクションメニューから Embed in HStack を選択します。

4 リストに item の値も並べて表示する

Text("Hello World") が HStack{} で囲まれるので、Text(String(item)) を挿入します。これでリストの各行の先頭に item に入っている値が表示されるようになります。結果を見ると item には 0 ..< 5 のレンジから取り出された数値が順に入っています。

Code　レンジを (0 ..< 10) に変更し、item と「Hello World」をリストで表示する　　《FILE》 SimpleList/ContentView.swift

```
struct ContentView: View {
    var body: some View {
        List(0 ..< 5) { item in         ── 0〜4の数を順に item に取り出す繰り返しになります
            HStack {                     ── HStack で囲んでテキストを横に並べます
                Text(String(item))       ── 番号を表示します
                Text("Hello, World!")
            }
        }
    }
}
```

item に取り出された数と「Hello, World!」がリストで表示されます

138

4-2 配列をリスト表示する

STEP 配列から要素を取り出してリスト表示する

先のサンプルでは「Hello, world!」を繰り返しリスト表示しただけだったので、今度は配列から順にすべての値（要素）を取り出してリスト表示する方法を説明します。配列とは複数の値を 1 個の容器に入れたように扱うことができる値です。

1 配列 metro を作る

地下鉄路線名を要素にもつ配列 metro を作ります。配列は [ ] の中にカンマ区切りで値を書きます。このコードは import SwiftUI の次の行に追加しておきます。

Code 地下鉄路線の配列 metro を作る　　　　　　　　　　　«FILE» MetoroList/ContentView.swift

```
let metro = [" 銀座線 ", " 丸ノ内線 ", " 日比谷線 ", " 東西線 ", " 千代田線 ", " 半蔵門線 ", " 南北線 ", " 副都心線 "]
```

2 配列の要素をリスト表示するコードに書き替える

先のサンプルの HStack ブロックの 2 行目を Text(metro[item]) に書き替えます。これで配列 metoro から要素を順に 1 個ずつ取り出されてリスト表示されます。metoro には 8 路線の名前が入っているので List(0 ..< 8) にすれば 8 路線のすべての名前がリスト表示されます。

Code 配列 metro から要素を 1 つずつ取り出してリスト表示する　　　　«FILE» MetroList/ContentView.swift

```
struct ContentView: View {
    var body: some View {
        List(0 ..< 8) { item in
            HStack {
                Text(String(item))
                Text(metro[item]) ——— 配列から路線名を取り出して表示します
            }
        }
    }
}
```

Chapter 4

リスト表示とナビゲーションリンク

139

3 配列の要素の個数に影響されないコードにする

配列 metoro に入っている駅名の個数は metoro.count で調べることができます。そこで List(0 ..< 8) の代わりに List(0 ..< metoro.count) と書くことができます。しかし、このコードは metoro.count の値が定数ではないという警告が出てしまいます。警告が出ないようにするには、第2引数に id: \.self を指定します。

Code　配列の要素数に影響されないコードにする　«FILE» MetroListCount/ContentView.swiftt

```swift
struct ContentView: View {
    var body: some View {
        List(0 ..< metro.count, id: \.self) { item in
            HStack {
                Text(String(item))
                Text(metro[item])
            }
        }
    }
}
```

配列から順に要素を取り出して表示する

　配列 metro に入っている路線名の個数は metro.count で調べることができます。したがって、List(0 ..< metro.count){ item in ～ } では 0 ～ 7 の数が順に item に入ることになります。metro[0] ならば 1 番目の " 銀座線 "、metro[1] ならば 2 番目の " 丸ノ内線 " のように 配列 [インデックス番号] の式で配列の要素を指せることから、Text(metro[item]) を表示することで、配列に入っている 0 ～ 7 番目のすべての路線名が順に取り出されてリスト表示されます。

　しかしながら、この式は「Non-constant range」の警告が出るので List(0 ..< metro.count, id:\.self) のように引数 id を指定します。また、0 ..< metro.count は配列のインデックスのレンジですが、これは metro.indices で得ることができます。コードは次のように書くことができます。

Code 配列の要素数に影響されないコードにする　　　　　　　　《FILE》MetroListCount2/ContentView.swift

```swift
struct ContentView: View {
    var body: some View {
        List(metro.indices, id:\.self) { item in
            HStack {
                Text(String(item))
                Text(metro[item])
            }
        }
    }
}
```

Swift シンタックスの基礎知識
配列

配列を作る

配列（Array）を使うと複数の値をひとまとめにして扱うことができます。配列はコインロッカーのようなもので、A-3 なら A ロッカーの 3 番、B-1 なら B ロッカーの 1 番のようにデータを管理できます。

　a、b、c の 3 つの値（要素）が入っている配列は [a, b, c] のように [ ] でくくって作ることができます。要素と要素の間はカンマ（,）で区切り、要素の個数は何個でも構いません。配列を宣言する場合は、配列名と同時に配列の型として要素の型を指定します。配列の要素は後からでも追加、削除、変更が可能ですが、let で宣言した変数に代入した配列の値は変更できません。

> **書式** 配列の書式
>
> ```
> let 配列名:[ 要素の型 ] = [ 要素1, 要素2, 要素3, ... ]
> var 配列名:[ 要素の型 ] = [ 要素1, 要素2, 要素3, ... ]
> ```

　では、Playground で簡単な配列を作ってみましょう。week は曜日（String）が入っている配列、nums は整数（Int）が入っている配列です。配列 week は let で宣言してあるので、week に値を代入できるのは 1 回限りです。
　配列 colors は Colors 型で宣言してあるので、[.red, .yellow, .green] のように個々の要素は Color.red ではなく .red のように省略して書くことができます。なお、Color 型を使うには Import SwiftUI を実行しておく必要があります。

Playground 配列を作る　　　　　　　　　　　　　　　　　　　　　　　《FILE》**ArraySample1.playground**

```
import SwiftUI

let week:[String]
var nums:[Int]
var colors:[Color]
week = ["日", "月", "火", "水", "木", "金", "土"]
nums = [4, 8, 15, 16, 23, 42]
colors = [ .red, .yellow, .green]
```

型を指定して配列を宣言します
let で宣言してあるので代入は 1 回だけです

4-2 Swift シンタックスの基礎知識

配列の型を型推論で決める

配列には宣言した型以外の要素を入れることができません。したがって、配列 week には数値を入れることができず、配列 nums には String はもちろん、Int（整数）ではない数値を入れることもできません。

配列の宣言と同時に値を代入して初期化する場合は、代入された値から型推論されて配列の型が決まります。したがって、week と nums の場合も宣言と初期化を同時に行えば型指定を省略できます（型推論 ☞ P.45）。

Playground 　配列の型を型推論で決める 　　　　　　　　　　　　　　　　　　　　　　　　«FILE» **ArraySample2.playground**

```
let week = ["日", "月", "火", "水", "木", "金", "土"]
var nums = [4, 8, 15, 16, 23, 42]
```

配列の値を参照する

配列に入っている要素には、配列 [インデックス番号] のように位置を指して参照できます。インデックス番号とは、配列の要素の位置を先頭から 0、1、2 と数えた番号です。0 からカウントアップする点に注意してください。この書式を subscript と呼びます。

次の例では配列 abcArray を作り、インデックス番号 0 番と 2 番に何が入っているかを調べています。

Playground 　配列 abcArray のインデックス番号 0 と 2 を調べる 　　　　　　　　　　　«FILE» **ArrayIndex1.playground**

```
let abcArray = ["a", "b", "c", "d"]
let letter0 = abcArray[0] ——— 先頭の要素
let letter2 = abcArray[2] ——— 3 番目の要素
print(letter0)
print(letter2)
```

結果

```
a
c
```

インデックス番号　　0　　　1　　　2　　　3

let abcArray = ["a", "b", "c", "d"]

　　　　　　　　abcArray[0]　 abcArray[2]

配列の要素を更新する

インデックス番号で参照した位置の要素を変更することもできます。次の配列 fruits には最初は "blueberry"、"orange"、"peach" の 3 種類のフルーツが入っていますが、fruits[1] = "apple" を実行してインデックス番号 1（先頭から 2 番目）のフルーツを変更しています。結果を出力すると "orange" が "apple" に差し替わっています。なお、let で宣言した変数に代入してある配列の要素を更新することはできません。

| Playground | 配列 fruits のインデックス番号 1 の要素を変更する | «FILE» ArrayIndex2.playground |

```
var fruits = ["blueberry", "orange", "peach"]
fruits[1] = "apple" ——— インデックス番号1（先頭から2番目）の要素を入れ替える
print(fruits)
```

結果

```
["blueberry", "apple", "peach"]
```

レンジで指定した要素を更新する

レンジ演算子 ... でインデックスの範囲を指定すれば、その範囲の要素を入れ替えることができます。

次の例では配列 colors のインデックス番号 1 〜 2 の "red", "blue" を " 赤 ", " 青 ", " 黄 " で置き換えています。このように参照しているレンジの数と置き換える要素の数が同じでなくてもかまいません。

| Playground | 配列のレンジの要素を置き換える | «FILE» ArrayRange.playground |

```
var colors = ["green", "red", "blue", "pink"]
colors[1...2] = [" 赤 ", " 青 ", " 黄 "] ——— インデックス番号1〜2の範囲を入れ替えます
print(colors)
```

結果

```
["green", " 赤 ", " 青 ", " 黄 ", "pink"]
```

配列に要素を追加する

配列 .append(要素) で配列に要素を追加していくことができます。要素を追加する配列は初期化済みでなければなりません。次の例では最初に空の配列 words を作り、それに要素を足し込んでいます。配列の値を変更するので words は var で宣言します。また、空の配列 [] では要素の型を型推論できないので、words:[String] のように型指定する必要があります。

| Playground | 空の配列に要素を追加していく | «FILE» appendArray1.playground |

```
var words:[String] = [] ——— String 型の空の配列 words を作ります
words.append(" 花 ") ——— 要素を追加していきます
words.append(" 鳥 ")
words.append(" 風 ")
words.append(" 月 ")
print(words)
```

結果

```
[" 花 ", " 鳥 ", " 風 ", " 月 "]
```

空の配列を作る

空の配列は [] を代入すれば作ることができますが、型を指定した初期化済みの空の配列を次の2種類の書式で作ることもできます。

書式 空の配列を作る

[要素の型]()
Array< 要素の型 >()

次の例では [String]() を初期値とする式で配列 members を宣言しています。この時点では members の中身は空ですが、String 型の配列として初期化されているので、String 型の要素を append() で追加していくことができます。append(contentsOf:) の書式を使うと複数の要素を一度に追加できます。

Playground 空の配列を作る   «FILE» appendArray2.playground

```swift
// 初期化済みの空の配列を作る
var members = [String]()         ──── String 型の空の配列を作ります
// 要素を追加する
members.append("秀樹")
members.append("浩二")
members.append(contentsOf: ["裕樹", "義郎", "昌教"])
// 値を確認する
print(members)
```

結果
```
["秀樹", "浩二", "裕樹", "義郎", "昌教"]
```

配列を連結する

同じ型同士の配列であれば、配列A + 配列B のように + 演算子で足し算することで要素を連結した配列を作ることができます。

Playground 2つの配列を連結した配列を作る   «FILE» ArrayPlusArray.playground

```swift
let basicCourse = ["ラン", "スイム"]
let optionCourse = ["バイク", "カヌー"]
let fullCourse = basicCourse + optionCourse
print(fullCourse)
```
                                    ──── 2つの配列の要素を足し合わせて1個の配列にします

結果
```
["ラン", "スイム", "バイク", "カヌー"]
```

+= 演算子を使って配列を連結していく

配列の連結には代入演算子の += も利用できます。次の例では最初に Array<Double>() で初期化している空の配列 data に配列 data1 と data2 を連結することでデータを合わせています。そして、data.sort() を実行して数値が小さい順（昇順）に並べ替えています。値の大きさでの並べ替えの操作をソートと言います。大きい値から小さい値へと並べ替える降順のソートは data.sort(by:>) で行えます。同じ書式での昇順のソートは data.sort(by:<) です。

Playground　空の配列 data に別の配列を連結して最後にソートする　　　　　«FILE» EmptyArray.playground

```
import UIKit
// 初期化済みの空の配列を作る
var data = Array<Double>() ─────── Double 型の空の配列を作ります
// 数値が入った配列
let data1 = [3.6, 5.7, 2.2]
let data2 = [4.0, 3.1, 5.3]
// 配列を連結する
data += data1
data += data2
// 小さな順に並べ替える（ソート）
data.sort()
// 値を確認する
print(data)
```

結果

```
[2.2, 3.1, 3.6, 4.0, 5.3, 5.7]
```

配列をスライスする

配列の一部を取り出して新しい配列を作ることもできます。この操作はスライスと呼ばれます。配列をスライスするには、レンジ演算子を使って取り出したい範囲のインデックスを指定します。

たとえば、配列 colorList のインデックス番号 1 〜 3 の 3 個の値を取り出すには colorList[1...3] のように範囲を指定します。配列 myColor に取り出された要素が入りますが、要素を抜き出すわけではないので元の配列の colorList は変化しません。

Playground　配列をスライスして一部分を取り出す　　　　　«FILE» sliceArray.playground

```
let colorList = ["blue", "yellow", "red", "green", "pink"]
let myColor = colorList[1...3] ─────── 配列のインデックス番号1〜3の要素を取り出した配列を作ります
print(myColor)
```

結果

```
["yellow", "red", "green"]
```

次の例では配列 names を前半と後半に分けて 2 つのグループを作っています。names[..<half]、names[half...] のように範囲の開始、終了を省略することができます。names には 7 人の名前が入っているので 2 では割り切れませんが、names.count は Int 型なので names.count/2 は整数の 3 になります。つまり、names[..<3]、names[3...] でスライスされます。

4-2 Swift シンタックスの基礎知識

Playground 配列の前半と後半を取り出した配列を作る 　　　　　　　　　　《FILE》 **sliceHalfArray.playground**

```
let names = ["鈴木", "松原", "曽根", "安藤", "山田", "山本", "松田"]
let half = names.count/2
let group1 = names[..<half] ──────  先頭から半分-1個まで
let group2 = names[half...] ──────  半分から最後まで
print(group1)
print(group2)
```

結果

```
["鈴木", "松原", "曽根"]
["安藤", "山田", "山本", "松田"]
```

配列から順に要素を取り出す　ForEach-in

　配列の要素を順に取り出したいとき、View の body では for-in ではなく ForEach-in を使うことで配列の要素数を順に取り出すことができます。次の例では Color の配列 colors から色を順に取り出して四角形の色に設定しています。配列 colors のインデックス番号のレンジは colors.indices で作ることができることから、index には配列の要素ではなくインデックス番号が順に入ります。

Playground 配列 metro から ForEach-in を使って要素を順に取り出してリスト表示する 　《FILE》 **ArrayForEach/ContentView.swift**

```
// Color の配列
let colors:[Color] = [.red, .blue, .green, .orange, .yellow]

struct ContentView: View {
    var body: some View {
        VStack {
            // 配列の先頭から順に取り出す
            ForEach(colors.indices, id: \.self){index in
                // 四角形を描く
                Rectangle()
                    .frame(width: 150, height: 30)
                    .foregroundColor(colors[index])
            }
        }
    }
}
```

147

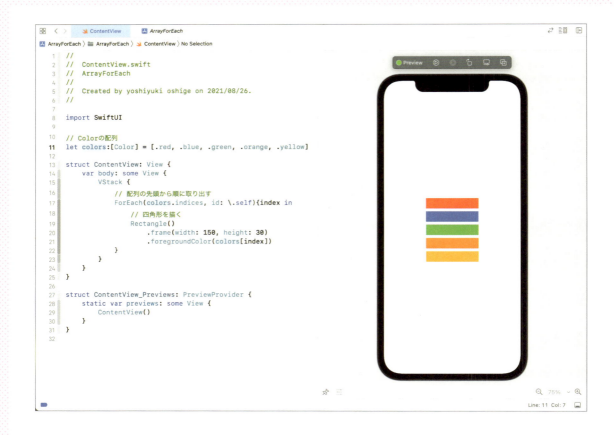

配列の要素を順に取り出す

　配列の要素をインデックス番号で取り出すのではなく、ForEach(配列) で配列の要素を順に取り出すこともできます。また、List(配列) ならば順に取り出した要素をリスト表示できます。ただし、これができる配列には条件があります。詳しくは次のセクションで説明します。

> **! NOTE**
>
> **配列からランダムに要素を取り出す／シャッフルする**
> randomElement() を使えば配列からランダムに要素を取り出すことができ（☞ P.202）、shuffle() あるいは shuffled() を使うことで配列の要素をシャッフルして並べ替えることができます（☞ P.204）。

配列のフィルタリングを利用する

　配列の fillter() 関数を利用することで、リストに並んでいる値を検索で絞り込んで表示することができます。検索語句を入力する検索ボックスは、List の searchable() モディファイアで表示できます。次に示す例では、検索ボックスに入力された値で配列 spots をフィルタリングした結果の配列を変数 searchResults の値として Foreach-in でリスト表示しています。その結果、検索した語句が含まれている行だけのリストになります。searchResults は式の結果を返す Computed プロパティです（☞ P.65）。

　なお、シミュレータや実機で検索ボックスが表示されないときは、リストを下に引っ張るようにスワイプすると表示されます。

Code | リストを検索表示する　　　　　　　　　　　　　　　　　　　　　**«FILE»** ListSearch/ContentView.swift

```swift
import SwiftUI

struct ContentView: View {
    let spots = ["東京都美術館", "国立新美術館", "国立近代美術館", "東京国立博物館", "江戸東京博物館",
                "国立科学博物館", "新江ノ島水族館", "川崎水族館", "しながわ水族館"]
    @State private var searchText = ""

    var body: some View {
        NavigationView {
            List {
                ForEach(searchResults, id: \.self) { name in
                    Text(name)
                }
            }
            .searchable(text: $searchText, prompt: "スポットの検索")
            .keyboardType(.default)
            .navigationTitle("人気スポット")
        }
    }

    // 検索結果
    var searchResults: [String] {
        if searchText.isEmpty {
            return spots
        } else {
            return spots.filter { $0.contains(searchText) }
        }
    }
}

struct ContentView_Previews: PreviewProvider {
    static var previews: some View {
        ContentView()
    }
}
```

フィルタリングの結果だけが表示されます

検索ボックスを表示します

プレースホルダとして表示します

配列 spots をフィルタリングして得られた配列が変数の値になります

リストを検索表示する

　fillter() は配列の要素を順に取り出して $0.contains(searchText) の条件式を評価し、結果が true の要素だけを抽出する機能です。$0 は順に取り出された要素を指す書き方です。その値に searchText が含まれていると true になります。なお、searchText の宣言文の @State と searchable(text: $searchText) の $ が付いている理由については、次の章で詳しく説明します。

配列を参照で受け取る

値には参照型と値型があります。Swift の配列は値型なので、変数に代入したり、関数の引数で渡すと複製された配列が渡されます。関数の引数に元の配列を指す参照を渡したいときは、次の例のように関数定義の引数の型の前に inout を付けます（関数定義☞ P.180）。

Playground 配列を参照値で受け取る関数 incrimentNums() の定義　　《FILE》 func_inout.playground

```swift
// 引数で渡された配列の要素に 1 を足す
func incrimentNums(nums: inout [Int]){
    for i in  0..<nums.count{
        nums[i] += 1
    }
}
```

そして、関数を実行するときは incrimentNums(nums: &data) のように引数の前に & を付けます。これを実行すると、引数で渡した元の配列 data の値が更新されます。

Playground incrimentNums() に配列 data の参照値を渡す　　《FILE》 func_inout.playground

```swift
// 元の配列
var data = [3, 5, 9]
print(data)
// 実行
incrimentNums(nums: &data)
// 実行後の配列
print(data)
```

結果
```
[3, 5, 9]
[4, 6, 10]          引数で渡した配列が処理されて、各要素に 1 が加算されています
```

Section 4-3 複数のセクションがあるリスト

1つのリストを複数のセクションに分けて表示することができます。セクションにはヘッダとフッタも付けることができ、リストをより使いやすいものにすることができます。

このセクションのトピック

1. 複数のセクションがあるリストを作ろう
2. セクションにヘッダとフッタを追加しよう
3. ForEach-in を使って配列から要素を順に取り出して表示する

 重要キーワードはコレだ！
List、Section、ForEach-in、listStyle

セクションがあるリスト

ヘッダとフッタで見やすく

セクションを閉じた状態

4-3 複数のセクションがあるリスト

STEP 2つのセクションに分かれたリストを作る

1つのリストをセクションに分けて表示する方法を試します。ここでは四国と九州の2つのセクションを作り、それぞれの地方に含まれている県名をセクションに分けてリスト表示します。セクションにヘッダとフッタも付けます。

1 四国と九州のセクションに分かれたリストを作る
 «SAMPLE» ListSectionSample.xcodeproj

四国と九州の県名が入った配列 shikoku と kyusyu を用意します。次に Section を2つ作り、その中に ForEach を使って配列からテキストを作るコードを書きます。最後に 2つの Section のブロックを List で囲みます。

Code 配列 shikoku と kyusyu をセクションに分けてリスト表示する　　«FILE» ListSectionSample/ContentView.swift

```swift
struct ContentView: View {
    let shikoku = ["徳島県", "香川県", "愛媛県", "高知県"]
    let kyusyu = ["福岡県", "佐賀県", "長崎県", "熊本県", "大分県", "宮崎県", "鹿児島県"]
    
    var body: some View {
        List {                          ── リストで表示します
            Section(header: Text("四国")) {   ── 1つ目のセクション
                ForEach(shikoku, id:\.self) { item in
                    Text(item)               ── 四国の県名が順に入ります
                }
            }
            Section(header: Text("九州")) {   ── 2つ目のセクション
                ForEach(kyusyu, id:\.self) { item in
                    Text(item)               ── 九州の県名が順に入ります
                }
            }
        }
    }
}
```

2 プレビューで確認する

プレビューで確認すると2つのセクションに分かれたリストが表示されます。headerで指定した「四国」と「九州」がそれぞれのセクションのヘッダになっています。

2つのセクションに分かれました

3 ヘッダを修飾し、フッタとリストスタイルを追加する

header の Text のフォントサイズを大きくし、上の間隔が空くようにパディングを追加します。さらに引数 footer を追加します。最後に List の属性に listStyle(GroupedListStyle()) を追加します。

Code ヘッダを修飾し、フッタとリストスタイルを追加する «FILE» ListSectionSample2/ContentView.swift

```swift
struct ContentView: View {
    let shikoku = [" 徳島県 ", " 香川県 ", " 愛媛県 ", " 高知県 "]
    let kyusyu = [" 福岡県 ", " 佐賀県 ", " 長崎県 ", " 熊本県 ", " 大分県 ", " 宮崎県 ", " 鹿児島県 "]
    
    var body: some View {
        List {
            Section(header: Text(" 四国 ").font(.largeTitle).padding(.top),
                    footer: Text(" 最高標高は石鎚山の 1,982m")) {
                ForEach(shikoku, id:\.self) { item in
                    Text(item)
                }
            }
            
            Section(header: Text(" 九州 ").font(.largeTitle).padding(.top),
                    footer: Text(" 最高標高は宮之浦岳の 1,936m")) {
                ForEach(kyusyu, id:\.self) { item in
                    Text(item)
                }
            }
        }
        .listStyle(GroupedListStyle())
    }
}
```

— ヘッダとフッタを付けます
— リストのスタイルを指定します

4 完成のプレビュー

完成した結果をプレビューで確かめてみましょう。ヘッダが大きくなり、フッタが追加されました。リストスタイルに GroupedListStyle を指定したことで行の幅が画面サイズと同じになりました。

- ヘッダーが大きく見やすくなりました
- フッターが追加されました
- 行幅が画面幅のリストスタイルになりました

リストをセクションで分ける

次のコードは四国のセクションの部分です。Section は Section(header: footer:) でヘッダとフッタを設定します。ヘッダ、フッタとも省略でき、どちらか一方だけでも構いません。セクションの中は List で各行を作る場合と同じです。ここでは前セクションの「Swift シンタックスの基礎知識」で説明した ForEach-in を使って配列から行表示する文のテキストを作っています（☞ P.147）。

Code 四国のセクション　　　　　　　　　　　　　　　《FILE》ListSectionSample2/ContentView.swift

```
Section(header: Text(" 四国 ").font(.largeTitle).padding(.top),
        footer: Text(" 最高標高は石鎚山の 1,982m")) {
    ForEach(shikoku, id:\.self) { item in
        Text(item)
    }
}
```

リストの表示スタイル

リストの表示スタイルを listStyle モディファイアで選ぶことができます。スタイル指定の省略時ではセクションごとに角丸四角形で囲まれた島になりますが、サンプルのように listStyle(GroupedListStyle()) を指定するとセクションの横幅がデバイスの側辺まで伸びた形になります。

iOS で選ぶことができるスタイルには次に示すような種類があります。スタイルの指定を省略すると DefaultListStyle になります。iOS でのデフォルトは InsetGroupedListStyle です。SidebarListStyle は ⌄ ＞ ボタンでセクションを閉じたり開いたりすることができます。

InsetGroupedListStyle

GroupedListStyle

InsetListStyle

4-4 行に表示するビューを定義する

Section 4-4 行に表示するビューを定義する

本セクションでリストを作り、次セクションではリストで選んだ項目の詳細ページを開くサンプルを作っていきます。まずはリストに表示する行のビューを定義し、それをリスト表示するところまで作ります。今回は行のビューを単独のSwiftUIファイルを作って定義します。構造体の定義、関数の定義も行います。

Chapter 4 リスト表示とナビゲーションリンク

このセクションのトピック

1. SwiftファイルとSwiftUIファイルを新規追加して使おう
2. 写真データが入った配列を作る関数を定義しよう
3. 配列を順に取り出すためのIdentifiableプロトコル
4. 行ビューを定義してプレビューで確かめよう
5. 構造体と関数の定義について学ぼう

重要キーワードはコレだ！
List-in、UUID、構造体、previewLayout、Swift File テンプレート、Identifiable プロトコル、ビュー定義

リスト行のビュー定義

ライブプレビューでスクロールして確かめます

157

STEP 配列に入れた写真データをリストで表示する

写真データを作って配列に入れておき、その配列から写真のリストを作ります。リストの行には写真のサムネイルとタイトルを表示します。行に表示するビューは新規に追加した SwiftUI View ファイルに書くことで単独でプレビューできるようにします。

1 PhotoList プロジェクトを作って写真を取り込む　　《SAMPLE》PhotoList.xcodeproj

まず、PhotoList プロジェクトを作ります。次にナビゲータエリアで Assets.xcassets を選択し、写真が入ったフォルダをファインダからドロップします。

フォルダごと写真をドロップします

2 Swift File テンプレートから PhotoData.swift を作る

File メニューの New>File... を選択し、Swift File テンプレートを選んで、PhotoData.swift の名前で保存します。Group から PhotoList を選んで保存すればナビゲータエリアで PhotoList グループに入ります。

① File... を選択します　　② Swift File を選択します　　③ クリックします

4-4 行に表示するビューを定義する

❺ PhotoData.swift の名前で保存します

❹ Group から PhotoList を選びます

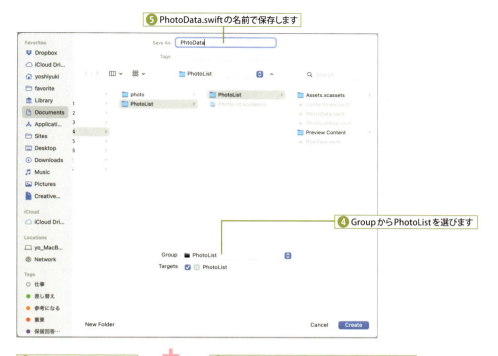

❻ PhotoData が追加されます　　❼ 配列 photoArray を作るためのコードを入力します

3 配列 PhotoArrtay を作るコードを PhotoData.swift に書く

ナビゲータエリアで PhotoData.swift を選択し、配列 PhotoArray を作るコードを入力します。このコードでは、写真データを PhotoData 構造体で定義し、15 枚分の写真データを配列 photoArray に入れています。

Code 写真データの構造体を定義して配列にする «FILE» PhotoList/PhotoData.swift

```swift
import Foundation

// 写真データを構造体で定義する        ← Identifiable プロトコルを指定します
struct PhotoData: Identifiable{
    var id = UUID()                  ← 1枚分の写真データの構造を示す構造体
    var imageName:String
    var title:String
}

// 構造体 PhotoData 型の写真データが入った配列を作る
var photoArray = [
    PhotoData(imageName:"IMG_0996", title:" 湘南平展望レストラン Flat"),
    PhotoData(imageName:"IMG_1035", title:" アウトリガーカヌー "),
    PhotoData(imageName:"IMG_1504", title:" えぼし号 "),
    PhotoData(imageName:"IMG_1531", title:" 富士山 "),
    PhotoData(imageName:"IMG_2139", title:"DENTAL CLINIC"),
    PhotoData(imageName:"IMG_2250", title:" 鵠沼漁港白灯台 "),
    PhotoData(imageName:"IMG_2269", title:" サザンビーチ海の家 "),
    PhotoData(imageName:"IMG_2470", title:" 天使の翼 "),
    PhotoData(imageName:"IMG_2883", title:" スイミングスクールバス "),
    PhotoData(imageName:"IMG_4199", title:" 小田急線江ノ島駅 "),
    PhotoData(imageName:"IMG_6460", title:" 鷹取山 "),
    PhotoData(imageName:"IMG_7122", title:" 支笏湖ぼスワンボート "),
    PhotoData(imageName:"IMG_7216", title:" とまチョップ "),
    PhotoData(imageName:"IMG_7745", title:" スナック Junko"),
    PhotoData(imageName:"IMG_7851", title:" 山の電話ボックス ")
]
```

4 SwiftUI View テンプレートから RowView.swift ファイルを作る

File メニューの New>File... を選択し、SwiftUI View テンプレートを選んで RowView.swift の名前で保存します。追加されたファイルには ContentView.swift と同様のコードが書き込まれています。

❶ File... を選択します
❷ SwiftUI View テンプレートを選びます
❸ RowView.swift の名前で保存します

4-4　行に表示するビューを定義する

5　**写真のサムネイルとタイトルを表示する1行分のビューを定義する**

追加された RowView.swift をナビゲータエリアで選択して次のコードに書き替えます。

Code　1個の写真データのビューを作る　　　　　　　　　　　　　**«FILE» PhotoList/RowView.swift**

```swift
import SwiftUI

// 写真データ1個分のビューを作る
struct RowView: View {
    var photo:PhotoData          ———— RowView ビューを作る際に写真データを設定します

    var body: some View {
        HStack {
            Image(photo.imageName)   ———— 写真を表示します
                .resizable()
                .frame(width: 60, height: 60)
                .clipShape(Circle())
                .overlay(Circle().stroke(Color.gray))
            Text(photo.title)        ———— タイトルを表示します
            Spacer()
        }
    }
}

// 最初の写真データを使って1行分のプレビューを作る
struct RowView_Previews: PreviewProvider {
    static var previews: some View {
        RowView(photo:photoArray[0])   ———— 配列 photoArray の1個目の写真データを RowView
            .previewLayout(.sizeThatFits)        構造体の photo に指定してプレビューします
    }
}
```

6　**行のプレビューを確認する**

RowView.swift をプレビューして写真データがどのように行表示されるかを確認します。表示する写真データは
RowView_Previews で指定している配列 photoArray の1個目のデータです。

写真データ1個分のプレビューが表示されます

Chapter **4**

リスト表示とナビゲーションリンク

161

7 行データを読み込んでリスト表示するコードを書く

ナビゲータエリアで ContentView.swift を選択し、配列 photoArray からデータを読み込んでリスト表示するコードを書きます。ここでリスト表示する photoArray は PhotoData.swift で宣言して写真データを納めてある配列が入っている変数ですが、ContentView.swift からでも利用できます。

Code 配列 photoArray の写真データをリスト表示する   «FILE» PhotoList/ContentView.swift

```swift
import SwiftUI

struct ContentView: View {
    var body: some View {
        List(photoArray) { item in         ── photoArray から要素を順に取り出して実行します
            RowView(photo: item)
        }
    }
}

struct ContentView_Previews: PreviewProvider {
    static var previews: some View {
        ContentView()
    }
}
```

8 リストのプレビューを確認する

ContentView.swift をプレビューしてリスト表示を確認します。

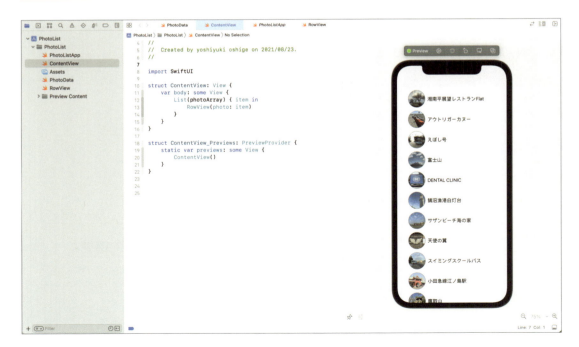

4-4 行に表示するビューを定義する

9 ライブプレビューでスクロールしてリスト表示を確認する

プレビュー画面のツールバーの LivePreview ボタンをクリックして<mark>ライブプレビューモード</mark>にします。リストをドラッグしてスクロールし、表示内容を確認しましょう。

❶ クリックしてライブプレビューモードにします

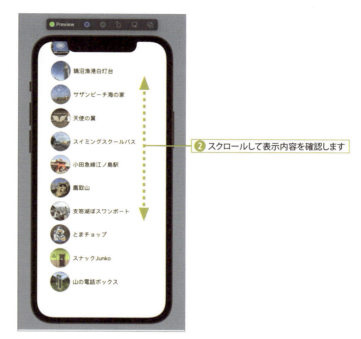

❷ スクロールして表示内容を確認します

配列 photoArray の写真データをリスト表示する

配列に入っている写真データをリスト表示するコードは ContentView.swift に書いてあります。前セクションの MetroList プロジェクトでも配列の値をリスト表示しましたが、Section 4-2 の ContentView.swift では次のように List(0 ..< 8) のようにレンジからインデックス番号を作り、Text(metro[index]) で配列 metro の要素を1個ずつ取り出していました（☞ P.141）。

Code 配列 metro からインデックス番号を使って要素を取り出す «FILE» MetoroList/ContentView.swift

```
List(0 ..< 8) { index in          ——— 配列 metro の要素のレンジ
    HStack {
        Text(String(index))
        Text(metro[index])        ——— インデックス番号として使います
    }
}
```

しかし、今回の ContentView.swift の List ではレンジを使わずに、List(photoArray) と書いただけで配列 photoArray の要素すなわち写真データの1個分を item に取り出しています。

Code 配列 photoArray の写真データをリスト表示する «FILE» PhotoList/ContentView.swift

```
struct ContentView: View {
    var body: some View {
        List(photoArray) { item in
            RowView(photo: item)      ——— item には photoArray から写真データが順に取り出されて
        }                                  引数で渡されます
    }
}
```

このように List(配列) とすれば配列から要素を順に取り出すことができるわけですが、どのような配列でもこのような操作ができるかと言えばそうではありません。この List-in の書式を使うためには、次に説明するように配列 photoArray に入っている PhotoData が Identifiable プロトコルを採用した構造体でなければなりません。

構造体 PhotoData と配列 photoArray

PhotoData.swift には写真データの内容を示す構造体 PhotoData の定義と変数 photoArray に 15 枚分の写真データを配列にしてで代入するコードが書いてあります。

4-4　行に表示するビューを定義する

Code 写真データの構造体を作って配列にする　　　　　　　　　　　　　　　　　　　**«FILE»** PhotoList/PhotoData.swift

```
import Foundation

// 写真データを構造体で定義する
struct PhotoData: Identifiable{
    let id = UUID()
    let imageName:String ───── 写真1枚分の構造体
    let title:String
}
// 構造体 PhotoData 型の写真データが入った配列を作る
var photoArray = [
    PhotoData(imageName:"IMG_0996", title: " 湘南平展望レストラン Flat"),
    PhotoData(imageName:"IMG_1035", title: " アウトリガーカヌー "),
    PhotoData(imageName:"IMG_1504", title: " えぼし号 "),
    PhotoData(imageName:"IMG_1531", title: " 富士山 "),
    PhotoData(imageName:"IMG_2139", title: "DENTAL CLINIC"),
    PhotoData(imageName:"IMG_2250", title: " 鵠沼漁港白灯台 "),
    PhotoData(imageName:"IMG_2269", title: " サザンビーチ海の家 "),
    PhotoData(imageName:"IMG_2470", title: " 天使の翼 "),
    PhotoData(imageName:"IMG_2883", title: " スイミングスクールバス "),
    PhotoData(imageName:"IMG_4199", title: " 小田急線江ノ島駅 "),
    PhotoData(imageName:"IMG_6460", title: " 鷹取山 "),
    PhotoData(imageName:"IMG_7122", title: " 支笏湖ぼスワンボート "),
    PhotoData(imageName:"IMG_7216", title: " とまチョップ "),
    PhotoData(imageName:"IMG_7745", title: " スナック Junko"),
    PhotoData(imageName:"IMG_7851", title: " 山の電話ボックス ")
]
```

写真データを Identifiable プロトコルを採用した構造体で作る

　個々の写真データは構造体と呼ばれるデータ形式で作っています。構造体については後述の「Swift シンタックスの基礎知識」で詳しく解説しますが、写真データのために定義した構造体は PhotoData です。PhotoData には id、imageName、title の 3 つの変数（プロパティ）があります。

Code 構造体 PhotoData の定義　　　　　　　　　　　　　　　　　　　　　　　　　**«FILE»** PhotoList/PhotoData.swift

```
struct PhotoData: Identifiable{ ────── Identifiable プロトコルを指定した構造体にします
    let id = UUID() ───── Identifiable プロトコルでは必ず id が必要です
    let imageName:String ───── イメージ名
    let title:String ───── 表示するタイトル
}
```

　ここで、先にも書いたように ContentView.swift の変数 body でリスト表示を作る List(photoArray){ item in … }だけで配列 photoArray から要素が順に item に取り出されるようにするには、photoArray に入っている PhotoData が Identifiable プロトコルを採用した構造体でなければなりません。

　PhotoData の定義文にある id は Identifiable プロトコルが指定するプロパティで、利用しなくても必ず指定します。id が重複しない値になるように UUID() を代入する式を書いておくのが通常です。

Chapter 4

リスト表示とナビゲーションリンク

構造体 PhotoData の定義文からデータを作る

構造体 PhotoData の定義文から実際のデータを作るには PhotoData() を実行します。たとえば次のようにイメージ名とタイトルを引数にして実行すると 1 枚分の写真データが作られます。

Code 構造体 PhotoData で写真データを作る　　　　　　　　　　　　　**«FILE» PhotoList/PhotoData.swift**

```
PhotoData(idimageName:"IMG_0996", title: " 湘南平展望レストラン Flat")
```

🛈 NOTE

変数 photoArray のアクセス権

変数 photoArray は PhotoData.swift で宣言してますが、RowView.swift、ContentView.swift のコードからでも利用できます。これは photoArray の アクセス権 （公開範囲）が internal だからです。internal はどのファイルからでも参照できるアクセス権で省略時の初期値です。photoArray の式をアクセス権を省略せずに書くと次のとおりです。

Code アクセス権を省略せずに変数 photoArray を宣言する

```
internal var photoArray:[PhotoData]
```

アクセス権	説明
open	モジュール外からでも自由にアクセスできる
public	モジュール外からアクセスできるが、継承と override ができない
internal	同一モジュール内なら他のファイルからでもアクセスできる（初期値）
fileprivate	同一ファイル内でのみアクセスできる
private	定義されたスコープ内でのみアクセスできる

写真データ 1 個のビューを作る

リストの 1 行分のビュー、すなわち写真データの 1 個分のビューは RowView ビューで作ります。RowView は、ステップ 4 で示したように SwiftUI View テンプレートから作ります。最初に作られるコードはテキストの「Hello, World!」を表示するコードなので、このコードを写真データのサムネイル画像とタイトルを表示するコードに書き替えます。

ContentView でリスト表示する RowView ビューは RowVIew(photo: 写真データ) を実行して作成します（☞ P.164）。このときに変数 photo に値が渡されて、1 個分の写真データ（PhotoData 型の構造体）が設定されます。構造体で定義してある変数（プロパティ）にはドットシンタックスを使ってアクセスできるので、写真イメージは Image(photo.imageName)、タイトルは Text(photo.title) で作ることができます。

Code 写真データ1個分のビューを作る «FILE» PhotoList/RowView.swift

```swift
struct RowView: View {
    var photo:PhotoData ——— RowViewビューを作る際に写真データが設定されます

    var body: some View {
        HStack {
            Image(photo.imageName) ——— 写真を表示します
                .resizable()
                .frame(width: 60, height: 60)
                .clipShape(Circle())
                .overlay(Circle().stroke(Color.gray))
            Text(photo.title) ——— タイトルを表示します
            Spacer()
        }
    }
}
```

1行分のプレビューを表示する

RowView.swiftのプレビューを実行するとPreviewProviderプロトコルが指定してあるRowView_Previews()が実行され、写真データ1個だけを使ってリストで表示する1行のレイアウトを確認できます。

表示する写真データは、配列photoArrayの1個をRowView(photo: photoArray[0])のように引数で渡します。プレビュー表示の縦横サイズを指定しなくても構いませんが、previewLayout(.sizeThatFits)で指定できます。

Code 最初の写真データを使って1行分のプレビューを作る «FILE» PhotoList/RowView.swift

```swift
struct RowView_Previews: PreviewProvider {
    static var previews: some View {
        RowView(photo:photoArray[0]) ——— photoArrayの先頭のデータ
            .previewLayout(.sizeThatFits)
    }                                   コンテンツにフィットしたサイズになります
}
```

1個目の写真データのプレビュー

Section 4-5 リストから詳細ページを開く

前セクションのリスト表示のプロジェクトを元に、リストの行をタップすると詳細ページへ移動するプロジェクトを完成させます。NavigationView と NavigationLink を使ってページの移動と戻りができるようになりましょう。

このセクションのトピック

1. 詳細ページ用の SwiftUI ファイルを作ろう
2. 詳細ページのビュー作ろう
3. リストの行をタップすると詳細ページが開くようにしよう
4. ライブプレビューで詳細ページへの移動と戻りを試そう

重要キーワードはコレだ！

List、NavigationView、NavigationLink、navigationTitle、@ViewBuilder、struct、func、return、Void、引数の初期値、プロトコル、構造体の定義、関数の定義

168

4-5 リストから詳細ページを開く

STEP 詳細ページを作る

　前セクションで作った写真のリスト表示の PhptoList プロジェクトを仕上げて、リストの行をタップすると詳細ページへ遷移して行き来できるようにします。最初に遷移後の詳細ページから作ります。

1 詳細ページ用の PhotoDetailView.swift を追加する　　《SAMPLE》PhotoList.xcodeproj

　写真の詳細ページ用に PhotoDetailView.swift を作ってプロジェクトに追加します。新規ファイルは File メニューから New > File... を選択し、SwiftUI View テンプレートで作ります。

❶ File...を選択します
❷ SwiftUI View テンプレートを選びます
❸ PhotoDetailView.swiftの名前で保存します
❹ PhotoDetailView.swift が追加されます

2 詳細ページのレイアウトを作る

　ナビゲータエリアで PhotoDetailView.swift を選択し、body の中身を詳細ページを表示するコードに書き換えます。詳細ページでは、写真を大きくして画面の上詰めで表示し、タイトルがその下に表示されるようにレイアウトします。このコードは、行に表示する RowView ビューの body とほぼ同じです（☞ P.161）。

Code　詳細ページに写真とタイトルを表示する　　《FILE》PhotoListNavi/PhotoList/PhotoDetailView.swift

```
struct PhotoDetailView: View {
    var photo:PhotoData          —— 追加します

    var body: some View {                —— 書き換えます
        VStack {
            Image(photo.imageName)
                .resizable()
                .aspectRatio(contentMode: .fit)
            Text(photo.title)
            Spacer()
        }
        .padding()
    }
}
```

169

3 詳細ページのプレビュー用コードを書く

struct PhotoDetailView_Previews を1個目の写真データでプレビュー表示するコードに変更します。

Code 1個目の写真データで詳細ページをプレビュー表示する　　《FILE》 PhotoListNavi/PhotoList/PhotoDetailView.swift

```
struct PhotoDetailView_Previews: PreviewProvider {
    static var previews: some View {
        PhotoDetailView(photo:photoArray[0])  ——— 変数 photo の初期値を指定します
    }
}
```

4 詳細ページをプレビューして確認する

詳細ページ（PhotoDetailView.swift）を開いている状態で Resume ボタンをクリックしてプレビューを確認します。プレビューを見ると、1個目の写真データを使って写真とタイトルは表示されますが、戻りボタンは表示されません。プレビューで戻りボタンが表示されなくても間違いではありません。

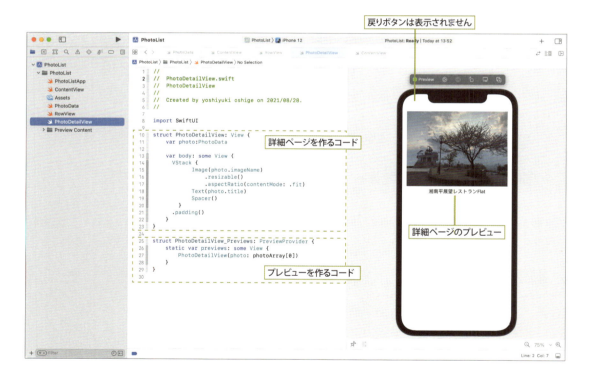

5 リスト表示から詳細ページを開くためのコードに修正する

ナビゲータエリアで ContentView.swift を選択し、リスト表示で行をタップしたならば詳細ページに移動するように struct ContentView のコードを修正します。写真リストだけのコードと見比べてみてください（☞ P.162）。

4-5　リストから詳細ページを開く

| Code | リスト表示でタップされた行の詳細ページへ移動する | «FILE» PhotoListNavi/PhotoList/ContentView.swift |

```
struct ContentView: View {
    var body: some View {
        NavigationView {          ──── NavigationView{}で囲みます
            List(photoArray) { item in
                NavigationLink(destination: PhotoDetailView(photo: item)) {
                    RowView(photo: item)      ──── 行をタップすると開く詳細ビュー
                }                              ──── リストに表示する各行のビュー
            }
            .navigationTitle(Text("写真リスト"))
        }
    }
}
```

6　ライブプレビューで動作チェックする

リスト表示の行をタップすると詳細ページへ移動するかどうかを確かめたいので、<mark>ライブプレビューで動作チェック</mark>をします。移動先の詳細ページからは、左上に表示される<mark>戻りボタン</mark>で写真リストに戻ることができます。

① クリックします　　③ スワイプしてスクロールし、行をタップします　　⑤ タップすると写真リストに戻ります

② ライブプレビューのモードになります　　④ 詳細ページに移動し、写真とタイトルが表示されます

簡単なナビゲーションリンクを作ってみる

　リストでタップされた行の写真データを PhotoDetailView で表示するサンプルを作りましたが、コードが少し複雑なのでもう少し単純なコードでページの移動、すなわちシーン遷移の方法を見てみましょう。

　次の例では、ContentView で表示している Home の「GO サブビュー」をタップすると SubView へ移動し、SubView の左上の「Home」をタップすると元に戻ります。タップをするのでライブプレビューで試します。

171

これを行うコードは次のとおりです。NavigationView のブロックの中に NavigationLink を書くとリンクになり、リンクをタップすると destination で指定したビューが開きます。Label の第 2 引数 systemImage は SF Symbols にあるアイコンのイメージ名です（☞ P.214）。移動先では navigationTitle で指定したタイトルが戻りボタンとしてビューの左上に表示されます。

Code NavigationLink( ) で SubView へ移動する　　　　　«FILE» SimpleNavigationLink/ContentView.swift

```swift
import SwiftUI

struct ContentView: View {
    var body: some View {
        NavigationView {                            // NavigationView の囲み中に作ります
            NavigationLink(destination: SubView()) {
                Label("Go サブビュー ", systemImage: "message")   // SubView ビューを開きます
            }                                       // 移動のリンクボタンになります
            .navigationTitle("Home")
        }.navigationViewStyle(.stack)               // 左肩に表示されるタイトルになり、戻りボタンの
    }                                               // タイトルとしても表示されます
}

struct SubView: View {
    var body: some View {
        Text("SubView").font(.largeTitle)           // リンク先のサブビューを作ります
    }
}

struct ContentView_Previews: PreviewProvider {
    static var previews: some View {
        ContentView()
    }
}
```

サブビューを @ViewBuilder で修飾した関数で作る

これまでの例では NavigationLink の遷移先のビューを ContentView と同じように struct で定義する構造体で作っていましたが、@ViewBuilder を付加したユーザ定義関数で作ることもできます。

関数は「func 関数名 () -> 戻り値の型」で定義します（☞ P.180）。次の func detailView() は detailView ビューを作って戻すユーザ関数の定義文です。関数定義の前に @ViewBuilder が書いてある点に注目してください。

Code 遷移先の detailView ビューを定義する 《FILE》**NavigationLinkViewBuilder/ContentView.swift**

```
@ViewBuilder ──────────── サブビューを作る関数定義の前に書きます。
func detailView() -> some View {
    VStack {
        Text(" 鷹取山ハイキングコース ")
            .font(.title2)
        Image("IMG_6460")
            .resizable()
            .aspectRatio(contentMode: .fit)
        Text(" 横須賀　鷹取山の磨崖仏 ")
    }
    .padding()
}
```

ビューを遷移するリンクを作るには、先のサンプルと同様に NavigationLink (destination: detailView()) のように遷移先のビューを作る detailView() を引数 destination に指定します。今回はリンクボタンを Label ではなくイメージとテキストで作っています。

Code ナビゲーションリンクを作る 《FILE》**NavigationLinkViewBuilder/ContentView.swift**

```
struct ContentView: View {
    var body: some View {
        NavigationView {
            NavigationLink (destination: detailView()){
                HStack(alignment: .bottom, spacing: 10) {
                    Image("IMG_6460")
                        .resizable()
                        .aspectRatio(contentMode: .fit)
                        .frame(width: 100)
                    Text(" 鷹取山 ")
                }
            }.navigationTitle(" 人気スポット ")
        }.navigationViewStyle(.stack)
    }
}
```
遷移先のビュー
リンクボタンになります

複数のプレビューを表示する

　プレビュー表示を行うための ContentView_Previews には ContentView をプレビュー表示するために ContentView() が書いてありますが、次のように detailView() も追加することで、ContentView と detailView の 2 つのプレビューを表示できます。

Code　ContentView と detailView の 2 つのプレビューを表示する　　　«FILE» **NavigationLinkViewBuilder/ContentView.swift**

```
struct ContentView_Previews: PreviewProvider {
    static var previews: some View {
        ContentView()
        detailView()
    }
}
```

2 つのプレビューが作られます

4-5 リストから詳細ページを開く

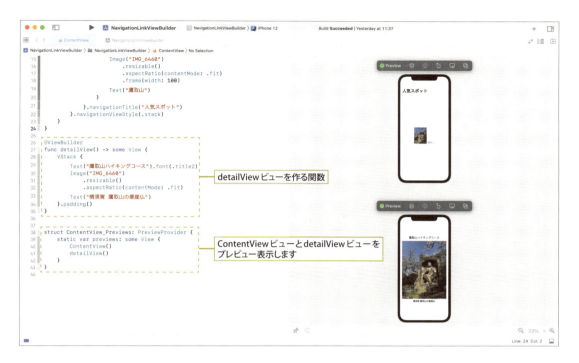

detailView ビューを作る関数

ContentView ビューと detailView ビューを
プレビュー表示します

Swift シンタックスの基礎知識
構造体とユーザー定義関数

struct ContentView って何？

ContentView.swift には <mark>struct で始まる</mark> 2 個のブロックが書いてあります。これは <mark>構造体</mark> と呼ばれる値の書式で、最初の struct ContentView は <mark>ContentView 構造体</mark> を定義しています。

Code ContentView 構造体を定義したコード «FILE» **HelloWorld/ContentView.swift**

```swift
struct ContentView: View {        ——— struct で宣言します
    var body: some View {
        Text("Hello, world!")
            .padding()
    }
}
```

たとえば石には重さ、大きさ、材質などの複数の属性があります。動物にも種、性別、年齢などの属性があります。このように、複数の属性をもった値を扱いたい場合に構造体が利用できます。SwiftUI のビューにも body などの複数の属性があるので、構造体 (struct) というデータ形式で作られているわけです。

構造体の書式

Swift の構造体は多機能で複雑ですが、基本的な書式は次に示すとおりです。<mark>属性は変数で定義</mark>し、値を変更しない変数は let、変更できる変数は var で宣言します。属性はプロパティとも言うので、属性を定義する変数を <mark>プロパティ変数</mark> とも呼びます。

書式 構造体の基本的な書式

```
struct 名前 {        ——— 構造体は struct で始まります
    let 変数 1
    var 変数 2        ——— 属性（プロパティ）は変数で定義します
    ...
}
```

> **ⓘ NOTE**
>
> **struct は値型**
> 値には参照型と値型があります。struct は値型なので、変数に代入したり、関数の引数で渡すと複製された値が渡されます。（関数の引数に配列の参照を渡す☞ P.151）

Member 構造体を定義する

次のコードは Member 構造体を定義しています。属性として level、name、age の 3 個の変数をもっています。name は後から値を変更できないように let で宣言し、level の初期値は 1 にしています。

| Playground | Member 構造体の定義 | «FILE» **Member.playground** |

```
struct Member {
    let name:String
    var level = 1          ——— 初期値を1にします
    var age:Int
}
```

ℹ NOTE

構造体の名前の1文字目は大文字

構造体はタイプ（型）を定義することにもなります。タイプ名の1文字目は大文字で付けるのが慣例なので、構造体の名前の1
文字目は大文字にします。

構造体の定義から値を作る

構造体名に () を付けることで構造体の定義から値を作ることができます。その際に構造体で定義している変数の値
を指定します。初期値が設定されている変数の値は省略できます。

書式 構造体の値を作る
- -
var 変数 = 構造体名 (変数 1: 値 , 変数 2: 値 , 変数 3: 値 , ...)

では、Member 構造体の定義から値を作ってみましょう。作った値は変数に代入します。member1 と member2
を作るコードは次のようになります。このように、同じ Member 構造体であっても、member1、member2 のよう
に属性の値が違った構造体を作ることができます。あとから属性の値を変更するので、var で宣言します。

| Playground | Member 構造体の定義から member1 と member2 を作る | «FILE» **Member.playground** |

```
// 構造体を作る
var member1 = Member(name: " 鈴木 ", age: 19)        ——— level は初期値が設定されているので省略できます
var member2 = Member(name: " 田中 ", level: 5, age: 23)
```

構造体の値を利用する

構造体の属性つまり変数にはドットを使って参照できます。member1 の name、age、level の値は次のように確
認できます。member1 を作る際に level の値を指定しませんでしたが、level は初期値の 1 になっています。

| Playground | 構造体の値を調べる | «FILE» **Member.playground** |

```
// member1 の値を調べる
let text1 = "\(member1.name) さん \(member1.age) 歳 レベル \(member1.level)"
print(text1)
```

結果

鈴木さん 19 歳 レベル 1

var 宣言されている属性は値を更新することもできます。次のコードでは member2 の level に 1 を加算していま
す。member2 を作るときに 5 を指定したので結果はレベル 6 になります。先にも書いたように、属性の値を変更す
るには、構造体を代入する変数 member2 も var で宣言されている必要があります。

Playground	構造体の属性の値を更新する	«FILE» **Member.playground**

```
// member2 の level に 1 を加算
member2.level += 1 ————— 属性を書き替えます
// member2 の値を調べる
let text2 = "\(member2.name) さん \(member2.age) 歳 レベル \(member2.level)"
print(text2)
```

結果

田中さん **23 歳 レベル 6** ————— レベルが 5 から 6 に上がっています

次のコードでは、member1 と member2 の age の値を合計しています。

Playground	構造体の属性の値で計算する	«FILE» **Member.playground**

```
// member1 と member2 の age の合計
let ageSum = member1.age + member2.age
let text3 = " 年齢の合計：\(ageSum) 歳 "
print(text3)
```

結果

年齢の合計：**42 歳**

構造体のイニシャライザ

構造体の定義文にはイニシャライザ init() を書くことができます。イニシャライザとは、構造体を作成したときに初期化のために自動で実行される特殊な関数です。

次に示す Box 構造体の定義はイニシャライザ init() の引数でプロパティ width と height を受けてそれぞれ同名のプロパティの値として設定したあと、width と height の合計の大きさで size の値を "S" または "M" に設定しています。self.width = width の左項の self.width は width プロパティを指し、右項の width はイニシャライザの引数 width を指しています。同名の両者を区別するためにプロパティはインスタンス自身を指す self を付けて書きます。

Code	イニシャライザがある構造体	«FILE» **Box.playground**

```
// 構造体を定義する
struct Box{
    let width:Int
    let height:Int  ————— プロパティ
    let size:String

    // イニシャライザ
    init(width:Int, height:Int){
        self.width = width
        self.height = height  ————— 同名の引数と混同しないようにプロパティは self で指します
        if(width+height)<120 {
            size = "M"
        } else {
            size = "L"
        }
    }
}
```

box1 を Box(width: 50, height: 50)、box2 を Box(width: 40, height: 100) のように作ると box1 の size は "M"、box2 の size は "L" になります。

Code Box 構造体の値を作って確かめる　　　　　　　　　　　　　　　　　　　　　　　　　　«FILE» **Box.playground**

```
let box1 = Box(width: 50, height: 50)
let box2 = Box(width: 40, height: 100)
print(box1)
print(box2)
```

結果
```
Box(width: 50, height: 50, size: "M")
Box(width: 40, height: 100, size: "L")
```

構造体のイニシャライザの省略

引数で受けた値をそのままプロパティの初期値を設定するだけならばイニシャライザを省略できます。先の Member 構造体の定義文はイニシャライザが省略されているコードです。

プロトコルが指定してある構造体

Swift の構造体にはプロトコルを指定できます。プロトコルとは規格のようなもので、実装しなければならないプロパティ（変数）やメソッド（関数）が定まっています。プロトコルが指定してあることで構造体の機能や属性を知ることができたり、コードの不備を Xcode から指摘されたりします。

書式 プロトコルが指定してある構造体の書式

```
struct 名前 : プロトコル{
    var 変数
}
```

ContentView のコードを見ると View プロトコルを採用した書式をしています。ContentView の body 変数は View プロトコルで指定してある必須の属性です。

Code View プロトコルが指定してある ContentView 構造体　　　　　　　　　　　«FILE» **HelloWorld/ContentView.swift**

```
struct ContentView: View {
    var body: some View {
        Text("Hello, world!").padding()
    }
}
```
― View プロトコルに従って body 変数が必須です

179

ユーザー関数を定義する

料金（大人1人、子供2人）と言うだけで料金が計算されると便利なように、一連の計算や処理に名前を付けて呼び出せるようにしたものが関数です。身の回りのことにたとえると、自動販売機は処理をブラックボックス化した関数であり、料理も手順に名前を付けた関数と言えます。

Swiftの関数は次の書式で定義します。引数で受けた値を使ってステートメント（命令文）を実行し、処理の結果を戻り値としてreturnで返します。returnを実行したならば関数を終了、中断します。引数は何個でもかまいません。引数には外部引数名を付けることもできますが、それについては改めて解説します（☞ P.227）。

書式 関数の定義（標準的な書式）

func 関数名 (引数名1: 型 , 引数名2: 型 , ...) **->** 戻り値の型 {
　　ステートメント
　　return 戻り値
}

たとえば、料金を計算する関数calc()は次のように定義します。引数はadultが大人の人数、childが子供の人数です。大人1200円、子供500円で料金を計算します。計算結果は整数なので戻り値の型はIntです。

Playground calc()関数を定義する　　　　　　　　　　　　　　　　　　«FILE» **function.playground**

```
func calc(adult:Int, child:Int) -> Int {
    let money = adult * 1200 + child * 500
    return money
}
```

関数を使う

定義した関数は関数名()で実行できます。引数がある関数は、関数名(引数名1: 値 , 引数名2: 値 , ...)の形式で()の中に引数名とその値を入れて実行します。それではcalc()を使って、大人2人、子供3人の場合の料金を求めてみましょう。calc(adult: 3, child: 2)のように実行すると計算結果が戻るので、その値を変数priceに代入します。

Playground 大人3人、子供2人の料金を計算する　　　　　　　　　　　«FILE» **function.playground**

```
let price = calc(adult: 3, child: 2)
print(price)
```

結果

```
4600
```

4-5 Swift シンタックスの基礎知識

引数の初期値を設定する …… 省略できる引数

先の calc() では、大人 1 人だからと言って child の数を指定せずに calc(adult:1) とするとエラーになります。このように通常では引数を省略することはできませんが、引数の初期値を設定すると省略できるようになります。引数の初期値は次の書式で設定します。

書式 引数に初期値がある関数の定義
....

func 関数名 **(** 引数名 1: 型 **= 初期値,** 引数名 2: 型 **= 初期値, ...) ->** 戻り値の型 **{**
　　ステートメント
　　return 戻り値
}

次の calc2() では引数の adult、child の初期値を 0 で定義しています。

Playground 引数の初期値を 0 に設定する　　　　　　　　　　　　　《FILE》 **function.playground**

```
func calc2(adult:Int = 0, child:Int = 0) -> Int {
    let money = adult * 1200 + child * 500
    return money
}
```

これによって、引数の adult、child の値を省略した場合にそれぞれの初期値が使われます。次の例では大人 1 人だけの場合、子供 2 人だけの場合を計算しています。

Playground 大人 1 人だけ、子供 2 人だけの場合を計算する　　　　　《FILE》 **function.playground**

```
let adult1 = calc2(adult: 1)
let child2 = calc2(child: 2)
print("大人1人 \(adult1)")
print("子供2人 \(child2)")
```

結果
```
大人1人 1200
子供2人 1000
```

値を返さない関数

一連のステートメントを実行するだけで戻り値がない、値を返さない関数もあります。その場合の書式では return 文がなく 、戻り値の型を Void にするか、型指定の -> Void の記述を省略します。

書式 値を返さない関数
....

func 関数名 **(** 引数名 1: 型 = 初期値 , 引数名 2: 型 = 初期値 , ...) **-> Void {**
　　ステートメント
} ―― return がありません　　　　　　　　　　　　　　　　省略できます

181

次の play() には戻り値がなく、実行すると変数 isPlay に true を代入します。play() を実行して isPlay の値を確認すると true になっています。

4-6 ブラウザで表示する Web リストを作る

Section 4-6 ブラウザで表示する Web リストを作る

Safari などの Web ブラウザで URL を開く Link() を使って Web リストを作ってみましょう。Web ページの名前や URL を 1 つの構造体として定義し、その配列をもとに Web リストを作ります。リストに並べる名前も Link() で表示します。リストと Web ブラウザとの行き来の仕組みは Link() 機能に組み込まれているのでコードで書く必要はありません。

Chapter 4 リスト表示とナビゲーションリンク

このセクションのトピック

1. Web ページのデータは構造体として定義しよう
2. 配列に入れた Web データから Web リストを作ろう
3. Web リストで選んだサイトを Web ブラウザで開く

 重要キーワードはコレだ！
Identifiable、UUID、List、Link、URL、UIApplication.shared.canOpenURL

Web ページのリンクリスト

URL をチェックします

Web ページが Safari で開きます

183

STEP 標準ブラウザで開く Web リンクリストを作る

Web ページの URL リストを作り、タップして選んだ行のリンク先を標準ブラウザの Safari で開けるようにします。リスト表示する Web ページの名前、URL、ファビコンイメージ名は構造体で定義しておきます。

1 favicon のイメージを用意する

あらかじめダウンロードしておいたリンク先のファビコンの画像をプロジェクトの Assets.xcassets に登録します。

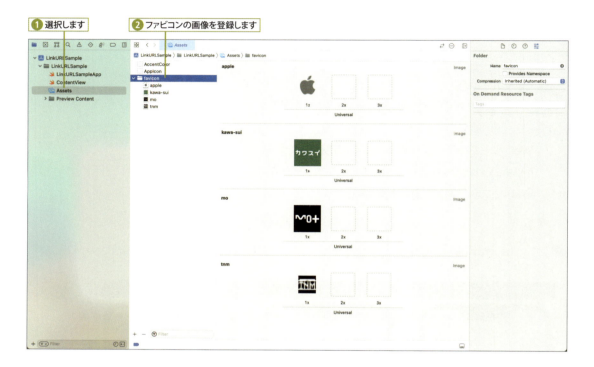

2 Web ページのデータを構造体で定義する «SAMPLE» LinkURLSample.xcodeproj

Web ページの名前や URL を構造体として定義します。Identifiable プロトコルを採用し、id、name、url、favicon の 4 つのプロパティがある構造体にします。Identifiable プロトコルで必須の id は初期値を UUID() にしておくことができます。

Code　Web ページのデータを構造体で定義する　　　«FILE» LinkURLSample/ContentView.swift

```
struct webData: Identifiable{
    var id = UUID()
    var name:String
    var url:String
    var favicon:String
}
```

4-6　ブラウザで表示する Web リストを作る

3 | Web データの配列を作る

構造体 webData(name:url:favicon:) を使って Web ページのデータを作り、配列 webList に代入しておきます。id プロパティには初期値を指定しているので値を指定する必要がありません。引数 favicon にはファビコン画像の登録名を指定します。

Code　WebData の配列 weblist を作る　　　　　　　　　　《FILE》 LinkURLSample/ContentView.swift

```swift
struct ContentView: View {
    // Web データのリストを作る
    let webList = [
        webData(name: "アップル", url: "https://www.apple.com/jp/", favicon: "apple"),
        webData(name: "東京国立博物館", url: "https://www.tnm.jp", favicon: "tnm"),
        webData(name: "東京都現代美術館", url: "https://www.mot-art-museum.jp", favicon: "mo"),
        webData(name: "川崎水族館", url: "https://kawa-sui.com", favicon: "kawa-sui")
    ]

    . . .

}
```

4 | 配列 WebList から Web ページのリンクリストを作る

List(webList) で配列 WebList から Web データを取り出して Web ページのリンクを作ります。全体を囲む NavigationView は、リストに「Web リスト」のタイトルを表示するために使っています。

Code　Web ページのリンクリストを作る　　　　　　　　　　《FILE》 LinkURLSample/ContentView.swift

```swift
    var body: some View {
        NavigationView {
            List(webList) { item in
                // ファビコン
                Image(item.favicon).resizable().frame(width:40, height:40)
                // Web リンク
                Link(item.name, destination: URL(string: item.url)!)
            }.navigationTitle("Web リスト")
        }.navigationViewStyle(.stack)
    }
}
```

185

5 シミュレータで確認する

WebリストはプレビューでConfirmできますが、実際にタップしてWebページを表示するにはライブプレビューでもだめで、実機かシミュレータを使って確かめる必要があります。シミュレータならばWebリストでサイト名をクリックするとSafariに移行してWebページが開きます。Safariからは左上に表示されるアプリ名「LinkURLSample」をクリックして戻ることができます。

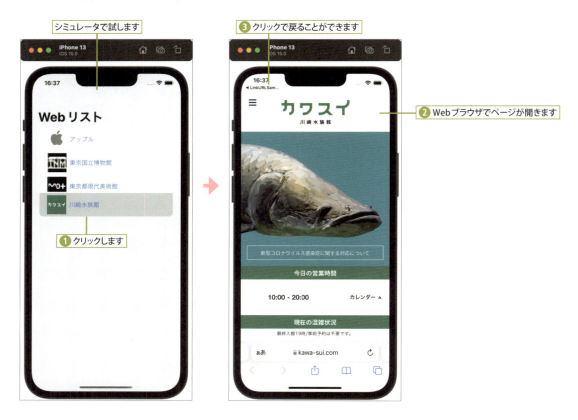

Webリンクを作る

タップするとWebブラウザでWebページを開くリンクは Link(_ title:String, destination:URL) の書式で作ることができます。第1引数は外部引数名が _ なので引数名は不要です（外部引数名 ☞ P.227）。第2引数の型はURLなので、URL(string: item.url)! のように文字列のURLからURLオブジェクトを作ります。URL(string:) は nil かもしれないオプショナルバリューなので、ここでは ! で強制アンラップしています（☞ P.275）。

次のコードで作ったリンクをクリックすると item.url で得た URL の Web ページが Safari などの標準 Web ブラウザで開きます。このサンプルでは NavigationView で List 表示していますが、Web ブラウザと行き来するページ移動とは関係ありません。Web ブラウザとの行き来は Link() だけで行えます。

Code　リンクを作る　　　　　　　　　　　　　　　　　　《FILE》LinkURLSample/ContentView.swift

```
Link(item.name, destination: URL(string: item.url)!)
```

URLのチェックをしたい

URL(string: item.url) はオプショナルバリューなので！で強制アンラップするコードを使いましたが、ミスタイプなどで URL の書式が間違っているとエラーになります。URL(string:) で正しい URL を得られるかどうかは、次のように url のオプショナルバインディングと UIApplication.shared.canOpenURL(url) による URL チェックを組み合わせることでチェックすることができます。

この例では、URL チェックを行った結果正しい URL ではないと判断された場合には、リンクを作らずにグレイの Web 名と赤色の "URL エラー " の文字を表示しています。

Code URL チェックをしてリンクを作る　　《FILE》 LinkURLSample2/ContentView.swift

```swift
// URL チェック
if let url = URL(string: item.url), UIApplication.shared.canOpenURL(url) {
    // Web リンク
    Link(item.name, destination: url)
} else {
    Text(item.name).foregroundColor(.gray)
        + Text(" URL エラー ").foregroundColor(.red).italic()
}
```

有効な URL かどうかチェックします

URL エラーの場合の表示

オプショナルバインディングした url をチェックする

　URL チェックを行っている if 文の条件式をよく見ると 2 つの式が , で区切られています。if 文は複数の条件式をカンマで区切り、左の式から順に評価していくことができます。

　カンマの左の式は let で始まるオプショナルバインディング（☞ P.273）です。URL(string: item.url) が nil ではない時に URL オブジェクトをアンラップして変数 url に代入しています。右側は左の式で得られた url が有効な URL かどうかを canOpenURL(url) でチェックしています。canOpenURL(url) は url が有効なアドレスならば true、無効なアドレスならば false を返します。

　ここでチェックしている url は左のオプショナルバインディングで得られた url である点に注目しましょう。もし左の式の結果が nil だったならば右側での url のチェックは行われずに else 文へと抜けます。

ボタンやテキストフィールドなどユーザー入力で使う部品

ボタン、トグル、ステッパー、スライダー、ピッカー、テキストフィールドなどのユーザー入力で使うUI部品を説明します。
@Stateという重要なキーワードのほか、if文、switch文、guard文、オプショナルバインディングなど、必ずマスターしたいSwiftシンタックスの基礎知識も増えてきます。

Section 5-1	ボタンで実行する
	乱数とシャッフル
Section 5-2	オン／オフ切り替えトグルスイッチ
	条件分岐と論理演算子
Section 5-3	ステッパーでカウントアップ
	構造体で使う関数と外部引数名について
Section 5-4	スライダーを作る
	よく使う便利な関数
Section 5-5	メニュースタイルのピッカーを作る
	switch文
Section 5-6	ピッカーとナビゲーションビューを組み合わせる
Section 5-7	デートピッカーを作る
Section 5-8	キーボードでテキストフィールド入力
	オプショナルバインディング
Section 5-9	テキストエディタでテキストの読み書き
	do-try-catchを使う例外処理

Section 5-1 ボタンで実行する

ユーザー入力を受けてアクションを実行する UI パーツの手始めとしてボタンを作ります。ボタンは UI パーツの基本です。ボタンのコードの仕組みが理解できれば、その他の UI パーツのコードも読めるようになるでしょう。特に構造体自身のプロパティを更新するために利用する @State の理解が欠かせません。

1. ボタンのコードをライブラリの Button を使って挿入する
2. ボタンの機能を定義しよう
3. Debug Preview ってどう使う？
4. いろんな乱数の作り方を知ろう
5. @State がとっても大事！

重要キーワードはコレだ！
Button、@State、random()、print()、論理値、true、false

5-1 ボタンで実行する

STEP 乱数を表示するボタンを作る

　クリック（タップ）に応答して乱数を作る関数を実行し、その結果をテキストに表示するボタンを作ります。ボタンはライブラリの Button で作ることができます。まず、デバッグエリアに乱数を出力するコードでボタンの機能を確かめ、次にテキストに乱数を表示するコードに書き替えます。

1 Button のコードを入力する　　《SAMPLE》RandomButton1.xcodeproj

　ライブラリパネルを表示し、Views タブの Controls グループにある Button をドロップ（あるいはダブルクリック）して、body の Text("Hello, World!") のコードと置き換えます。

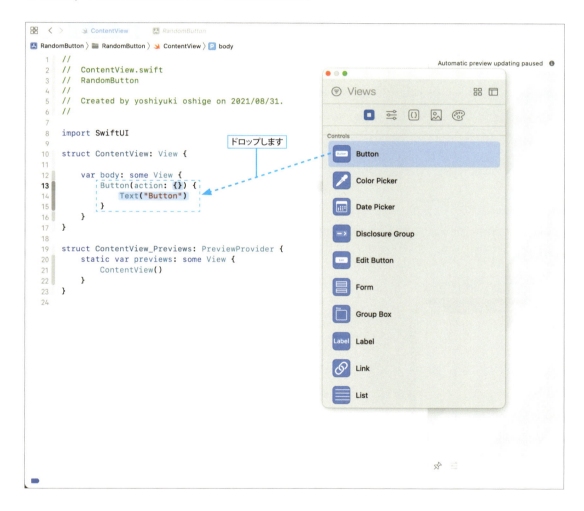

191

2 コードを書き替える

ライブラリの Button で入力したコードを書き替えます。次のように action: の部分には { } で囲んでボタンで実行するコードを入力します。ここでは乱数を作るコードと結果をデバッグエリアに出力する print(num) を書きます。Content の部分には Text("Random Button") に書き替えて、角丸四角形のピンクボタンにするために属性を追加します。

Code random ボタンを作るコード «FILE» RandomButton1/ContentView.swift

```
struct ContentView: View {
    var body: some View {
        Button(action: {
            let num = Int.random(in: 0...100)   ——— 0 〜 100 の乱数を作ります
            print(num) // Debug Preview
        }) {                                    ——— デバッグエリアに num を出力します
            Text("Random Button")
                .font(.largeTitle)
                .frame(width: 280, height: 60, alignment: .center)
                .foregroundColor(Color.white)
                .background(Color.pink)
                .cornerRadius(15, antialiased: true) // 最後に実行
        }
    }
}
```

角丸四角形のピンクボタンになります

3 プレビューを確認する

では、このコードでボタンがどのように表示されるようになったかをプレビュー表示で確認してみましょう。背景色がピンク、文字が白の角丸四角形のボタンができました。

ボタンができました

4 シミュレータを使って動作チェックする

シミュレータを使って動作をチェックしてみましょう。画面の「Random Button」をクリックすると0〜100の整数の乱数が作られて、Xcodeのデバッグエリアのコンソールに出力されます。デバッグエリアにコンソールが表示されていない場合は右下にあるボタンをクリックしてください。

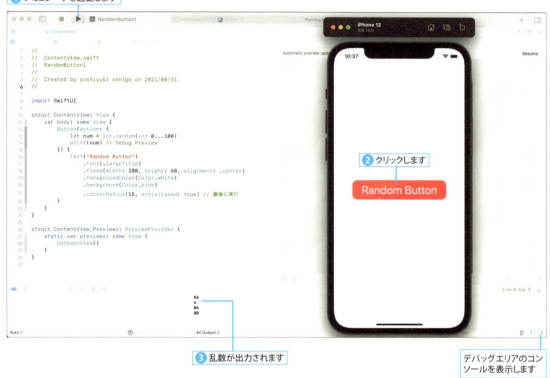

5 結果をテキストで表示するようにコードを書き替える

print()で出力していた乱数を画面のテキストで表示するようにコードを書き替えます。まず、1行目に @State から始まる行を追加します。次に body の値全体を VStack で囲み、Button の action の let num の let を取り除きます。print() の行はコメントアウトします。最後に実行結果を表示する Text("\(num)") を追加します。

Code random ボタンを作るコード　　　　　　　　　　　　　　《FILE》 **RandomButton2/ContentView.swift**

```
struct ContentView: View {
    // 構造体の自身が書き換える変数
    @State var num:Int = 0          ── 追加します

    var body: some View {
        VStack{                      ── VStack で囲みます
            Button(action: {
                num = Int.random(in: 0...100)
//              print(num) // Debug Preview
            }) {                                ── let を取り除きます
                Text("Random Button")
                    .font(.largeTitle)
                    .frame(width: 280, height: 60, alignment: .center)
                    .foregroundColor(Color.white)
                    .background(Color.pink)
                    .cornerRadius(15, antialiased: true)
            }
            // 結果を表示するテキスト
            Text("\(num)")
                .font(.largeTitle)           ── num の値を表示します。値が変化すると表示が更新されます
                .padding()
        }
    }
}
```

コメントアウトします

6　ライブプレビューモードで動作チェックする

Live Preview ボタン▶をクリックしてライブプレビューモードにし、「Random Button」をクリックします。

5-1 ボタンで実行する

ボタンの機能を定義する

ライブラリの Button では次のコードが挿入されます。action: の引数にボタンのタップで実行する文を書き、ボタン名は続く { } の中に Text で書きます。ボタンのタップで実行する機能は (action: {}) の {} の中に書きます。

書式 ボタンの書式1

```
Button(action: { 実行するアクション }) {
    Text( ボタン名 )
}
```

次のコードでは、"Hello World" と出力する「Tap」ボタンが作られます。

Code Tap ボタンを作る　　　　　　　　　　　　　　《FILE》**SimpleButton/ContentView.swift**

```
struct ContentView: View {
    var body: some View {
        Button(action: { print("Hello World") }) {   ← これがボタンで実行する機能です
            Text("Tap")   ← ボタン名になります
                .font(.largeTitle)
        }
    }
}
```

Tap ボタンが作られます

変化する変数の値を表示するには？

0〜100 の乱数は Int.random(in: 0...100) の式で作ることができます。Random Button をタップすると乱数が変数 num に代入されるので、選ばれた乱数を表示するには Text("\(num)") で表示できそうです。しかし、このコードは「Cannot find 'num' in scope」というエラーになります。

Code random ボタンを作る（変数 num の有効範囲のエラー）　　《FILE》**RandomButton_Error1/ContentView.swift**

```
struct ContentView: View {
    var body: some View {
        VStack{
            Button(action: {           ← num の有効範囲はこの {} の中だけ
                let num = Int.random(in: 0...100)   ← 0〜100 から選んだ乱数を num に代入します
            }) {
                Text("Random Button")
            }
            Text("\(num)")   ← num を表示するつもりが、エラーになります
        }
    }
}
```

```
Button(action: {
    let num = Int.random(in: 0...100)
}) {
    Text("Random Button")
}
Text("\(num)")                    ⊗  Cannot find 'num' in scope
```

> スコープ内にnumを見つけられないというエラーになります

変数の有効範囲（スコープ）を解決する

エラーの理由は、==変数 num が Button(action: {}) の {} の中で宣言==されているため、この =={} の中のみが num のスコープ（有効範囲）== だからです。==Text("\(num)")== の num はスコープ外にあるので、名前が同じでも未知の変数で解釈できずにエラーになります。

そこで、どちらの num も同じスコープ内になるように変数 body の定義文よりも手前で宣言します。

Code　random ボタンを作る（self の immutable エラー）　　«FILE» **RandomButton_Error2/ContentView.swift**

```
struct ContentView: View {
    var num = 0 ————————— 変数を宣言する場所を変えます

    var body: some View {
        VStack{
            Button(action: {
                num = Int.random(in: 0...100) ——————— 今度はこの行がエラーになります
            }) {
                Text("Random Button")
            }
            Text("\(num)")
        }
    }
}
```

構造体自身（self）の変数は変更できない

ところが今度は num に乱数を代入する式が「Cannot assign to property: 'self' is immutable」という別のエラーになります。これはどういう意味でしょうか？　エラーの状況は「プロパティ（変数のこと）を設定できない」というもので、その理由は「'self' は immutable だから」と言っています。==immutable== とは「変更できないもの」といった意味です。var で宣言した変数は変更可能なはずですが、変数の所有者である self つまり ==struct== ContentView で作られるインスタンスが==変更を受け付けない==のです。

```
VStack{
    Button(action: {
        num = Int.random(in: 0...100)
    }) {
        Text("Ra    ⊗  Cannot assign to property: 'self' is immutable    ⊗
    }
    Text("\(num)")
}
```

5-1 ボタンで実行する

@State を付けて変更可能な変数にする

これを解決するには、変数宣言の var num の前に @State を付けます。これで num が変更可能な変数になり、乱数を代入できるようになります。@State を付けて宣言された変数は値の更新が見張られるようになり、値が変化したならば値を反映するために View も更新されるようになります。

Code random ボタンを作る（正しく動作する）　　　　　　　　　　　«FILE» **RandomButton_State/ContentView.swift**

```
struct ContentView: View {
    @State var num = 0 ——————— @State を付けて num を宣言すると値の更新が監視されるようになり、
                              値が変化すると View も更新されます
    var body: some View {
        VStack{
            Button(action: {
                num = Int.random(in: 0...100)
            }) {
                Text("Random Button")
            }
            Text("\(num)")
        }
    }
}
```

ボタンをクリックすると乱数が表示されます

Random Button
83

---

❶ NOTE

mutating を付ける関数

構造体自身（Self）のプロパティ（変数）を変更できるようにするには、SwiftUI を利用する場合はプロパティ宣言に @State を付けますが、SwiftUI を利用しない場合はプロパティを変更する関数定義文の前に mutating を付けます。たとえば、次のように update( ) を定義します。

Playground 自身のプロパティ num を変更する mutating update( )　　　　«FILE» **mutatingSample.playground**

```
struct Robbot {
    var num = 0

    mutating func update() {
        num = Int.random(in: 0 ... 100)
    }
}

var roboSora = Robbot()
roboSora.update()
print(roboSora.num)
```

Chapter
5

ボタンやテキストフィールドなどユーザー入力で使う部品

197

Button の簡易的な書式

Button の書式は1つではありません。次の書式は書式1とはボタン名とアクションの設定が逆のように見えますが、次の簡単な書式でもボタンを作ることができます。

書式 ボタンの書式2

```
Button(" ボタン名 "){
    実行するアクション
}
```

次のコードでは Tap ボタンを作ります。ボタンをタップすると変数 msg の値を初期値の "Thank you!" から "ありがとう！" に入れ替えます。これで画面に表示されていた「Thank you!」のテキストが「ありがとう！」の表示になります。ボタン名のフォントと色、背景の形と色を指定するコードは Button(){} の後に続けて書きます。Capsule() は薬のカプセルのような形状の図形を作ります。

Code タップすると「Thank You!」が「ありがとう！」に入れ替わる　　　《FILE》ThankYouButton/ContentView.swift

```
struct ContentView: View {
    @State var msg = "Thank you!"          ── 値を変更するので @State を付けます

    var body: some View {
        VStack {
            Button("Tap") {
                msg = "ありがとう！"         ── ボタンのタップで msg の値を入れ替えます
            }
            .font(.headline)
            .foregroundColor(.white)
            .background(
                Capsule()  // カプセルの形の図形       ── カプセル形のボタンを作ります
                    .foregroundColor(.green)
                    .frame(width:80, height:30)
            )
            // 結果の表示
            Text(msg).padding()
        }
    }
}
```

❶ ボタンをタップします　　❷「Thank you!」が「ありがとう！」に入れ替わります

5-1　ボタンで実行する

やってみよう！

if-else 文のコードに書き替える

Button で実行するコードを次の if-else 文を使うコードに書き替えると、ボタンのタップで「Thank you!」と「ありがとう！」が交互に入れ替わるようになります。ここで利用している if-else 文については次のセクションで解説します。

Code　「Thank you!」と「ありがとう！」を交互に入れ替える　　　«FILE» **ThankYouButton2/ContentView.swift**

```
Button("Tap") {
    if msg == "Thank you!" {
        msg = "ありがとう！"
    } else {
        msg = "Thank you!"
    }
}
```

ボタン名を引数 label で指定する書式

次に示すのは Button() の引数 label でボタン名を指定する書式です。Button の場合はどの書式を使っても結果は変わりませんが、このように複数の書式をもつ UI 部品は Button だけではありません。書式の違いによる機能の差に注意しましょう。

書式　ボタンの書式3

```
Button(action: { 実行するアクション }, label: {
    Text("Button")
})
```

次の例では、変数 num の値をカウントアップするボタン Tap をこの書式を使って作っています。num の表示と Tap ボタンを HStack で囲っているので、数字とボタンが横に並びます。

Code 数値をカウントアップするボタンを作る　　　《FILE》 CountUpButton/ContentView.swift

```
struct ContentView: View {
    @State var num:Int = 0

    var body: some View {
        HStack {
            // 数値の表示
            Text("\(num)")
                .font(.system(size: 50))
                .padding(.trailing)
            // カウントアップ
            Button(action: { num += 1 }, label: {
                Text("Tap").font(.largeTitle)
            })
        }
        .frame(width: 200, height: 80, alignment: .center)
        .border(Color.gray, width:  1)
    }
}
```

ボタン名

❶ タップすると　　　❷ カウントアップします

Swift シンタックスの基礎知識
乱数とシャッフル

■ 数値の乱数を作る random(in:)

　数値の乱数は random(in: 範囲) で作ることができます。整数なら Int.random(in: 範囲)、浮動小数点なら Double.(in: 範囲) のように型を指定して実行します。では、Playground を使って試してみましょう。

　まず、1 ... 10 の範囲の整数の乱数を作ります。1 と 10 を含みます。for in 文を使って 5 回繰り返して乱数が作られることを確認しましょう。

Playground　1〜10 の整数の乱数を 5 回作る　　　　　　　　　　　　　　　　　«FILE» randomSample.playground

```
for _ in 1 ... 5 {            ——— 5回繰り返します
    let num = Int.random(in: 1 ... 10)   ——— 整数の乱数を作ります
    print(num)
}
```

結果
```
1
8
2
1
9
```

　次は 0 ..< 1 の範囲の浮動小数点の乱数を作ります。0 は含みますが、1 は含みません。

Playground　0〜1 未満の乱数を 5 回作る　　　　　　　　　　　　　　　　　　«FILE» randomSample.playground

```
for _ in 1 ... 5 {
    let num = Double.random(in: 0 ..< 1)   ——— 浮動小数点の乱数を作ります
    print(num)
}
```

結果
```
0.6783122422101758
0.26313476000492164
0.5639826693707559
0.02167713206911026
0.322472639596742
```

■ 論理値（true / false）をランダムに選ぶ

　論理値とは、Yes／No、表／裏、真／偽、賛成／反対のように、必ずどちらか一方を取るという 2 つの値の組合せです。Swift の論理値は true／false の組合せです。
　Bool.random() で論理値をランダムに選ぶことができます。結果は true か false のどちらかです。

201

| Playground | true と false をランダムに 5 回選ぶ | 《FILE》 randomSample.playground |

```
for _ in 1 ... 5 {
    let value = Bool.random()     ── 論理値の乱数を作ります
    print(value)
}
```

結果
```
true
false
true
true
false
```

コレクションからランダムに選ぶ

randomElement() は、配列などのコレクションから要素をランダムに取り出すメソッドです（配列 ☞ P.142）。配列が空の場合は結果が nil になるので、取り出された値は Optional() でラップされた Optional 型の値です。したがって、中に入っている値を使う場合には Optional をアンラップして使います。（Optional ☞ P.274）

次の例では配列 colors からランダムに色を取り出しています。colors には必ず要素が入っていることを前提としているので、取り出した item を item! のように ! を使って強制アンラップして取り出しています。

| Playground | 配列 colors から色を 5 回選ぶ | 《FILE》 randomSample.playground |

```
let colors = ["green", "red", "blue", "pink", "orange"]
for _ in 1 ... 5 {
    let item = colors.randomElement()   ── 配列 colors から要素をランダムに選んで取り出します
    print(item!)
}                  └── 強制アンラップします
```

結果
```
pink
green
red
blue
green
```

文字列はコレクションなので、randomElement() を使って 1 文字ずつ取り出すことができます。

| Playground | 文字列 "ABCDEFGHIJKLMN" から 5 文字を選ぶ | 《FILE》 randomSample.playground |

```
let letters = "ABCDEFGHIJKLMN"
for _ in 1 ... 5 {
    let item = letters.randomElement()   ── 文字列の中から 1 文字をランダムに選んで取り出します
    print(item!)
}                  └── 強制アンラップします
```

結果
```
C
J
J
B
N
```

配列の乱数で「じゃんけんゲーム」を作る

配列から要素をランダムに選び出す、簡単なじゃんけんゲーム」を作ってみましょう。変数jankenに["グー","チョキ","パー"]の配列を用意しておき、ボタンのタップで要素を1個を選び出してテキストで表示します。配列からはjanken.randomElement()!を実行して要素を選び出します。代入する変数teはオプショナルではないので、強制アンラップの!を付けています。

Code じゃんけんゲーム «FILE» janken/ContentView.swift

```swift
import SwiftUI

struct ContentView: View {
    let janken = ["グー", "チョキ", "パー"]
    @State var te = ""
    
    var body: some View {
        
        VStack {
            // ボタンを作る
            Button ("じゃんけん") {
                te = janken.randomElement()!
            }
            .foregroundColor(.white)
            .background(
                Capsule()
                    .foregroundColor(.blue)
                    .frame(width: 120, height: 40)
            )
            // 結果の表示
            Text(te)
                .font(.largeTitle)
                .padding()
        }
    }
}

struct ContentView_Previews: PreviewProvider {
    static var previews: some View {
        ContentView()
    }
}
```

コレクションの要素をシャッフルする

shuffle() または shuffled() を使えば、配列や文字列などのコレクションの要素をシャッフルできます。shuffle() は対象のコレクションの要素の並びを変更します。一方、shuffled()は要素をシャッフルした新しいコレクションを作って返し、対象のコレクションは変更しません。

配列をシャッフルする

次の例では配列 names をシャッフルします。シャッフル後の names を確認すると名前の並びが変化しています。

Playground 配列のシャッフル「FILE» shuffle.playground

```
var names = ["睦美", "麻美子", "真理子", "幸恵", "里美", "由美"]
names.shuffle() ──────── 対象の配列を書き替えます
print(names)
```

結果

```
["里美", "真理子", "麻美子", "由美", "幸恵", "睦美"]
```

文字列をシャッフルする

次の例では shuffled() を使って文字列 "SwiftUI" をシャッフルして、新しいコレクションを作っています。結果は配列で返ってきます。元の word に入っている文字列の並びは変化しません。

Playground 文字列のシャッフル「FILE» shuffle.playground

```
let word = "SwiftUI"
let anagram = word.shuffled()
print("word: \(word)")
print("anagram: \(anagram)")
```

結果

```
word: SwiftUI
anagram: ["I", "S", "i", "U", "f", "t", "w"]
```

レンジをシャッフルする

レンジに対しては shuffle() は使えません。shulled() を使えばレンジの数値をシャッフルした配列を作ることができます。次の例では 0 ...10 のレンジをシャッフルして配列 shuffledRange を作っています。

Playground レンジのシャッフル「FILE» shuffle.playground

```
var aRange = 1...10
let shuffledRange = aRange.shuffled()
print(shuffledRange)
```

結果

```
[6, 7, 4, 3, 5, 9, 10, 1, 2, 8]
```

Section 5-2 オン／オフ切り替えトグルスイッチ

トグルスイッチは設定のオン／オフを切り替えたりするときに利用される UI です。ボタンはタップでアクションを実行するだけですが、トグルスイッチは現在の状態がオン／オフのどちらなのかを保存するための変数を用意する必要があります。また、トグルスイッチを実際に活用するには、スイッチの状態に応じて処理を分岐しなければなりません。分岐処理には if-else 文を使います。

このセクションのトピック

1. Toggle を使ってトグルスイッチを作ろう
2. トグルスイッチで理解する論理値の役割
3. デザインが豊富で便利なシンボルイメージ
4. 論理値を反転させる toggle() を使いこなそう
5. 使い勝手バツグンの :? 演算子を知る
6. if 文と論理式はアルゴリズム作りの基本

 重要キーワードはコレだ！

Toggle、toggle()、withAnimation()、Image(systemName:)、opacity()、if-else、?:

トグルスイッチをオン／オフ

フェードイン／フェードアウト

ボタンで反転

トグルスイッチで切り替える

Toggle を利用して トグルスイッチ を作り、スイッチでイメージを切り替えるコードを追加していきます。if-else 文を使って、スイッチの値によってイメージを切り替えるコードにします。

1 Toggle のコードを入力する

«SAMPLE» **ToggleSample.xcodeproj**

ライブラリパネルを表示し、Views タブの Controls グループにある Toggle をドロップ（あるいはダブルクリック）して、body の Text("Hello, World!") のコードと置き換えます。

2 Toggle のコードを書き替える

Toggle をドロップして入力されたコードを次のように書き替えます。まず、@State を付けた変数 iLike の宣言文を 1 行目に追加します。続いて Toggle を command クリックし、アクションメニューから Embed in VStack を選択して VStack{} で囲みます。最後に Toggle 文のコードを修正します。引数 isOn で受け渡す変数 iLike には $iLike のように $ を付けます。これで変数 iLike の値を切り替えるスイッチができあがります。fixedSize() を付けるとテキストとトグルボタンの間隔が広がらずに最適化されます。

Code トグルスイッチを表示するコードを修正する

«FILE» **ToggleSample/ContentView.swift**

```
struct ContentView : View {
    @State var iLike = true            ── 追加します

    var body: some View {              ── $iLike のように $ を付けます
        VStack {
            Toggle(isOn: $iLike) {
                Text("Like or Not")
                    .font(.largeTitle)  ── トグルスイッチを作ります
            }
            .fixedSize()
            .padding(50)
        }
    }
}
```

3 プレビューで確認する

この段階でプレビューで確認してみましょう。トグルスイッチが表示されます。この時点でもライブプレビューモードにすればスイッチはオン／オフします。

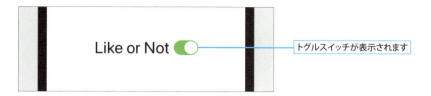

トグルスイッチが表示されます

4 if-else 文を追加してコードを完成させる

続く **if-else 文** を VStack の中に追加してコードを完成させます。if-else 文のコードのひな型は、Snippets ライブラリの If-Else Statement を使って挿入することもできます。

Code if-else 文を追加してコードを完成させる «FILE» ToggleSample/ContentView.swift

```swift
struct ContentView: View {
    @State var iLike = true

    var body: some View {
        VStack {
            Toggle(isOn: $iLike) {
                Text("Like or Not")
                    .font(.largeTitle)
            }
            .fixedSize()
            .padding(50)

            // 選んだ結果で分岐する
            if iLike {
                Image(systemName: "heart.fill")
                    .font(.system(size: 80))
                    .foregroundColor(.red)
            } else {
                Image(systemName: "heart.slash")
                    .font(.system(size: 80))
                    .foregroundColor(.gray)
            }
        }
    }
}
```

- Toggle(isOn: $iLike) { — トグルスイッチで iLike の値が true／false で切り替わります
- if iLike { ... } else { — if-else 文を使ってオン／オフの表示を選びます

5 ライブプレビューでトグルスイッチの動作確認をする

Live Preview ボタン▶をクリックしてライブプレビューモードに変更し、トグルスイッチをクリックして動作を確認します。トグルスイッチがオンなら赤いハートマーク、オフならグレーの斜線入りハートマークに切り替わります。なお、後で説明しますがハートマークは SF Symbols なのでイメージデータを用意しなくても表示できます。

トグルスイッチで論理値を切り替える

　トグルスイッチをクリック（タップ）すると見た目のオンオフの状態が替わりますが、オンオフによって内部的に行われるのは、Toggle(isOn: $iLike) で指定した変数 iLike の値の反転です。iLike の値は論理値（Bool 型）なので true か false のどちらかの値です。iLike を引数 isOn に渡すときには $ を付けて $iLike にする点にも注意してください。

　iLike が true のときスイッチの見た目はオンになっています。オンのスイッチをクリックしてオフにすると iLike の値が反転して false になります。もう一度スイッチをクリックしてオンにすると再び iLike の値が反転して true になります。

　このとき、iLike は構造体自身のプロパティ変数として宣言するので、値を変更できるように変数宣言には @State を付けて @State var iLike = true にします。

トグルスイッチのオン／オフで変数の値が反転します

論理値で条件分岐する

トグルスイッチで iLike の値が true と false で入れ替わるので、この値を使って iLike の値が true ならば赤いハートマークを表示し、false ならばグレーの斜線入りハートマークを表示します。

この条件分岐のアルゴリズム（問題解決の手法）を実現する構文が if 文です。詳しくは「Swift シンタックスの基礎知識」で解説しますが（☞ P.215）、ここでは「もし〜ならば A、そうでないならば B」の分岐を行うことができる if-else 文を使っています。

具体的にコードを見てみると、iLike の値で実行する文が分かれます。iLike が true ならば続く {} に書かれている赤いハートマークを表示する処理を実行し、iLike が false ならば else に続く {} に書かれているグレーの斜線入りハートマークを表示する処理を実行します。

| Code | if-else 文を利用し、iLike の値によって実行するコードを振り分ける | «FILE» ToggleSample/ContentView.swift |

true か false で実行する処理を分岐します

```
if iLike {

        Image(systemName: "heart.fill")          iLike が true のときに実行します
            .font(.system(size: 80))
            .foregroundColor(.red)

} else {

        Image(systemName: "heart.slash")         iLike が false のときに実行します
            .font(.system(size: 80))
            .foregroundColor(.gray)
}
```

ボタンスタイルの Toggle

Toggle に toggleStyle(.button) を指定することでボタンの形にできます。動作はスイッチと同じで、タップするごとに引数 isOn で指定した変数の値の論理値が反転します。ボタン名は Label や Text を使って表示します。

次の例では変数 isShow の論理値をボタンで反転させることで、ボタン名のラベル変更と写真の表示／非表示を切り替えています。ボタンの色も変わります。

Code Toggle をボタンのスタイルで使う
«FILE» ToggleStyleSample/ContentView.swift

```swift
struct ContentView: View {
    @State var isShow = true

    var body: some View {
        VStack {
            Toggle(isOn: $isShow) {
                Label(isShow ? "消す" : "表示する",
                      systemImage: isShow ? "eye.slash" : "eye")
                    .frame(width: 150)
            }
            .toggleStyle(.button)
            .tint(isShow ? .red : .indigo)
            .clipShape(Capsule())
            .animation(.easeInOut(duration: 0.2), value:isShow)

            // 写真
            Image("eigakan")
                .resizable()
                .aspectRatio(contentMode: .fit)
                .frame(width: 300)
                .opacity(isShow ? 1.0 : 0.0)
                .animation(.easeInOut(duration: 1.0), value:isShow)
        }
    }
}
```

- Toggle でカプセル形のボタンを作ります。変数 isShow の true / false がクリックで反転します
- isShow が false のとき消えます
- フェードイン／アウトのアニメーションになります

5-2 オン／オフ切り替えトグルスイッチ

　最初の例ではトグルスイッチで反転させた論理値を if-else 文を利用して処理を分岐させましたが、この例では ?: 演算子を利用してます。?: 演算子は論理値によって A、B どちらの値を使うかを選ぶことができる演算子です。書式は次のとおりです。書式から三項演算子とも呼ばれます。

> **書式　?: 演算子**
> ⋯⋯⋯⋯⋯⋯⋯⋯⋯⋯⋯⋯⋯⋯⋯⋯⋯⋯⋯⋯⋯⋯⋯⋯⋯⋯⋯⋯⋯⋯⋯⋯⋯⋯⋯⋯
> 論理式 **?** true の場合の値 **:** false の場合の値

　写真の表示と非表示は opacity() で透明度の設定で行います。opacity(isShow ? 1.0 : 0.0) にすることで、isShow が true ならば透明度が 1.0 になり写真が表示され、isShow が false ならば透明度が 0.0 になり写真が見えなくなります。

　この透明度の変化を animation() を使ってアニメーションで表示します。easeInOut(duration: 1.0) ならば 1 秒間のイーズインアウト（最初の最後の変化をじんわり行う）の変化になります。

トグルスイッチの色指定

　トグルスイッチは初期値では緑色ですが、次のように tint() モディファイアで色を設定できます。

Code　トグルスイッチの色を設定する　　　　　　　　　«FILE» **ToggleTintColor/ContentView.swift**

```swift
struct ContentView: View {
    @State var isYaruki = true
    @State var isAuto = true

    var body: some View {
        VStack(alignment: .leading) {
            Toggle("やる気モード", isOn: $isYaruki)
                .tint(.yellow)
            Toggle("自動設定", isOn: $isAuto)
                .tint(.red)
        }
        .frame(width: 200)
    }
}
```

```
やる気モード    🟡
自動設定      🔴
```

211

Button でトグルボタンを作る

Toggle を使わずに Button でもトグルボタンを作ることができます。ここで利用するのが true の値ならば false に、false の値ならば true というように true と false を裏返すように反転させる toggle() です。

次のコードではボタンのタップで isFast.toggle() を実行しています。isFast は Bool 型の変数で、toggle() を実行すると true と false が反転します。この後の処理は Toggle でトグルスイッチを作った場合と同じです。

Code toggle() を使って Button でトグルボタンを作る «FILE» SimpleToggle/ContentView.swift

```swift
struct ContentView: View {
    @State var isFast = true

    var body: some View {
        HStack {
            Button(action: {
                withAnimation {           // ── プロパティ値の変更を徐々に行うアニメーションにします
                    isFast.toggle()       // ── 実行の度に isFast の値を true/false で入れ替えます
                }
            }){
                // ボタン名の変更
                Text(isFast ? "RUN" : "STOP")       // ── isFast で文字をどちらにするか決めます
                    .font(.title)
                    .foregroundColor(isFast ? .red : .black)   // ── 文字色を決めます
                    .padding(.trailing)
                    .frame(width:100)
                // イメージの変更
                                                    // ── isFast でイメージをどちらにするか決めます
                Image(systemName: isFast ? "hare" : "tortoise")
                    .foregroundColor(isFast ? .blue : .green)   // ── 色を決めます
                    .rotationEffect(.degrees(isFast ? 0 : 180)) // ── 回転角度を決めます
                    .scaleEffect(3)                 // ── 3倍サイズにします
                    .frame(width:100)
            }.frame(width:240, height: 70)
        }
    }
}
```

❶ クリックします　❷ RUN は STOP にウサギはカメに入れ替わります　❸ ひっくり返るアニメーションで表示されます

このサンプルでは ?: をボタン名やイメージの入れ替え、イメージの色と回転角度の変更に利用しています。まず、最初のボタン名の Text() では isFaset が true ならば "RUN"、false ならば "STOP" を選び、文字色も red と black を入れ替えています。

5-2　オン／オフ切り替えトグルスイッチ

Code ボタン名と文字色を ?: で選ぶ　　　　　　　　　　　　«FILE» **SimpleToggle/ContentView.swift**

```
            Text(isFast ? "RUN" : "STOP")
                .font(.title)
                .foregroundColor(isFast ? .red : .black)
```

Image() では isFast が true ならば "hare"、false ならば "tortoise" を選んで、ウサギとカメを入れ替えています。同様に foregroundColor の blue と green、回転角度 rotationEffect の 0 と 180 を選んでいます。

Code イメージ名、色、回転角度を ?: で選ぶ　　　　　　　　　«FILE» **SimpleToggle/ContentView.swift**

```
            Image(systemName: isFast ? "hare" : "tortoise")
                .foregroundColor(isFast ? .blue : .green)
                .rotationEffect(.degrees(isFast ? 0 : 180))
```

アニメーションの活用

ウサギからカメ、カメからウサギと替わるときに絵が 180 度回転するアニメーションになります。このアニメーションは、Button で実行するコードの withAnimation{} によるものです。これにより、現在の属性値（角度、座標、スケールといったプロパティ）からの目標値への変化が徐々に行われるアニメーションになります。

Code 属性値の変化をアニメーションにする　　　　　　　　«FILE» **SimpleToggle/ContentView.swift**

```
    withAnimation {
        isFast.toggle()
    }
```

手軽に使える SF Symbols

本セクションで使ったハートマーク、ウサギ、カメといった絵はイメージを用意しなくても手軽に使える SF Symbols です。SF Symbols は iOS 13 以降、watchOS 6 以降で利用できます。

SF Symbols を表示するには、Image(systemName: "sun.max") のようにイメージ名を指定します。イメージの大きさは imageScale() で .small、.medium、.large から指定します。

Code SF Symbols のイメージを表示する　　　　　　　　«FILE» **ImageSystemName.ContentView.swift**

```
struct ContentView: View {
    var body: some View {
        HStack {
            Image(systemName: "sun.max")
            Image(systemName: "cloud.rain")
            Image(systemName: "camera")         ── SF Symbols を表示します
            Image(systemName: "message")
            Image(systemName: "a.circle")
            Image(systemName: "calendar")
            Image(systemName: "star.fill")
                .frame(width: 34, height: 34)   ── 塗り色を指定し、背景を円でクリッピングします
                .foregroundColor(Color.yellow)
                .background(Color.green)
                .clipShape(Circle())
        }
        .imageScale(.large)  ── イメージサイズを指定します
    }
}
```

Chapter
5

ボタンやテキストフィールドなどユーザー入力で使う部品

213

iOS 13以降で使えるSF Symbols

> **❶ NOTE**
>
> **SF Symbolsにはどんな絵がある？**
> SF Symbolsにどんな絵があるかは、SF Symbols 3アプリで調べることができます。アプリはDeveloperサイトからダウンロードできます。
>
> URL
> https://developer.apple.com/sf-symbols/
>
> SF Symbols 3

Swiftシンタックスの基礎知識
条件分岐と論理演算子

if文で条件分岐する

if文を使うと「得点が80以上ならば合格を表示する」のように、条件で処理を分けることができます。判断のための条件式は、比較演算子や論理演算子を使って結果がtrueまたはfalseの2択になる論理式で記述します。値や戻り値がBool型の変数や関数を条件式としてそのまま使うこともできます。

● 比較演算子

演算子	演算式	説明
>	a > b	a のほうが b より大きいとき true
<	a < b	a のほうが b より小さいとき true
>=	a >= b	a は b 以上（b を含む）のとき true
<=	a <= b	a は b 以下（b を含む）のとき true
==	a == b	a と b が等しいとき true
!=	a != b	a と b が等しくないとき true

if文には条件の分岐数などで、いくつかの構文が用意されています。Playgroundで試しながら条件分岐の様子を見ていきましょう。例では、複数の値で結果を試せるようにif文を関数に組み込み、引数で与えた値によって関数が返す結果を調べます。

条件に合うときに処理を実行するif文

if文は、条件を満たすかどうかで処理を実行するかどうかを分岐したいときに使います。次の書式で条件式がtrueのときにステートメントAを実行し、falseの場合は何も実行せずに次の行へと進みます。ステートメント（コード）は複数行でも構いません。

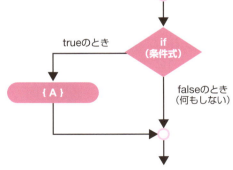

次の例ではhantei()の引数tokutenで受けた値が80以上のときに条件式がtrueになり、得点に「→ 合格」と追加されます。

たとえば、hantei(tokuten: 82) を実行した場合、変数 result には初期値として "結果：\(tokuten)" を入れるので、この時点で "結果：82" が入ります。if 文の条件式 (tokuten >= 80) は true となり、result += " → 合格" が実行されます。+= は文字列を連結して代入するので、result には "結果：82 → 合格" が代入されます。

では、67、82、56 の場合を試してみましょう。82 だけが 80 以上なので test2 の結果だけに「 → 合格」が付きます。

Playground 80 点以上なら合格　　　　　　　　　　　　　　　　　　　　　　《FILE》if.playground

```
func hantei(tokuten : Int) -> String {
    var result = "結果：\(tokuten)"
    if (tokuten >= 80) {
        result += " → 合格 "     ——— tokuten が 80 以上のときに実行します
    }
    return result
}

let test1 = hantei(tokuten: 67)
let test2 = hantei(tokuten: 82)
let test3 = hantei(tokuten: 56)
print(test1)
print(test2)
print(test3)
```

結果
結果：67
結果：82 → 合格
結果：56

条件を満たさない場合の処理がある if-else 文

if-else 文は、条件を満たしたときの処理だけでなく、条件を満たさなかったときの処理も指定したいときに使います。次の書式で条件式が true のときはステートメント A を実行し、false の場合はステートメント B を実行します。

書式 if-else 文

```
if ( 条件式 ) {
    ステートメント A
} else {
    ステートメント B
}
```

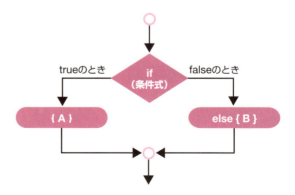

次の例は tokuten が 80 以上のときに条件式が true になって得点に「 → 合格」と表示されるところまでは先のコードと同じですが、80 未満のときは else 文が実行されるので得点に「 → 不合格」が表示されます。

では、得点が 67、82、56 の場合を試してみましょう。すると test2 の 82 点に「 → 合格」と表示され、残りの 2 つには「 → 不合格」と表示されます。

> Playground　80点以上なら合格、80点未満だと不合格　　《FILE》if-else.playground

```swift
func hantei(tokuten : Int) -> String {
    var result = "結果：\(tokuten)"
    if (tokuten >= 80) {
        result += " → 合格 "        ——— tokuten が 80 以上のときに実行します
    } else {
        result += " → 不合格 "      ——— tokuten が 80 以上ではなかったときに（80 未満のとき）実行します
    }
    return result
}

let test1 = hantei(tokuten: 67)
let test2 = hantei(tokuten: 82)
let test3 = hantei(tokuten: 56)
print(test1)
print(test2)
print(test3)
```

結果
結果：67　→　不合格
結果：82　→　合格
結果：56　→　不合格

条件を満たさないときに次の条件を試す　if-else if-else 文

　if-else if-else 文は、条件を満たさなかったとき、次の条件を指定したいときに使います。次の書式で条件式 1 が true のときはステートメント A を実行し、false の場合は条件式 2 を判定します。条件式 2 が true のときはステートメント B を実行し、満たさない場合は最後の else 文のステートメント C を実行します。条件式は 2 個だけでなく、if-else if-else if-else if-else のように続けることができます。すべての条件に合わないときに実行する最後の else 文はなくても構いません。

書式　if-else if-else 文

if (条件式 1) {
　　ステートメント A
} else if (条件式 2) {
　　ステートメント B
} else {
　　ステートメント C
}

217

| Playground | 80 点以上なら優秀、60 ～ 80 点なら合格、60 点未満だと不合格 | «FILE» if-else_if-else.playground |

```swift
func hantei(tokuten : Int) -> String {
    var result = "結果：\(tokuten)"
    if (tokuten >= 80) {
        result += " → 合格・優秀 "          ——— tokuten が 80 以上のときに実行します
    } else if (tokuten >= 60) {
        result += " → 合格 "          ——— tokuten が 80 未満で 60 以上のときに実行します
    } else {
        result += " → 不合格 "          ——— tokuten が 60 未満のときに実行します
    }
    return result
}

let test1 = hantei(tokuten: 67)
let test2 = hantei(tokuten: 82)
let test3 = hantei(tokuten: 56)
print(test1)
print(test2)
print(test3)
```

結果

```
結果：67 → 合格
結果：82 → 合格・優秀
結果：56 → 不合格
```

条件式を論理演算子を使って作る

　複数の条件があるとき、「すべての条件を満たさなければならない」、「どれか1つを満たせばよい」といった場合があります。このような条件式は論理演算子を利用して書くことができます。

●論理演算子

演算子	演算式	説明
&&	a && b	a かつ b の両方が true のとき true。論理積
‖	a ‖ b	a または b のどちらか一方でも true のとき true。論理和
!	!a	a が true ならば false、false ならば true。否定

すべての条件を満たす（論理積）　&& 演算子

　次の例では数学と英語の2教科のテストで、2教科ともに80点以上の場合に合格の判定にしています。A && B は、AB の両方が true のときに true になります。したがって、(sugaku >= 80) && (eigo >= 80) は、sugaku と eigo の両方が80以上のときに true になります。

5-2 Swiftシンタックスの基礎知識

Playground 2教科とも80点以上のとき合格、どちらかが80点未満だと不合格   «FILE» **if_and.playground**

```swift
func hantei(sugaku:Int, eigo:Int) -> String {
    var result = "数学：\(sugaku)、英語：\(eigo)"
    if (sugaku >= 80) && (eigo >= 80){
        result += " → 合格 "        ——— sugaku と eigo ともに 80 以上のときに実行します
    } else {
        result += " → 不合格 "      ——— sugaku と eigo の片方でも 80 未満のときに実行します
    }
    return result
}

let test1 = hantei(sugaku: 97, eigo: 68)
let test2 = hantei(sugaku: 81, eigo: 83)
let test3 = hantei(sugaku: 72, eigo: 65)
print(test1)
print(test2)
print(test3)
```

結果

```
数学：97、英語：68 → 不合格
数学：81、英語：83 → 合格
数学：72、英語：65 → 不合格
```

最低1つの条件を満たす（論理和）|| 演算子

次の例では数学と英語の2教科のテストで、どちらか1教科でも80点以上の場合に合格の判定にしています。A || B は、AB のどちらかが true のときに true になります。したがって、(sugaku >= 80) || (eigo >= 80) は、sugaku と eigo のどちらかが80以上のときに true になります。

Playground どちらか1教科でも80点以上のとき合格   «FILE» **if_or.playground**

```swift
func hantei(sugaku:Int, eigo:Int) -> String {
    var result = "数学：\(sugaku)、英語：\(eigo)"
    if (sugaku >= 80) || (eigo >= 80){
        result += " → 合格 "        ——— sugaku と eigo のどちらか片方でも 80 以上のときに実行します
    } else {
        result += " → 不合格 "      ——— sugaku と eigo の両方が 80 未満のときに実行します
    }
    return result
}

let test1 = hantei(sugaku: 97, eigo: 68)
let test2 = hantei(sugaku: 81, eigo: 83)
let test3 = hantei(sugaku: 72, eigo: 65)
print(test1)
print(test2)
print(test3)
```

結果

```
数学：97、英語：68 → 合格
数学：81、英語：83 → 合格
数学：72、英語：65 → 不合格
```

Section 5-3 ステッパーでカウントアップ

＋ボタン、－ボタンで値をカウントアップ／カウントダウンできるステッパーを作ります。ステッパーで個数を決め、その個数に応じた料金を計算する関数も定義してみます。「Swiftシンタックスの基礎知識」では外部引数名についても学びます。

このセクションのトピック

1. Stepper を使ってステッパーを作ろう
2. ステッパーの値の間隔をカスタマイズ
3. 数値の型を変換する（キャストする）
4. 構造体に定義する関数とは？
5. 引数の外部引数名はとても便利な名前

重要キーワードはコレだ！
Stepper、min()、max()、Double()、Int()、_ 、外部引数名

5-3 ステッパーでカウントアップ

STEP ステッパーを作る

Stepper を使って + ボタンと - ボタンで値を 1 ずつカウントアップ／カウントダウンできるステッパーを作ります。

1 Stepper のコードを入力する

«SAMPLE» **StepperSample.xcodeproj**

ライブラリパネルを表示し、Views タブの Controls グループにある Stepper をドロップ（あるいはダブルクリック）して、body の Text("Hello, World!") のコードと置き換えます。

2 Stepper のコードを書き替える

まず、@State を付けた変数 kosu の宣言文を 1 行目に追加します。続いて Stepper をドロップして入力されたコードを次のように書き替えます。Stepper() の引数 value に渡す変数 kosu には $kosu のように $ を付け、引数 in のレンジを 0...10、さらに引数に step: 2 を追加してステップ間隔を 2 に指定します。テンプレートでは続く { } の中に Label が置いてありますが、ここでは Text を使って kosu の現在値を表示するコードにします。

Code ステッパーを表示するコードを修正する   «FILE» **StepperSample/ContentView.swift**

```
struct ContentView: View {
    @State var kosu:Int = 0          ——— 追加します

    var body: some View {                    ステップ間隔を 2 にします
        Stepper(value: $kosu, in: 0...10, step: 2) { ——— 0 ～ 10 のステッパーを作ります
            Text(" 個数 : \(kosu)")   ——— 現在値を表示します
        }
        .frame(width:200)
    }
}
```

221

3 ライブプレビューで動作確認

ライブプレビューにして動作を確認してみましょう。ステッパーの＋ボタンをタップすると表示されている個数が 2 ずつカウントアップされ、−ボタンをタップすると 2 ずつカウントダウンします。値の範囲を 0 〜 10 に設定したので、この範囲内で値が 2 ずつ変化します。

4 単価と個数から料金を計算して表示する

まず、単価 tanka と消費税 tax の値を宣言します。そして、ステッパーの値 kosu から料金を計算する式を書き、計算結果を表示するテキストを追加します。

Code　ステッパーの値を使って料金を計算して表示する　«FILE» StepperSample2/StepperSample/StepperSample/ContentView.swift

```swift
struct ContentView: View {
    @State var kosu:Int = 0
    let tanka = 240
    let tax = 0.1

    var body: some View {
        VStack(alignment: .leading, spacing: 20) {
            Text(" 1個 \(tanka) 円 ")
            Stepper(value: $kosu, in: 0...10, step: 2) {
                Text("個数： \(kosu)")
            }.frame(width:200)

            let price = tanka * kosu
            let rersult = Int(Double(price) * (1+tax))
            Text(" 料金：\(rersult) 円 ").font(.headline)
            + Text("( 税込み )").font(.footnote)
        }
    }
}
```

── ステッパー
── 料金計算と結果の表示

5 ライブプレビューで動作確認

ライブプレビューで動作を確認してみましょう。ステッパーを使って個数を変更すると、個数に応じて価格が再計算されて表示されます。

5-3 ステッパーでカウントアップ

ステッパーを作る

　ステッパーは Stepper で作ることができます。Stepper(value: $kosu, in: 0...10, step: 2) のように値を保持するための変数、値の範囲、ステップ間隔を指定します。引数 step を省略するとステップ間隔は 1 になります。値の範囲は -10...10 のように負の値を含んだ範囲でもよく、範囲の指定を省略すると制限がなくなります。

　例では変数 kosu で個数を保持し、値の範囲は 0 〜 10 の整数です。kosu はステッパーで変更するので @State を付けて宣言します。ステッパーの現在の値は kosu に入るので、Text(" 個数：\(kosu)") と書けば値を表示できます。

223

料金を計算する

Level UP

料金は単価 tanka にステッパーの値 kosu を掛け合わせて price を計算し、さらに消費税 tax を (1+tax) を掛けています。このとき、price は整数の Int 型、tax は Double 型なので、Double(price) で price を Double 型に変換（キャスト）して計算し、最後にその結果を Int() で整数化して小数点以下を取り去っています。

Code　料金を計算する　　　　　　　　　　　　　　　　«FILE» StepperSample2/StepperSample/StepperSample/ContentView.swift

```
            let price = tanka * kosu
            let rersult = Int(Double(price) * (1+tax))  ──── 消費税を掛けた後で整数化します
            Text("料金：\(rersult) 円").font(.headline)
            + Text("(税込み)").font(.footnote)
```

料金を計算する calc() 関数を定義する

料金計算を行う処理を関数 calc() として定義することで bocy のステートメントが簡単になり、関数定義することで変更可能な変数を計算式で使えるようになります。

Code　料金を計算する calc() 関数を使って金額を表示する　　　　　　«FILE» StepperCalc/ContentView.swift

```
struct ContentView: View {
    @State var kosu:Int = 0
    let tanka = 240
    let tax = 0.1

    var body: some View {
        VStack(alignment: .leading, spacing: 20) {
            Text(" 1個 \(tanka) 円 ")

            Stepper(value: $kosu, in: 0...10, step: 2) {
                Text(" 個数：\(kosu)")
            }.frame(width:200)
                                              ──── 関数を呼び出します
            Text(" 料金：\(calc(kosu)) 円 ").font(.headline)
            + Text("(税込み)").font(.footnote)
        }
    }

    // 料金の計算
    func calc(_ num:Int) -> Int {
        var price = tanka * num          ──── num が個数として料金を計算します
        price = Int(Double(price) * (1+tax))  ──── 消費税の計算をします
        return price
    }
}
```

5-3　ステッパーでカウントアップ

Computed プロパティで計算して料金を表示する

　料金計算を関数定義するのではなく、Computed プロパティの変数 price を定義する方法もあります（☞ P.65）。
次のコードでは変数 price の値がそのまま料金計算の結果になるので、料金は Text(" 料金：\(price) 円 ") のように
price の値を表示するだけです。ステッパーの値 kosu が変更されると price を再計算した値が表示されます。

Code　Computed プロパティを利用して料金計算する　　　　　　　　**«FILE» StepperComputedPrice/ContentView.swift**

```swift
struct ContentView: View {
    @State var kosu:Int = 0
    let tanka = 240
    let tax = 0.1
    // 料金
    var price:Int {
        var value = tanka * kosu
        value = Int(Double(value) * (1+tax))
        return value
    }

    var body: some View {
        VStack(alignment: .leading, spacing: 20) {
            Text(" 1個 \(tanka) 円 ")

            Stepper(value: $kosu, in: 0...10, step: 2) {
                Text(" 個数： \(kosu)")
            }.frame(width:200)

            Text(" 料金：\(price) 円 ").font(.headline)
            + Text("( 税込み )").font(.footnote)
        }
    }
}
```

変数 price の値は料金計算の結果になります

Chapter
5

ボタンやテキストフィールドなどユーザー入力で使う部品

225

Swift シンタックスの基礎知識
構造体で使う関数と外部引数名について

構造体の中に関数を定義する

　struct ContentView をはじめ、struct で始まるコードは構造体を定義しています。構造体の標準的な書式についてはすでに説明しましたが（☞ P.167）、先の StepperCalc プロジェクトの calc() のように構造体で使う関数を定義することもできます（ユーザー定義関数 ☞ P.180）。

書式 関数定義がある構造体の書式

```
struct 名前 : プロトコル {
    let 変数 1
    var 変数 2
    ...
    func 関数名 ( 引数 : 型 , ... ) -> 戻り値の型 {   ← 構造体で使う関数を定義します
        ステートメント
        return 戻り値
    }
}
```

calc(kosu) にはなぜ引数名がないのか？

　料金を表示する Text() では 料金を計算するユーザー定義関数を \(calc(kosu)) のようにテキストに埋め込んで呼び出しています（☞ P.224）。ここで注目してほしいのは、calc(num: kosu) のように引数名を付けていないところです。

Code 引数名を指定せずに calc() を呼び出す　　　　　　　　　　　《FILE》 StepperCalc/ContentView.swift

```
Text("料金：\(calc(kosu)) 円 ").font(.headline)
```

　calc() の定義文では price を計算を tanka * num としていることから、num には kosu の値が渡されています。それにもかかわらず calc(num: kosu) とする必要がない理由は、定義文をよく見ると calc(_ num:Int) のように num の前に _ があるからです。_ は外部引数名を省略するための特殊な記号です。

Code 外部引数名 _ を利用した calc()　　　　　　　　　　《FILE》 StepperCalc/ContentView.swift

```
func calc(_ num:Int) -> Int {
    var price = tanka * num
    price = Int(Double(price) * (1+tax))
    return price
}
```

5-3　Swift シンタックスの基礎知識

外部引数名とは

外部引数名とは、引数を受け取る変数（パラメータ変数）に付けた名前です。外部引数名を省略せずに関数の書式を書くと次のようになります。これが本来の関数の書式です。外部引数名は省略することができて、省略すると引数の変数名がそのまま外部引数名として利用されます。

書式 関数の本来の書式（外部引数名がある）

```
func 関数名 ( 外部引数名 引数 : 型 , ... ) -> 戻り値の型 {
    ステートメント
    return 戻り値
}
```

では Playground を使って外部引数名を定義した関数を試してみましょう。次のように calcA()、calcB()、calcC() の3通りの定義をしてみます。関数の中身は同じで tanka * num で計算した結果を戻します。3つの違いは引数です。calcA() は引数 num がありますが、外部引数名が付いていません。calcB() は引数 num に対して外部引数名 kosu を付けて定義しています。calcC() は引数 num の外部引数名を _ にしています。

Playground 外部引数名がある関数とない関数の定義　　　　　　　　　«FILE» externalParameterName.playground

```
let tanka = 240

// 外部引数名なし
func calcA(num:Int) -> Int {
    let price = tanka * num
    return price
}

// 外部引数名 kosu
func calcB(kosu num:Int) -> Int {
    let price = tanka * num
    return price
}

// 外部引数名 _
func calcC(_ num:Int) -> Int {
    let price = tanka * num
    return price
}
```

この3つの関数を実行すると次のように引数の指定の仕方が違ってきます。最初の calcA() は calcA(num: 2) と実行するのに対して、calcB() は外部引数名の kosu を使って calcB(kosu: 2) と実行します。そして、外部引数名が _ の calcC() の場合は、引数名を指定せずに calcC(2) で実行します。

Playground 関数を実行する場合の引数の違い　　　　　　　　　«FILE» externalParameterName.playground

```
let priceA = calcA(num: 2)
let priceB = calcB(kosu: 2) ——————— 外部引数名で指定します
let priceC = calcC(2) ——————— 引数名を指定しません
```

このように実際に内部で使っている変数名とは違う、わかりやすい引数名を外部に対して示したい場合や式を単純にしたい場合などで外部引数名が便利に利用されています。

227

スライダーを作る

スライダーを使うとドラッグ操作で範囲内の値を選ぶといったことができます。ステッパーと違って小数点を含んだ値をリニアに選べるのが特徴です。スライダーを使ってRGBの各値を決めるサンプルを作ってみましょう。

このセクションのトピック

1. Sliderを使ってスライダーを作ろう
2. 0〜1ではないスライダーの作り方
3. スライダーを使って色のRGBと透明度を決める
4. 数値の表示桁数を決める便利な関数を自作
5. 知っておきたい、よく使う便利な関数

重要キーワードはコレだ！
Slider、String、Colorにない色を作る、floor()、ceil()、round()、abs()

5-4　スライダーを作る

STEP　スライダーを作る

スライドバーをドラッグして値を変更できるスライダーを作ります。スライダーの値は浮動小数点でそのまま表示すると桁数が多いので、小数点以下2位までを表示するように数値表示の桁数を2桁にする関数も作って適用します。

1　Slider のコードを入力する

«SAMPLE» **SliderSample.xcodeproj**

ライブラリパネルを表示し、Views タブの Controls グループにある Slider をドロップ（あるいはダブルクリック）して、body の Text("Hello, World!") のコードと置き換えます。

```swift
//
//  ContentView.swift
//  SliderSample
//
//  Created by yoshiyuki oshige on 2021/09/07.
//

import SwiftUI

struct ContentView: View {
    var body: some View {
        Slider(value: value)
    }
}

struct ContentView_Previews: PreviewProvider {
    static var previews: some View {
        ContentView()
    }
}
```

ドロップします

Views

Controls

- Secure Field
- Sign In With Apple Button
- Slider
- Stepper
- Tab View
- Text
- Text Editor

2　Slider のコードを書き替える

まず、@State を付けた変数 volume の宣言文を1行目に追加します。続いて Slider をドロップして入力されたコードを次のように書き替えます。スライダーの前に現在の値、前後にスピーカーの絵を配置します。

Code　スライダーを表示するコードを修正する　　　　　«FILE» **SliderSample/ContentView.swift**

```swift
struct ContentView: View {
    @State var volume: Float = 0.0            追加します

    var body: some View {
        HStack {
            Text("\(volume)").frame(width: 100)          スライダーの現在値を表示します
            HStack {
                Image(systemName: "speaker.slash").imageScale(.large)
                Slider(value: $volume)            スライダーを作ります
                Image(systemName: "speaker.3").imageScale(.large)
            }
            .frame(width: 200)
        }
    }
}
```

Chapter
5

ボタンやテキストフィールドなどユーザー入力で使う部品

229

3 ライブプレビューで動作確認

それではライブプレビューにして動作を確認してみましょう。スライダーをドラッグして動かすと数値が 0.000000 〜 1.000000 の間で変化します。

4 数値をフォーマットする関数を追加する

数値表示の桁数が長すぎるので小数点以下を 2 桁まで表示するように関数を追加します。この関数は body 構造体の中に置いてもいいですが、汎用的な関数でもあるので外に定義します。あわせて数値を表示する Text() のコードも変更します（NumberFormatter を使う ☞ P.442）。

Code 小数点以下2位まで表示する関数を追加したコード　　《FILE》SliderSample2/SliderSample/ContentView.swift

```swift
struct ContentView: View {
    @State var volume: Double = 0.0

    var body: some View {
        HStack {
            Text("\(format(volume))").frame(width: 100)
            HStack {
                Image(systemName: "speaker.slash").imageScale(.large)
                Slider(value: $volume)
                Image(systemName: "speaker.3").imageScale(.large)
            }
            .frame(width: 200)
        }
    }
}

// 小数点以下を2桁にする
func format(_ num:Double) -> String {
    let result = String(round(num*100)/100)
    return result
}
```

スライダーの値をフォーマットして表示します

数値 num を小数点以下 2 桁のストリングにして返します

5 ライブプレビューで動作確認

それではあらためてライブプレビューにして動作を確認してみましょう。今度は数値が 0.00 〜 1.00 の表示になりました。

スライダーをドラッグすると値が変化します

小数点以下 2 位までの表示になります

スライダーを作る

スライダーは Slider で作ることができます。Slider(value: $value, in: -10...10) のように値を保持するための変数と値の範囲を指定します。値の範囲の指定を省略すると例のように 0 〜 1 の範囲になります。値は整数ではなく、小数点以下がある値（浮動小数点）になります。

例では変数 volume で値を保持し、値の範囲は省略しているので 0 〜 1 です。volume の値はスライダーで変更するので @State を付けて宣言します。スライダーの現在の値は volume に入るので、Text("\(volume)") と書けば値を表示できます。

スライダーの値の範囲を設定する

スライダーの値の範囲を省略すると 0 〜 1 になりますが、数値の範囲を指定することもできます。次の例では RGB の各色の値を 0 〜 255 の範囲でスライダーで決めて円の色を表示します。スライダーの値は浮動小数点で変化するので、数値を表示する際には Text(String(Int(R))) のように整数化しています。透明度を指定する opacity は 0 〜 1 の値なので初期値の範囲のまま使いますが、Text(String(round(A*10)/10)) を使って値が小数点以下 1 位までの表示になるように数値を丸めています。

なお、0 〜 1 の値に 255 を掛けることでも 0 〜 255 の範囲の値を作ることができるので、スライダーの値の範囲を設定しなくても同様の機能のスライダーを作ることはできます。

Code　スライダーを使って色と透明度を指定する　　　　«FILE» SliderRGBA/ContentView.swift

```swift
struct ContentView: View {
    @State var R:Double = 0
    @State var G:Double = 0     RGBA の値を保持持します
    @State var B:Double = 0
    @State var A:Double = 1

    var body: some View {
        VStack(alignment: .center) {
            ZStack{
                // 下に隠れているイメージ
                Image(systemName: "ladybug")
                    .scaleEffect(3)
                // 色を付ける円
                Circle()
                 .frame(width:100, height:100)
                 .padding()
```

```
                    .foregroundColor(
                        Color(red: R/255, green: G/255, blue: B/255, opacity: A))
                }
                // red のスライダー
                HStack{
                    Circle()
                        .foregroundColor(.red)
                        .frame(width: 20, height: 20)
                    Text(String(Int(R))).frame(width: 40)
                    Slider(value: $R, in: 0...255).frame(width: 200)
                }
                // green のスライダー
                HStack{
                    Circle()
                        .foregroundColor(.green)
                        .frame(width: 20, height: 20)
                    Text(String(Int(G))).frame(width: 40)
                    Slider(value: $G, in: 0...255).frame(width: 200)
                }
                // blue のスライダー
                HStack{
                    Circle()
                        .foregroundColor(.blue)
                        .frame(width: 20, height: 20)
                    Text(String(Int(B))).frame(width: 40)
                    Slider(value: $B, in: 0...255).frame(width: 200)
                }
                // opacity のスライダー
                HStack{
                    Rectangle()
                        .stroke(lineWidth: 2)
                        .foregroundColor(.blue)
                        .frame(width: 18, height: 18)
                    Text(String(round(A*10)/10)).frame(width: 40)
                    Slider(value: $A).frame(width: 200)
                }
            }
        }
    }
```

塗り色と透明度の現在値からカラーを作ります

R を 0 〜 255 のスライダーで決めます

G を 0 〜 255 のスライダーで決めます

B を 0 〜 255 のスライダーで決めます

A を 0 〜 255 のスライダーで決めます

スライダーで設定した RGB の色になります

下の絵が透けて見えます

ハンドルをドラッグして値を変えます

透明度を変えます

値は 0 〜 255 の範囲です

5-4 スライダーを作る

数値の変化で表示がガタガタしないようにする

スライダーの値とほかのものを横に並べて表示すると、値が変化することで数字の幅が変わって表示位置も微妙に動いてしまいます。これを避けるには、値を表示するテキストには幅を指定して固定します。こうすることで、スライダーで値を変化させても表示位置がずれることがなくなります。

| Code | 数値の変化で位置がずれないように幅を固定する | 《FILE》 SliderRGBA/ContentView.swift |

```
Text(String(Int(R))).frame(width: 40)  —— 表示する数値が変化しても表示位置が動かないように幅を固定します
```

色を作る

図形の塗り色は、foregoroundColor() で .red、.green、.blue などで指定できます。この値はそれぞれ、Color.red、Color.green、Color.blue を省略したもので、よく使う色はこのように Color クラスで定義済みです。定義されていない色を使いたい場合は、RGB で指定する Color(red:green:blue:) で作ることができます。透明度を付けたい場合は、サンプルで示したように opacity: をさらに追加します。引数の red、green、blue の値は 0 〜 1 で指定しますが、0 〜 255 のほうが扱いやすいのでスライダーでは 0 〜 255 で値を指定して、red: R/255 のように 255 で割った値を引数に渡しています。

書式 RGB で色を作る

Color(red: 赤 **, green:** 緑 **, blue:** 青 **, opacity:** 透明度 **)**

| Code | RGB で色を指定する | 《FILE》 SliderRGBA/ContentView.swift |

```
        .foregroundColor(
            Color(red: R/255, green: G/255, blue: B/255, opacity: A))
```

色は色相、彩度、明度の3要素で作ることもできます。それぞれ 0 〜 1 の値で指定します。

書式 色相、彩度、明度で色を作る

Color(hue: 色相 **, saturation:** 彩度 **, brightness:** 明度 **, opacity:** 透明度 **)**

どちらの書式でも色に加えて透明度の opacity も指定できますが、ビューの透明度はビュー自体の opacity モディファイアでも設定できます（☞ P.211）。また、実行時に変更しない固定の色ならば、定義されていない色をあらかじめ Assets に Color Set として作成しておく方法もあります（☞ P.115）。

Chapter
5
ボタンやテキストフィールドなどユーザー入力で使う部品

Swift シンタックスの基礎知識
よく使う便利な関数

便利な数値関数

数値の端数の切り捨て、切り上げ、四捨五入、乱数を作る関数、三角関数など、よく使う便利な数値関数を紹介します。

切り捨て、切り上げ、四捨五入などを行う関数

小数点以下の切り捨て、切り上げ、四捨五入は、floor(数値)、ceil(数値)、round(数値) を使います。たとえば、次の price の計算結果は 4364.8 ですが、これを切り捨て、切り上げ、四捨五入した結果はコメント文で書いた値になります。数値の型は Int（整数）ではなく Double です。

Playground 切り捨て、切り上げ、四捨五入を行う 《FILE》floor_ceil_round.playground

```
let price = 3520 * 1.24    // 4364.8
var ans:Double
ans = floor(price)   // 4364.0  ──── 切り捨て
ans = ceil(price)    // 4365.0  ──── 切り上げ
ans = round(price)   // 4365.0  ──── 四捨五入
```

任意の桁での切り捨てや切り上げなどを行いたい場合は、先に値を 10 で割って桁をずらして計算し、その値を 10 倍して桁を戻します。次の例では、price の 1 の桁を切り捨て、切り上げ、四捨五入した値にしています。

Playground 一桁目を切り捨て、切り上げ、四捨五入する 《FILE》floor_ceil_round.playground

```
ans = floor(price/10)*10    // 4360.0
ans = ceil(price/10)*10     // 4370.0
ans = round(price/10)*10    // 4360.0
```

大きい方の値、小さい方の値を取り出す関数

a、b 2 個の数値を比較して max(a, b) は大きい方の値、min(a, b) は小さい方の値を選び出します。次の例では Int 型の値を比較していますが、Double 型の値も比較できます。

Playground 大きい方の値、小さい方の値を取り出す 《FILE》min_max.playground

```
var ans: Int
ans = max(5, 9)    // 9
ans = min(5, 9)    // 5
```

v = min(max(v, a), b) のように組み合わせれば、v を a 以上 b 以下の範囲に納めることができます。

Playground　min() と max() を組合わせて使う　　　　　　　　　　《FILE》**min_max.playground**

```
var v1 = -10, v2 = 20
v1 = min(max(v1, 0), 10) // 0
v2 = min(max(v2, 0), 10) // 10
```

> **🛈 NOTE**
>
> **配列の要素の最大値、最小値**
> 複数の値の中から最大値、最小値を選び出したい場合は、値を配列に入れておき max()、min() を実行することで値を選び出せます。ただし、配列が空の場合を考慮する必要があるため、結果は Optional 型でラップされています。値が必ず入っているならば、次のように ! を付けて強制的にアンラップすることができます。
>
> ---
>
> **Playground**　配列の最大値と最小値　　　　　　　　　　《FILE》**min_max.playground**
>
> ```
> var ans: Int
> let nums = [4,2,6,8,5]
> ans = nums.max()!  // 8 ——————— 配列の中の最大値
> ans = nums.min()!  // 2 ——————— 配列の中の最小値
> ```

絶対値に変換する関数

　数値の大きさ（絶対値）を求めたいときは abs() 関数を利用できます。次のように abs() を使うと、a、b のどちらが大きくてもその差は正の値になります。

Playground　2つの値の間隔を求める　　　　　　　　　　《FILE》**abs.playground**

```
let a = 16.5
let b = 18.0
let ans = abs(a - b) // 1.5
```

Section 5-5 メニュースタイルの ピッカーを作る

ピッカーは複数の値の中から1つを選ぶUIとして利用されます。ピッカーにはいくつかのスタイルがあり、ここではiOSで利用できるメニュースタイルとセグメンテッドスタイルのピッカーについて説明します。まずはメニュースタイルのピッカーの作り方を理解するところから始めましょう。

このセクションのトピック

1. Pickerを使ってメニュースタイルのピッカーを作ろう
2. メニューで選んだ色で表示する
3. セグメンテッドスタイルのピッカーを作ろう
4. 値で処理を振り分けるswitch文を使う

重要キーワードはコレだ！
Picker、tag()、配列[インデックス番号]、switch-case

5-5　メニュースタイルの ピッカーを作る

STEP　メニュースタイルのピッカーを作る

タップするとメニューが表示されるピッカーを作ります。まずは選択肢が3個のピッカーを作って構造を理解しましょう。メニューでは図形の塗り色を選びます。

1　Picker のコードを入力する

«SAMPLE» **MenuPickerSample.xcodeproj**

ライブラリパネルを表示し、Views タブの Controls グループにある Picker をドロップ（あるいはダブルクリック）して、body の Text("Hello, World!") のコードと置き換えます。

```
// MenuPickerSample > MenuPickerSample > ContentView > body
1  //
2  // ContentView.swift
3  // MenuPickerSample
4  //
5  // Created by yoshiyuki oshige on 2021/09/08.
6  //
7
8  import SwiftUI
9
10 struct ContentView: View {
11     var body: some View {
12         Picker(selection: .constant(1), label: Text("Picker")) {
13             Text("1").tag(1)
14             Text("2").tag(2)
15         }
16     }
17 }
18
19 struct ContentView_Previews: PreviewProvider {
20     static var previews: some View {
21         ContentView()
22     }
23 }
24
```

ドロップします

Views

Controls

Navigation Link
Navigation View
Outline Group
Picker
Progress View
Scroll View
Section

2　Picker のコードを書き替える

Picker をドロップして入力されたコードを次のように書き替えます。まず、@State を付けた変数 selectedColor の宣言文を1行目に追加します。続いて Picker を command クリックし、アクションメニューから Embed in VStack を選択して VStack{} で囲みます。最後に Picker 文のコードを修正します。

Code　ピッカーを表示するコードを修正する

«FILE» **MenuPickerSample/ContentView.swift**

```
struct ContentView: View {
    @State private var selectedColor = 0 ─── 追加します

    var body: some View {
        VStack {
            Picker(selection: $selectedColor, label: Text("Color")) {
                Text("Red").tag(0)
                Text("Green").tag(1)
                Text("Blue").tag(2)
            }
        }
        .padding()
    }
}
```

"Red"、"Green"、"Blue" から値を選ぶ
ホイールピッカーが作られます

選択できるアイテム

Chapter 5

ボタンやテキストフィールドなどユーザー入力で使う部品

237

3 ライブプレビューで確認する

この段階でプレビューで、ピッカーの初期値が表示されます。<mark>ライブプレビューモード</mark>にすればクリックでメニューが表示され、色を選択できます。

4 選択した色をカラービューとテキストで表示するコードを追加する

まず変数 colorViews と colorNames の配列を作るコードを追加します。次にピッカーで選択した色をカラービュー、番号、色名で表示するコードを HStack で横に並べ、この3つがピッカーの下に配置されるように VStack に追加します。選んだ値によって文字の長さが変化して位置が動くので Text の幅を frame で指定しておきます。

5-5 メニュースタイルの ピッカーを作る

| Code | メニューで選択した色を表示するコードを追加して完成させる | «FILE» MenuPickerSample2/ContentView.swift |

```swift
struct ContentView: View {
    @State private var selectedColor = 0
    let colorViews:[Color] = [.red, .green, .blue]
    let colorNames = ["Red", "Green", "Blue"]
    
    var body: some View {
        VStack {
            Picker(selection: $selectedColor, label: Text("Color")) {
                Text("Red").tag(0)
                Text("Green").tag(1)
                Text("Blue").tag(2)
            }
            
            HStack{
                colorViews[selectedColor]
                    .frame(width: 50, height: 100)
                Text("value: \(selectedColor)").frame(width: 60)
                Text("\(colorNames[selectedColor])").frame(width: 70)
            }
        }
        .padding()
    }
}
```

ピッカーで選んだアイテムのインデックス番号が入ります

5 ライブプレビューでピッカーの動作確認をする

ライブプレビューモードに変更し、ピッカーのメニューを表示して色を選び動作を確認します。カラービューが選んだ色に変わり、選んだ番号と色名がテキスト表示されます。

❶ クリックします

❷ メニューから色を選びます

❸ メニューで選んだ塗り色になります
❹ 選んだ色の番号と名前が表示されます

Chapter 5 ボタンやテキストフィールドなどユーザー入力で使う部品

239

ピッカーのアイテムと tag() の値

ピッカーは Picker で作ります。ピッカーのメニューで選択できるアイテムは Picker() のブロックで Text("Red").tag(0)、Text("Green").tag(1) のようにテキストで指定します。アイテムの並び順は実行順ではなく tag() で指定しているインデックス番号ですが、作成後に並べ替えなどを行わない場合は設定を省略できます。なお、label で指定したテキストは表示されませんが省略できません。label は次のセクションで説明します。

Code ピッカーを作る Picker コード   «FILE» **MenuPickerSample2/ContentView.swift**

```
Picker(selection: $selectedColor, label: Text("Color")) {
    Text("Red").tag(0)
    Text("Green").tag(1) ─────── ピッカーのメニューには tag の番号順に並びます
    Text("Blue").tag(2)
}
```

そして、ピッカーの値を決めたときに、tag() の番号が Picker() の引数 selection で指定した変数 selectedColor に入ります。この値を配列のインデックス番号として利用し、colorViews から Color のビューを取り出し、colorNames から色名を取り出して表示します（配列 [インデックス番号] ☞ P.143）。

Code ピッカーで選んだ値を表示する   «FILE» **MenuPickerSample2/ContentView.swift**

```
HStack{
    colorViews[selectedColor] ─────── 配列 colorViews から Color ビューを取り出します
        .frame(width: 50, height: 100)
    Text("value: \(selectedColor)").frame(width: 60)
    Text("\(colorNames[selectedColor])").frame(width: 70)
}                           └───── 配列 colorNames から色名を取り出します
```

セグメンテッドスタイルのピッカー

ピッカーにはいくつかのスタイルがあり、pickerStyle モディファイアで指定します。pickerStyle を指定しない場合はメニュー（PickerStyle.menu）で作られます。

先のサンプルのピッカーに pickerStyle(.segmented) を指定するだけで、セグメンテッドのピッカーになります。

Code ピッカーにセグメンテッドタイプを指定する   «FILE» **segmentedPickerSample/ContentView.swift**

```
Picker(selection: $selectedColor, label: Text("Color")) {
    Text("Red").tag(0)
    Text("Green").tag(1)
    Text("Blue").tag(2)
}
.pickerStyle(.segmented) ─────── ピッカーのスタイルを指定します
```

ピッカーで選んだ値で処理を分岐する

　ピッカーでは提示された選択肢から必ず1個の値を選択するので、条件によって分岐するif文ではなく、値によって処理を分岐するswitch文を利用できます（switch文 ☞ P.243）。

　次の例ではピッカーで選んだ色を変数colorに代入し、switch文を使ってcolorの値で振り分けて表示する図形を作っています。colorの値が.redならばcase .redの処理が選ばれて赤色の四角形が表示され、colorの値が.greenならばcase .greenの処理が選ばれて緑色の円形が表示されます。なお、switchで評価するcolorの値は必ずColor型の値なので、Color.redのColorを省略してcase .redのように書くことができます。

Code 　セグメンテッドピッカーで選んだ値をswitch文で振り分ける　　《FILE》segmentedPickerSwitch/ContentView.swift

```swift
struct ContentView: View {
    @State private var selectedColor = 0
    let colorViews:[Color] = [.red, .green, .blue]
    let colorNames = ["Red", "Green", "Blue"]
    
    var body: some View {
        VStack {
            Picker(selection: $selectedColor, label: Text("Color")) {
                Text("Red").tag(0)
                Text("Green").tag(1)
                Text("Blue").tag(2)
            }
            .pickerStyle(.segmented)
            .frame(width: 250, height: 30)
            .padding()
```

ピッカーで選んだ色のtag番号が入ります

```
            let color = colorViews[selectedColor]
        switch color {
        case .red:
            Rectangle()
                .frame(width: 50, height: 50)
                .foregroundColor(.red)

        case .green:
            Circle()
                .frame(width: 50, height: 50)
                .foregroundColor(.green)

        case .blue:
            Circle()
                .stroke(lineWidth: 8)
                .frame(width: 50, height: 50)
                .foregroundColor(.blue)

        default:
            Text("default")
        }
        Text(colorNames[selectedColor])
    }
  }
}
```

color で処理を振り分けます

セグメントピッカーで選んだ値で処理を振り分けます

Swiftシンタックスの基礎知識
switch 文

値で処理を振り分ける switch 文

if 文は条件式で処理を振り分けますが（☞ P.215）、switch 文は値で処理を振り分けます。switch 文の基本的な書式は次のとおりです。なお、他のプログラミング言語では各 case の最後で break を実行して case 文を抜ける必要がありますが、break がなくても case 文を抜ける点に注意してください。逆に意図的に次の case 文へ処理を続けたい場合は fallthrough を実行します。

書式 switch 文

```
switch 式 {
    case 値1:
        ステートメント A
    case 値2:
        ステートメント B
    case 値3, 値4, 値5:          ── 複数の値をカンマで区切って指定できます
        ステートメント C
    default:
        ステートメント D
}
```

243

switch 文を Playground で試す

　それでは Playground を使って switch 文を試してみましょう。次のコードでは color の値によって処理を振り分けています。"red" と "yellow" はどちらでも同じ結果です。"red"、"yellow"、"green" のどれでもない場合は default の処理が実行されて " ハズレ " です。

Playground　switch 文を Playground で試す　　　　　　　　　　　　　　　«FILE» **switchSample.playground**

```
func fortune(color: String) {
    switch color {              ──────── color によって処理を振り分けます
        case "red", "yellow":   ──────── "red"、"yellow" のどちらでも当たりです
            print("\(color) は、当たり ")
        case "green":
            print("\(color) は、大当たり ")
        default:
            print("\(color) は、ハズレ ")
    }
}

fortune(color: "yellow")
fortune(color: "blue")
fortune(color: "green")
fortune(color: "red")
```

結果

```
yellow は、当たり
blue は、ハズレ
green は、大当たり
red は、当たり
```

244

Section 5-6 ピッカーとナビゲーションビューを組み合わせる

ピッカーの選択肢が多くなるとメニューが長くなり、セグメンテッドスタイルは項目を表示しきれなくなって使いづらくなります。このようなときにFormとNavigationViewを使うことで、ピッカーの選択肢を別ページで表示することができるようになります。

このセクションのトピック

1. Picker、NavigationView、Formの組み合わせを使いこなそう
2. 設定値を別ページの候補リストから選択
3. セクションで分ければ見た目もスッキリ
4. ショートカットを使ってインデントを一発で修正

 重要キーワードはコレだ！
Picker、Form、NavigationView、navigationTitle()

FormとNavigationViewを利用したピッカー

セクションで分けて表示

設定値はページを移動してリストから選ぶ

値を別ページのリストから選択するピッカーを作る

Form と NavigationView の機能を使ってピッカーで選ぶ選択肢を別ページに開く仕組みを作ります。

1 Size のピッカーを作る

«SAMPLE» PickerNavigationView.xcodeproj

まず最初に Picker() を使って、メニュースタイルのピッカーを作る場合と同じように Size のピッカーを作ります。

Code Size のピッカーを作る   «FILE» PickerNavigationView/ContentView.swift

```
struct ContentView: View {
    @State   var selectedSize = 2
    let sizes = ["XS", "S", "M", "L", "LL"]

    var body: some View {
        // Size のピッカー
        Picker(selection: $selectedSize, label: Text("Size")) {
            ForEach(0..<sizes.count) { index in
                Text(sizes[index])
            }
        }
    }
}
```

2 NavigationView と Form で囲む

ピッカーを作る Picker のブロックを Form{} で囲み、さらに全体を NavigationView{} で囲みます。これで label でラベルも表示されるようになります。

Code Picker のブロックを Form と NavigationView で囲む   «FILE» PickerNavigationView/ContentView.swift

```
struct ContentView: View {
    @State   var selectedSize = 2
    let sizes = ["XS", "S", "M", "L", "LL"]

    var body: some View {
        NavigationView {
            Form {
                // Size のピッカー
                Picker(selection: $selectedSize, label: Text("Size")) {
                    ForEach(0..<sizes.count) { index in
                        Text(sizes[index])
                    }
                }
            }
        }
    }
}
```

― ラベルが表示されるようになります

― ピッカーを Form で囲みます

5-6 ピッカーとナビゲーションビューを組み合わせる

> **! NOTE**
>
> **インデントを修正するショートカット**
>
> NavigationView、Form のように全体を囲むブロックを後から追加するとインデントの調整が必要になります。このような場合は、インデントを調整したい範囲を選択して control + i のキーを押すと構文に従ってインデントが修正されます。
>
> ```
> 14     var body: some View {
> 15         NavigationView {
> 16         Form {
> 17         // Sizeのピッカー
> 18         Picker(selection: $selectedSize, label: Text("SIZE")) {
> 19             ForEach(0..<sizes.count) { index in
> 20                 Text(sizes[index])
> 21             }
> 22         }
> 23         }
> 24         }
> 25     }
> 26 }
> ```
> 全体を選択して、control + i
>
> ```
> 14     var body: some View {
> 15         NavigationView {
> 16             Form {
> 17                 // Sizeのピッカー
> 18                 Picker(selection: $selectedSize, label: Text("SIZE")) {
> 19                     ForEach(0..<sizes.count) { index in
> 20                         Text(sizes[index])
> 21                     }
> 22                 }
> 23             }
> 24         }
> 25     }
> 26 }
> ```
> インデントが修正されます

3 ライブプレビューで動作チェックする

ピッカーにラベルが付いて「Size　M>」になるので、ライブプレビューで動作チェックしてみます。Size の行をクリックするとページ遷移してサイズの選択肢が表示されます。例えば XS サイズを選択すると元いたページに戻り、行の表示が「Size　XS>」のようにサイズが M から XS に変わります。

❶ クリックします　labelで指定したラベルが表示されます
❷ 選択肢を選ぶページが開きます
❸ XSを選びます
❹ 元いたページに戻ります
❺ XSが選ばれています

4 選択した値を取り出して表示する

ピッカーで選択した値の位置番号は変数 selectedSize に入っています。Picker ブロックに次のように Text 行を追加すると、現在選択されているサイズを次の行に表示することができます。

Code ピッカーで選んだサイズを表示する 《FILE》 PickerNavigationView/ContentView.swift

```
struct ContentView: View {
    @State   var selectedSize = 2
    let sizes = ["XS", "S", "M", "L", "LL"]

    var body: some View {
        NavigationView {
            Form {
                // Size のピッカー
                Picker(selection: $selectedSize, label: Text("Size")) {
                    ForEach(0..<sizes.count) { index in
                        Text(sizes[index])
                    }
                }
                Text("選んだサイズ：\(sizes[selectedSize])")
            }
        }
    }
}
```

ピッカーと選択値の表示を Form で囲みます

ピッカーで選んでいる値を表示できます

ピッカーをナビゲーションビューで表示する

ステップ3で行ったように、ピッカーを作る Picker のブロックを Form{ } で囲み、さらに NavigationView{ } で囲みます。するとピッカータイトルと現在値だけの表示になり、クリックで選択肢を別ページで開くことができます。
開いたページで値を選択すると、選んだ値の番号が引数 selection で指定した selectedSize に入ります。

Code NavigationView{ } と Form{ } でピッカーのコードを囲む 《FILE》 PickerNavigationView/ContentView.swift

```
NavigationView {
    Form {
        // Size のピッカー
        ...                ← ここにピッカーを作るコードを入れます
    }
}
```

複数のピッカーをセクション分けして表示する

　Form ブロックの中には複数の Picker ブロックを書いて並べていくことができますが、コンテンツのブロックを Section で囲むことで複数のセクションに分けて表示できます。

　次の例では、サイズのピッカーと色のピッカーをそれぞれ独立したセクションで表示しています。セクションのタイトルとフッターは Section() の引数の header と footer で指定します。（Section ☞ P.152）

Code 2組のピッカーをセクションで区切る   «FILE» PickerNavigationViewSections/ContentView.swift

```swift
struct ContentView: View {
    @State   var selectedSize = 2
    @State   var selectedColor = 0
    let sizes = ["XS", "S", "M", "L", "LL"]
    let colors = ["Red", "Green", "Blue", "Yellow", "Pink", "White"]

    var body: some View {
        NavigationView {
            Form {
                Section(header: Text(" サイズ ").font(.headline),
                        footer: Text("US サイズの少し大きめです ").padding(.bottom, 20)) {
                    // Size のピッカー
                    Picker(selection: $selectedSize, label: Text("Size")) {
                        ForEach(0..<sizes.count) { index in
                            Text(sizes[index])
                        }
                    }
                    Text(" 選んだサイズ：\(sizes[selectedSize])")
                }

                Section(header: Text(" 色 ").font(.headline)) {
                    // Color のピッカー
                    Picker(selection: $selectedColor, label: Text("Color")) {
                        ForEach(0..<colors.count) { index in
                            Text(colors[index])
                        }
                    }
                    Text(" 選んだ色：\(colors[selectedColor])")
                }
            } // Form
            .navigationTitle(Text(" サイズと色 "))
        }
    }
}
```

サイズのセクション
色のセクション

ナビゲーションタイトルの表示

最初のページの大きなタイトルと移動後のページの戻りボタンのタイトルは、navigationTitle で設定します。navigationTitle は NavigationView ブロックではなく Form ブロックの属性として付けている点に注意してください。

Code Form にナビゲーションタイトルを指定する　　《FILE》PickerNavigationViewSections/ContentView.swift

```
NavigationView {
    Form {
        ....  ——— Size ピッカーのセクション
        ....  ——— Color ピッカーのセクション
    } // Form
    .navigationTitle(Text(" サイズと色 "))
}
```

ナビゲーションタイトル

Section 5-7 デートピッカーを作る

デートピッカーは年月日と時刻を選択できるピッカーです。iOS 13まではホイールスタイルのピッカーでしたが、iOS 14からはカレンダー機能を利用できます。カレンダーでは選択できる期間を限定するといったことができます。カレンダーを日本語で表示したり、選んだ日時を日本の書式で表示する方法も合わせて学びましょう。

このセクションのトピック

1. DatePicker を使って日時を選ぶデートピッカーを作ろう
2. カレンダーで選択できる期間を限定するには？
3. 日時を自由な書式で表示したい
4. 日付を和暦で表示できる？
5. 日付と時刻のコンポーネントを分けて表示する

重要キーワードはコレだ！

DatePicker、Date、environment()、Locale、Calender、Calender.current.date()、DateFormatter

5-7 デートピッカーを作る

STEP 日時を表示する簡単なデートピッカーを作る

ライブラリパネルの DatePicker を使って基本的なデートピッカーを作り、その使い方を確認してみましょう。表示されるカレンダーで日付を選択する方法、日時を選択する方法を試します。

1 DatePicker のコードを入力する

«SAMPLE» DatePickerSample.xcodeproj

ライブラリパネルを表示し、Views タブの Controls グループにある DatePicker をドロップ（あるいはダブルクリック）して body の Text("Hello, World!") のコードと置き換えます。

```
//
// ContentView.swift
// DatePickerSample
//
// Created by yoshiyuki oshige on 2021/09/10.
//

import SwiftUI

struct ContentView: View {
    var body: some View {
        DatePicker(selection: .constant(Date()), label: { Text("Date") })
    }
}

struct ContentView_Previews: PreviewProvider {
    static var previews: some View {
        ContentView()
    }
}
```

2 DatePicker のコードを書き替える

DatePicker をドロップして入力したコードを次のように書き替えます。まず、@State を付けた変数 theDate の宣言文を 1 行目に追加し、theDate の初期値として Date() を代入します。Date() は実行した現在の日時を作るので、theDate には現在日時を示す日時データが入ります。

Code DatePicker のコードを書き替える

«FILE» DatePickerSample/ContentView.swift

```
struct ContentView: View {
    @State var theDate = Date()          初期値を Date() にして追加します

    var body: some View {
        DatePicker(selection: $theDate, label: { Text(" 日時 ") })
            .padding(50)
                                          選んだ日付が入ります
    }
}
```

Chapter 5

ボタンやテキストフィールドなどユーザー入力で使う部品

253

3 ライブプレビューで動作確認してみる

さっそくライブプレビューにして動作確認をしてみましょう。theDate の初期値を Date() にしたので、現在の時刻と日付が表示されています。

4 日付をカレンダーで選ぶ

日付表示をクリックすると日付を選ぶカレンダーが表示されます。カレンダーの左上の年月表示をクリックすると年月を選ぶホイールピッカーが表示されます。カレンダー以外の場所をクリックすると日時が決定してカレンダーが消えます。

5 時刻を設定する

時刻表示をクリックすると時刻を選ぶホイールピッカーが表示されます。シミュレータまたは実機ではホイールの時刻をクリックすると数値入力用のキーボードが表示されます。

① 時刻をクリックするとホイールピッカーが表示されます
② ホイールを回して時刻を選びます

① クリックします
② キーボードが表示されます（シミュレータまたは実機の場合）

基本的なデートピッカーを作る

デートピッカーは DatePicker() で作ります。手順のステップ2で示したように、次の1行でデートピッカーができます。デートピッカーで選んだ日時は selection で指定した変数に入るので、実際に使うにはサンプルのコードのように @State を付けた Date 型の変数 theDate に値を保存します。theDate の初期値として代入している Date() で作られる値は、Date() を実行した時点の日時データになります。

Code デートピッカーを作る　　　　　　　　　　　　　　　　　《FILE》**DatePickerSample/ContentView.swift**

```swift
@State var theDate = Date()
...
    DatePicker(selection: $theDate, label: { Text("日時") })
```
デートピッカーで選んだ日付は theDate に入ります

カレンダーを日本語で表示する（locale の設定）

カレンダーの日付を日本語にするのは、environment モディファイアでロケール（言語や国の設定）を日本すなわち "ja_JP" に設定します。environment モディファイアには次のように指定します。なお、この設定で時刻が24時制になります。

Code カレンダーを日本語表示にする　　　　　　　　　　　　　《FILE》**DatePickerJP/ContentView.swift**

```swift
struct ContentView: View {
    @State var theDate = Date()
    
    var body: some View {
        DatePicker(selection: $theDate, label: { Text("日時") })
            .environment(\.locale, Locale(identifier: "ja_JP"))
            .padding(50)
    }
}
```

和暦のカレンダーにする（calendar の設定）

カレンダーの日本語化には local の日本語表示とは別に calendar の設定もあります。calendar を japanese にすることで、日付が元号を使った和暦表示になります。なお、local を指定しなければ元号は「Reiwa」と表示されます。

Code　和暦のカレンダーにする　　　　　　　　　　　　　　　«FILE» DatePickerJP2/ContentView.swift

```swift
struct ContentView: View {
    @State var theDate = Date()

    var body: some View {
        DatePicker(selection: $theDate, label: { Text("日時") })
            .environment(\.locale, Locale(identifier: "ja_JP"))
            .environment(\.calendar, Calendar(identifier: .japanese))
            .frame(height: 50)
            .padding()
    }
}
```

5-7 デートピッカーを作る

選択できる日付の範囲を制限する

　選択できる日付は当日の1週間前から1カ月先までというように、デートピッカーで選択できる日付の範囲を制限することができます。その方法は、次に示すようにDatePicker()に引数In:CloseRenge<Date>の値を追加して範囲を指定します。この例では引数Inの値を変数dateCloseRengeで式を計算して日付の範囲を作っています。Calendar.current.date()では、引数byAddingが.dayならば日数、.monthならば月数で指定した相対的な日付を作ります。引数toは制限区間の基準にする日付です。この例ではto:Date()としているので、当日を基準日にminが7日前、maxが1カ月後の日付としてmin...maxで選択できる日付レンジを作っています（Computedプロパティ☞P.65）。

Code　日付の範囲を制限したデートピッカーを作る　　《FILE》DatePickerCloseRange/ContentView.swift

```swift
struct ContentView: View {
    @State var theDate = Date()
    
    // 選択できる日付の範囲
    var dateClosedRange: ClosedRange<Date> {
        let min = Calendar.current.date(byAdding: .day, value: -7, to: Date())!
        let max = Calendar.current.date(byAdding: .month, value: 1, to: Date())!
        return min...max       ── min 日から max 日までの日付レンジ
    }
    
    var body: some View {
        DatePicker(selection: $theDate,
                   in: dateClosedRange,        ── 選択できる日付の範囲を指定します
                   label: { Text(" 日時 ") })
            .environment(\.locale, Locale(identifier: "ja_JP"))
            .frame(height: 50)
            .padding()
    }
}
```

1週間前まで選択できます

1カ月先まで選択できます

デートピッカーで選択した日時データを表示する

デートピッカーで選択した日時データは DatePicker() の引数 selection: で指定した変数に入ります。サンプルでは変数 theDate に入ります。これをそのまま Text(theDate) で表示することもできますが、DateFormatter で書式を作って Text(dateFormat.string(from: theDate)) のように適用することで、日付を読みやすく表示できます。

次の例では2種類のデートフォーマットを使って日付を表示しています。1つ目の dateFormat1 では dateStyle プロパティと timeStyle プロパティで書式を指定しています。書式は full、long、medium、short のあらかじめ用意されているスタイルから選びます。次の dateFormat2 のように calendar を指定すれば和暦表示にもできます。

2つ目の dateFormat2 では dateFormat プロパティで書式をカスタマイズしています。年月日なら yy、YYYY、MM、dd など、時刻なら HH、mm、ss などの記号を文字列に埋め込んで書式を作ることができます。曜日は E は「火」ですが、EEEE ならば「火曜日」になります。

Code 日時データを書式指定して表示する 《FILE》 DatePickerDateFormat/ContentView.swift

```swift
struct ContentView: View {
    @State var theDate = Date()

    // 日付表示の書式
    var dateFormat1: DateFormatter {
        let df = DateFormatter()
        df.locale = Locale(identifier: "ja_JP")       // 1つ目の日付書式
        df.dateStyle = .full
        df.timeStyle = .short
        return df
    }

    var dateFormat2: DateFormatter {
        let df = DateFormatter()
        df.locale = Locale(identifier: "ja_JP")
        df.calendar = Calendar(identifier: .japanese)  // 2つ目の日付書式
        df.dateFormat = " 令和 yy(YYYY) 年 M 月 dd 日 (E)HH 時 mm 分 "
        return df
    }

    var body: some View {
        VStack {
            // 日付表示
            Text(dateFormat1.string(from: theDate))     // 作った書式を使って日付表示します
            Text(dateFormat2.string(from: theDate))
            // デートピッカー
            DatePicker(selection: $theDate, label: { EmptyView() })
                .environment(\.locale, Locale(identifier: "ja_JP"))
                .frame(width:200, height: 40)
                .padding()
        }
    }
}
```

5-7　デートピッカーを作る

```
2021年9月11日 土曜日 16:41
令和3(2021)年9月11日(土)16時41分


2021/09/11    16:41
```

---

❶ NOTE

日付データを description プロパティを使って表示する

Date クラスの description プロパティを使えば UTC（協定世界時）での表示、ロケール指定での表示ができます。簡単な例として Date() を代入した変数 theDate を表示すると次のようになります。それぞれの表示を見比べてみてください。

Code　日付データを description プロパティを使って表示する　　　**«FILE»** DateDescription/ContentView.swift

```swift
struct ContentView: View {
    let theDate = Date() // 実行時のタイム

    var body: some View {
        VStack(alignment: .leading) {
            Text("\(theDate)")
            Text(theDate.description).padding(.vertical) // UTC
            Text(theDate.description(with: Locale(identifier: "ja_JP")))
        }.pading()
    }
}
```

```
Saturday, September 11, 2021 at 5:08:40 PM
Japan Standard Time

2021-09-11 08:08:40 +0000

2021年9月11日 土曜日 17時08分40秒 日
本標準時
```

Chapter 5

ボタンやテキストフィールドなどユーザー入力で使う部品

259

日付と時刻の２つのコンポーネントに分けて表示する

DatePicker() に引数 displayedComponents を追加することで、日付だけ .date、時刻だけ .hourAndMinute の
コンポーネントにできます。省略時は両方を表示する [.hourAndMinute, .date] です。

Code　日付と時刻を個別のコンポーネントで設定する　　　　　　　«FILE» DatePickerDisplayedComponents/ContentView.swift

```
struct ContentView: View {
    @State var theDate = Date()

    var body: some View {
        VStack(alignment: .leading, spacing: 10) {
            // 日付ピッカー
            DatePicker("日付", selection: $theDate, displayedComponents: .date)
                .environment(\.locale, Locale(identifier: "ja_JP"))
                .frame(width: 200)
            // 時刻ピッカー
            DatePicker("時刻", selection: $theDate, displayedComponents: .hourAndMinute)
                .frame(width: 200)
            // ピッカーで選択している日時
            Text(theDate.description(with: Locale(identifier: "ja_JP")))
                .font(.footnote)
        }
        .padding()
        .border(Color.gray, width: 1)
    }
}
```

5-8 キーボードでテキストフィールド入力

Section 5-8
キーボードでテキストフィールド入力

テキストフィールドは利用者が自由にテキスト入力できる UI です。テキストフィールドに入力できるのは String データだけなので、型変換が必要な場合があります。その際には型変換ができない場合を考慮したコードを書く必要があります。オプショナルバリュー、オプショナルバインディングについても学びましょう。

このセクションのトピック

1. 入力可能なテキストフィールドを作ろう
2. キーボード入力はシミュレータで確認！
3. キーボードの種類を指定しよう
4. キーボードのツールバーに Done ボタンを追加する
5. オプショナルバリュー、オプショナルバインディングってなんだ？

重要キーワードはコレだ！

TextField、textFieldStyle、isEmpty、keyboardType、Group、@FocusState、focused、toolbar、ToolbarItemGroup、guard let-else、if let-else、!、??、nil

入力された名前を使います

入力された値をチェックして計算します

キーボードを指定します

ツールバーにDoneボタンを追加します

STEP キーボード入力できるテキストフィールドを作る

キーボード入力できるテキストフィールドを作ります。iPhone のキーボード入力を試すためにライブプレビューではなくシミュレータを使って動作テストします。

1 TextField のコードを入力する

《SAMPLE》 **TextFieldSample.xcodeproj**

ライブラリパネルを表示し、Views タブの Controls グループにある TextField をドロップ（あるいはダブルクリック）して、body の Text("Hello, World!") のコードと置き換えます。

```swift
//
//  ContentView.swift
//  TextFieldSample
//
//  Created by yoshiyuki oshige on 2021/09/12.
//

import SwiftUI

struct ContentView: View {
    var body: some View {
        TextField("Placeholder", text: Value)
    }
}

struct ContentView_Previews: PreviewProvider {
    static var previews: some View {
        ContentView()
    }
}
```

ドロップします

Views

Controls

- Text Editor
- Text Field
- Toggle

Layout

- Control Group
- Depth Stack
- Geometry Reader

2 TextField のコードを書き替える

TextField をドロップして入力されたコードを次のように書き替えます。@State を付けた変数 name の宣言文を 1 行目に追加し、TextField() の引数を書き替えます。続いて textFieldStyle() と frame(width:) も指定しましょう。

Code テキストフィールドを表示するコード　　　　　　　《FILE》 **TextFieldSample/ContentView.swift**

```swift
struct ContentView: View {
    @State var name: String = ""          ——— 追加します

    var body: some View {
        TextField("お名前は？ ", text: $name)
            .textFieldStyle(RoundedBorderTextFieldStyle())
            .frame(width: 250)
    }                        ——— 角丸の枠が表示されます
}
```

3 プレビューで確認する

プレビューで確認すると「お名前は ?」とプレースホルダが入ったテキストフィールドが表示されます。

> テキストフィールドが表示されます

4　入力した名前を表示するコードを追加する

テキストフィールドに入力した名前は変数 name に入るので、これを表示するコードを追加します。テキストフィールドとテキストを並べるので全体を VStack で囲んでからコードを入力します。

Code　入力した名前を表示するコードを追加する　　《FILE》**TextFieldSample/ContentView.swift**

```
struct ContentView: View {
    @State var name: String = ""

    var body: some View {
        VStack {
            TextField("お名前は？", text: $name)
                .textFieldStyle(RoundedBorderTextFieldStyle())
                .frame(width: 250)

            // 名前が空でないとき表示する
            if (!name.isEmpty) {
                Text("\(name)さん、こんにちは！")
            }
        }
    }
}
```

> テキストフィールドに入力された名前を使って文を作ります

5　ライブプレビューでテキストフィールドへの入力を確認する

ライブプレビューにしてテキストフィールドをクリックし、入力した名前を使って「〜さん、こんにちは！」のように表示されるかどうかテストします。

> テキストフィールドが空のときは「お名前は？」のプレースホルダが表示されています

> テキストフィールドをクリックして入力します

> 入力した名前が入った文が表示されます

6 シミュレータで動作を確認する

Run ボタンをクリックしてシミュレータを起動します（シミュレータを使う ☞ P.28）。テキストフィールドをタップしてキーボードが表示されたならば入力テストします。キーボードは改行キーで下がります。

> **! NOTE**
>
> **シミュレータでキーボードが表示されない？**
>
> テキストフィールドをタップしてもシミュレータでキーボードが表示されないときは、シミュレータの I/O メニューにある Keyboard > Toggle Software Keyboard を選択してください。それでもキーボードが表示されない場合は Keyboard > Connect Hardware Keyboard のチェックをオン／オフしてみてください。

> 5-8 キーボードでテキストフィールド入力

> **❶ NOTE**
>
> **シミュレータを日本語にする**
> シミュレータは初期値では言語が英語です。日本語を入力するには、設定アプリ（Settings > General > Language & Region）
> で日本語に変更します。

テキストフィールドを作る

テキストフィールドは TextField で作ることができます。サンプルで示した TextField("お名前は？", text: $name)
がもっとも単純な書式で " お名前は？ " がプレースホルダとしてテキストフィールドの中に薄く表示されます。

入力したテキストは変数 name に入ります。変数の name は @State を付けて宣言しますが、テキストフィール
ドに数値を入れても String 型のデータとして入力されるので String 型で宣言します。

| Code | テキストフィールドを表示するコード | «FILE» **TextFieldSample/ContentView.swift** |

```swift
struct ContentView: View {
    @State var name: String = ""

    var body: some View {
        TextField(" お名前は？ ", text: $name)
            .textFieldStyle(RoundedBorderTextFieldStyle())
            .frame(width: 250)
    }
}
```

テキストフィールドが空かどうかチェックする

テキストフィールドに入力された値は name に入るので、name.isEmpty でテキストフィールドが空かどうか
チェックできます。isEmpty は空のときに true になるので、!name.isEmpty のように論理否定の ! を付けて値を反
転し name が空ではないときに true になるようにします。

テキストフィールドが空ではないときは、入力された名前に " さん、こんにちは！ " を付けて「鈴木さん、こんに
ちは！」のように表示し、空のときに「さん、こんにちは！」だけが表示されないようにします。

| Code | name が空でないときに表示する | «FILE» **TextFieldSample/ContentView.swift** |

```swift
if (!name.isEmpty) {
    Text("\(name) さん、こんにちは！ ")  ——— name が空でないときに実行します
}
```

キーボードの種類を指定する

実機およびシミュレータでは、テキストフィールドが入力状態になるとキーボードが自動的に表示されます。この
ときに表示されるキーボードの種類を指定することができます。

次の例ではテキストフィールドに個数 kosu を入力し、個数に単価 tanka と税金 tax を掛けた料金を計算して表示
しています。テキストフィールドに入力するのは個数なので数字以外の文字を入力しないように、数字だけのキー
ボードを表示しています。

Chapter 5

ボタンやテキストフィールドなどユーザー入力で使う部品

265

Code 入力された個数から料金を計算して表示する   «FILE» **TextFieldKeyboardType/ContentView.swift**

```swift
struct ContentView: View {
    @State var kosu:String = ""
    let tanka:Double = 250
    let tax:Double = 1.1

    var body: some View {

        VStack (alignment: .leading) {
            // 入力テキストフィールド
            HStack {
                Text("個数：").padding(.horizontal, 0)
                TextField("0", text: $kosu)
                    .textFieldStyle(RoundedBorderTextFieldStyle())
                    .keyboardType(.numberPad)        キーボードの種類を指定します
                    .frame(width: 100)
            }
            .font(.title)
            .frame(width: 200)

            // 計算結果の表示
            Group {
                if kosuCheck(min: 1, max: 10) {
                    Text("\(price()) 円です。")            入力された値が 1 〜 10 の数字ならば
                        .font(.title)                   料金を計算します
                } else {
                    Text("個数は 1 〜 10 個を入れてください。")
                        .foregroundColor(.red)
                        .font(.headline)
                }
            }.frame(width: 300, height: 30)
        }
    }

    // 個数のチェック
    func kosuCheck(min:Int, max:Int) -> Bool {
        guard let num = Int(kosu) else {
            return false                            個数をチェックする関数
        }
        // 範囲に入っていれば true
        return (num>=min && num<=max)
    }

    // 料金の計算
    func price() -> Int {
        // kosu を数値に変換できるときアンラップして num に代入
        if let num = Double(kosu) {
            let result = Int(tanka * num * tax)     料金を計算する関数
            return result
        } else {
            return -1
        }
    }
}
```

数字だけが入力できるキーボードを表示する

キーボードの種類は、keyboardType(.numberPad) のように指定します。numberPad を指定すると 0 〜 9 の数字だけのキーボードが表示されます。

Code 数字キーボードが表示されるテキストフィールドを作る «FILE» TextFieldKeyboardType/ContentView.swift

```
TextField("0", text: $kosu)
    .textFieldStyle(RoundedBorderTextFieldStyle())
    .keyboardType(.numberPad)
```

テキストフィールドの計算結果を表示する

このサンプルでは入力できる個数を 1 〜 10 に制限しています。まず、kosuCheck(min: 1, max: 10) で個数チェックを行い、個数チェックに合格したならば price() で料金を計算して結果を表示します。もし、テキストフィールドが空だったり、1 〜 10 の個数（整数）でなかったりしたならば「個数は 1 〜 10 個を入れてください。」と赤文字で表示します。

kosuCheck() で分岐した結果が true でも false でも Text で表示するので、全体を Group{} で囲い、結果の Text に共通した frame サイズを指定しています。Group は複数のビューをひとまとめにして同じ設定をしたいときなどで便利に使うことができます。

| Code | テキストフィールドの計算結果を表示する | «FILE» TextFieldKeyboardType/ContentView.swift |

```
            // 計算結果の表示
            Group {
                if kosuCheck(min: 1, max: 10) {          kosuCheck() が true ならば price() を実行して
                    Text("\(price()) 円です。")            料金を表示
                        .font(.title)
                } else {
                    Text("個数は 1 〜 10 個を入れてください。")
                        .foregroundColor(.red)             false ならば赤文字で注意文を表示
                        .font(.headline)
                }
            }.frame(width: 300, height: 30)              どちらのテキストでも同じサイズで表示します
```

1〜10の個数の場合は料金が計算されます

10を越えているので注意文が表示されます

個数をチェックする

　この例では個数を 1 〜 10 に制限しています。個数はユーザー定義した kosuCheck(min: max:) でチェックします。

　個数のチェックでは、kosu に入っている値が String 型なので先に数値に変換（キャスト）する必要があります。Int(kosu) で String を Int つまり整数に変換できますが、kosu を必ず整数に変換できるとは限りません。

　そこで guard let-else という構文を使い、Int(kosu) を整数に変換できたならば変換後の値を num に代入し、変換できなかった場合は false を戻して処理を終了します（guard let-else ☞ P.276）。

Code 個数をチェックする 《FILE》 TextFieldKeyboardType/ContentView.swift

```swift
// 個数のチェック
func kosuCheck(min:Int, max:Int) -> Bool {
    guard let num = Int(kosu) else {        // Int(kosu) で kosu を整数に変換できたならば num に代入し、
        return false                         // できなければ false を返して処理を中断します
    }
    // 範囲に入っていれば true
    return (min...max).contains(num)
}
```

num に入った個数は、(min...max).contains(num) の式で num が min...max の範囲に入っているかどうかをチェックします。num が min 以上 max 以下の範囲に入っていれば true、入っていなければ false を return で返します。

料金を計算する

kosu が 1 〜 10 の整数だったとき、price() で料金を計算します。price() では Double(kosu) で kosu を Double 型に変換して num に代入し、その値を使って単価と税金を掛け合わせて料金を計算しています。

kosu を Double 型にしている理由は Double 型の tax と掛け合わせるためです。結果は再び Int() で整数に戻します。

なお、kosuCheck() で kosu が 1 〜 10 の整数に変換できることをチェックしているので Double(kosu) が nil になることはありませんが、安全のために if let-else を使ってオプショナルバインディングと呼ばれるコードを入れて Double(kosu) が nil であった場合のエラーを回避しています（if let-else ☞ P.277）。

Code 料金を計算する 《FILE》 TextFieldKeyboardType/ContentView.swift

```swift
func price() -> Int {
    // kosu を数値に変換できるときアンラップして num に代入
    if let num = Double(kosu) {             // Double(kosu) で kosu を浮動小数点に変換できたならば
        let result = Int(tanka * num * tax)  // num に代入して料金計算して結果を返します
        return result
    } else {
        return -1
    }
}
```

入力確定の Done ボタンを追加する

テキストフィールドが入力状態になったときに表示されるキーボードは return キー（改行キー）を入力することで下げることができます。しかし、keyboardType が numberPad で表示されるキーボードには return キーがないことから、実機では表示されたキーボードを下げることができません。そこで、入力を確定しキーボードを下げる Done ボタンをキーボードのツールバーに追加します。

これを実現するために次のように ContentView にコードを追加します。追加するコードは 3 箇所です。

`Code` キーボードのツールバーに Done ボタンを追加する　　　　　　　　　　　　«FILE» **TextFieldFocusState/ContentView.swift**

```swift
struct ContentView: View {
    @FocusState var isInputActive: Bool ———— フォーカスがあるかどうかを示します
    @State var kosu:String = ""
    let tanka:Double = 250
    let tax:Double = 1.1
    
    var body: some View {
        VStack (alignment: .leading) {
            // 入力テキストフィールド
            HStack {
                Text("個数：").padding(.horizontal, 0)
                TextField("0", text: $kosu)
                    .textFieldStyle(RoundedBorderTextFieldStyle())
                    .keyboardType(.numberPad)
                    .frame(width: 100)
                    .focused($isInputActive) ———— テキストフィールドのフォーカスを設定します
            }
            .font(.title)
            .frame(width: 200)
            
            // 計算結果の表示
            Group {
```

5-8 キーボードでテキストフィールド入力

```swift
                if kosuCheck(min: 1, max: 10) {
                    Text("\(price())円です。")
                        .font(.title)
                } else {
                    Text("個数は1〜10個を入れてください。")
                        .foregroundColor(.red)
                        .font(.headline)
                }
            }.frame(width: 300, height: 30)
        }
        .toolbar {
            ToolbarItemGroup(placement: .keyboard) {
                Spacer()
                Button("Done") {
                    isInputActive = false
                }
            }
        }
    }

    // 個数のチェック
    func kosuCheck(min:Int, max:Int) -> Bool {
        guard let num = Int(kosu) else {
            return false
        }
        // 範囲に入っていれば true
        return (min...max).contains(num)
    }

    // 料金の計算
    func price() -> Int {
        // kosu を数値に変換できるときアンラップして num に代入
        if let num = Double(kosu) {
            let result = Int(tanka * num * tax)
            return result
        } else {
            return -1
        }
    }

}
```

キーボードのツールバーに
Done ボタンを作ります

Chapter
5

ボタンやテキストフィールドなどユーザー入力で使う部品

271

テキストフィールドのフォーカスを制御する

テキストフィールドのフォーカスつまり編集状態は focused モディファイアで切り替えることができます。次のように focused($isInputActive) を指定すると isInputActive が true のときに編集状態になってキーボードが表示され、false のときに編集状態が終わってキーボードが下がります。

Code　テキストフィールドに focused モディファイアを追加する　　　**«FILE»** **TextFieldFocusState/ContentView.swift**

```
TextField("0", text: $kosu)
    .textFieldStyle(RoundedBorderTextFieldStyle())
    .keyboardType(.numberPad)
    .frame(width: 100)
    .focused($isInputActive)
```

このとき、focused モディファイアの引数の isInputActive は @FocusState を付けて Bool 型の変数として宣言しておく必要があります。

Code　@FocusState を付けて変数 isInputActive を宣言する　　　**«FILE»** **TextFieldFocusState/ContentView.swift**

```
struct ContentView: View {
    @FocusState var isInputActive: Bool
    ...
}
```

キーボードのツールバーに Done ボタンを追加する

キーボードは isInputActive の値を false にすれば下がるので、isInputActive を false にする Done ボタンをキーボードのツールバーに追加します。

ツールバーを表示するためのモディファイアは toolbar です。toolbar モディファイアは VStack に指定し、ToolbarItemGroup(placement: .keyboard) に Done ボタンを作るとキーボードのツールバーとして表示できます。

Code　キーボードのツールバーに Done ボタンを作る　　　**«FILE»** **TextFieldFocusState/ContentView.swift**

```
.toolbar {
    ToolbarItemGroup(placement: .keyboard) {
        Spacer()
        Button("Done") {
            isInputActive = false
        }
    }
}
```

Swift シンタックスの基礎知識
オプショナルバインディング

nil かもしれないオプショナルバリュー

変数には値が入っていると思いがちですが、実際には何も入っていないことがあります。たとえば、次のコードを考えてみましょう。

Playground 空っぽの配列から最後の要素を取り出す «FILE» OptionalStudy.playground

```
let nums:[Int] = []     // 空っぽの配列
let lastNum = nums.last // nums の最後の要素を lastNum に代入
let ans = lastNum * 2   // lastNum は nil なのでエラーになる
```

```
// 空っぽの配列から最後の要素を取り出す
let nums:[Int] = []
let lastNum = nums.last
let ans = lastNum * 2    🔴 Value of optional type 'Int?' must be unwrapped to a value of ty…
```

last は配列から最後の要素を参照するプロパティです。ここでは nums.last で nums から最後の要素を取り出して変数 lastNum に代入しています。ところが、nums が空っぽなので参照の対象がありません。するとどうなるかと言えば、nums.last はエラーになるのではなく「値なし」を示す nil を返します。つまり、lastNum には nil が代入されて、続く式の lastNum * 2 が計算できずにエラーになります。

このように、変数に nil が入っているとエラーの原因となるので、Swift では通常の変数には nil を代入できなくしてあります。次のように変数 num に nil を代入するとエラーになります。

Playground 変数に nil を代入するとエラーになる «FILE» OptionalStudy.playground

```
var num:Int
num = 5     // 代入できる
num = nil   // nil は代入できずエラーになる
```

```
// 変数にnilを代入するとエラーになる
var num:Int
num = 5     // 代入できる
num = nil   // nilは代入できずエラーになる    ❌ 'nil' cannot be assigned to type 'Int'
```

では、変数に nil を代入することは絶対にできないのかと言うとそうではありません。変数を宣言する際に num:Int? のように型の後ろに ? を付けると普通の Int 型ではなく Optional 型になり、num は Int 型の整数だけでなく nil も代入できる変数になります。

273

> **Playground**　nil を代入できる変数を作る　　　　　　　　　　　　　　　«FILE» **OptionalStudy.playground**
>
> ```
> var num:Int?
> num = nil  // 代入できる
> print(num)
> ```
>
> **結果**
>
> ```
> nil
> ```

Optional() で値をラップする

　次に num に整数の 5 を代入して出力してみましょう。するとそのままの整数の 5 ではなく、Optional(5) と出力されます。この状態は Optional(Int) のように型がラップされている状態と言えます。

> **Playground**　nil を代入できる変数を作る　　　　　　　　　　　　　　　«FILE» **OptionalStudy.playground**
>
> ```
> var num:Int?
> num = nil   // 代入できる
> num = 5    // Int 型の値を代入できる
> print(num)
> ```
>
> **結果**
>
> **Optional**(5)   // Optional 型になって出力される

　このように、num が Optional 型になったことから、num の値は nil かもしれない注意すべき値になりました。このような Optional 型の値、すなわち「nil かもしれない値」をオプショナルバリューと呼びます。

■ オプショナルバリューはそのままでは使えない

　ここで、最初の例の配列 nums が [1, 2, 3] だとどうなるかを確認してみましょう。今度は nums に要素が入っているので、lastNum には nil ではなく最後の要素の 3 が代入されて、変数 ans には lastNum * 2 の計算結果の 6 が代入されるはずです。しかし、今回も lastNum * 2 でエラーになります。

> **Playground**　オプショナルバリューはそのまま使えない　　　　　　　　«FILE» **OptionalStudy.playground**
>
> ```
> let nums:[Int] = [1, 2, 3]
> let lastNum =  nums.last   // lastNum には 3 が代入されるはず？
> let ans = lastNum * 2   // 今回もエラーになる
> ```

```
// オプショナルバリューはそのまま使えない
let nums:[Int] = [1, 2, 3]
let lastNum = nums.last
let ans = lastNum * 2   🔴 Value of optional type 'Int?' must be unwrapped to a value of ty...
```

　その原因は、lastNum の値を出力して確かめるとわかるように lastNum には 3 ではなく Optional(3) が入っているからです。nums.last が返す値は nil かもしれない値、すなわちオプショナルバリューであることから、Optional(3) のように Optional 型でラップした形で返すわけです。その結果、Optional(3) * 2 は計算できずにエラーになります。このようにオプショナルバリューはそのまま使うことができません。

オプショナルバリューを強制アンラップして使う

Optional(3) を使うには Optional() を取り去って 3 に戻さなければなりません。この操作をアンラップと言いますが、アンラップする方法はいくつかあります。そのひとつがオプショナルバリューに ! を付ける方法です。

次の例はオプショナルバリューが入っている変数 num を num! のようにアンラップして整数の 5 に戻しています。

| Playground | オプショナルバリューを強制アンラップする | «FILE» OptionalStudy.playground |

```
var num:Int?
num = 5
print(num)  // Optional(5)
print(num!) // 強制アンラップする
```

結果

```
Optional(5)
5
```

先のコードでは nums.last! のように強制アンラップした値を lastNum に代入すれば lastNum はオプショナルバリューにならないため、lastNum * 2 がエラーにならずに計算できます。

| Playground | オプショナルバリューを強制アンラップして計算する | «FILE» OptionalStudy.playground |

```
let nums:[Int] = [1, 2, 3]
let lastNum = nums.last!   // 強制アンラップする
let ans = lastNum * 2
print(ans)
```

結果

```
6
```

しかし、一番最初に示したように nums が空だった場合は nums.last! は nil であって、強制アンラップしても結果は nil になり、lastNum! * 2 がエラーになることを避けられません。強制アンラップは、値が nil ではないことが確定しているときでなければ使えない強引な手法なのです。そこで、オプショナルバリューが nil だった場合に対応できる確実なやり方がいくつか用意されています。

オプショナルバリューが nil だった場合は代替値を使う　?? 演算子

オプショナルバリューが nil だった場合は代わりとなる値を指定しておく方法があります。それが ?? 演算子です。さきほどの例で配列が空だった場合は lastNum に 0 を代入するようにしたのが次のコードです。

| Playground | nil だった場合は 0 を使う | «FILE» OptionalStudy.playground |

```
let nums:[Int] = []
let lastNum = nums.last ?? 0 ———— nums.last が nil だった場合は 0 にする
let ans = lastNum * 2
print(ans)
```

結果

```
0
```

guard let-else を使ったオプショナルバインディング

オプショナルバリューを安全にアンラップする方法として<mark>オプショナルバインディング</mark>があります。オプショナルバインディングとは、オプショナルバリューが nil でなければアンラップして変数に代入する構文で、目的に応じたいくつかのやり方があります。

guard let-else 文は関数を実行する前にオプショナルバリューをチェックするために用いるオプショナルバインディングの構文（制御構造）です。場合によっては、変数は let ではなく var で宣言しても構いません。

書式 guard let-else でオプショナルバインディング

```
guard let 変数 = オプショナルバリュー else {
    オプショナルバリューが nil の場合のステートメント
    return 戻り値（処理を中断する）
}
アンラップして変数に代入した値を使うステートメント
```

オプショナルバリューが <mark>nil ではないときには、</mark>Optional(値) のようにラップされている値をアンラップして変数<mark>に代入</mark>して guard 文を抜け、そのまま guard 文より以降の処理を続行します。値が <mark>nil だった場合は else { ... } のブロックを実行</mark>し、return で値を戻して関数を中断します。guard let-else 文が書いてある関数が値を戻さない場合は return だけを実行して処理を中断します。

本セクションでは、次のように guard let-else 文を使っています。あらためて処理の流れを確認してみてください。Int(kosu) の結果が整数ならば num に代入し、値の範囲をチェックした結果を戻します。Int(kosu) の結果が nil ならば何もせずに false を戻します。

Code 個数をチェックする　　　　　　　　　　　　　　«FILE» **TextFieldKeyboardType/ContentView.swift**

```swift
// 個数のチェック
func kosuCheck(min:Int, max:Int) -> Bool {
    guard let num = Int(kosu) else {
        return false  ——— Int(kosu) が nil になった場合は false を返して、ここで中断します
    }
    // 範囲に入っていれば true
    return (min...max).contains(num)
}                              num には必ず Int 型の整数が入っています
```

if let-else を使ったオプショナルバインディング

if let-else 文でもオプショナルバリューが nil ではないときに値をアンラップして変数に代入します。そして、変数の値を使うために続くブロックを実行します。オプショナルバリューが nil だった場合は else のブロックを実行します。

guard let-else 文は値が nil だった場合に、処理をキャンセルしていることをハッキリと示すのが目的ですが、if let-else 文は場合に応じて処理を分岐して続けたい場合に使われます。

書式 **if let-else でオプショナルバインディング**

if let 変数 **=** オプショナルバリュー **{**
　　アンラップして変数に代入した値を使うステートメント
} else {
　　オプショナルバリューが **nil** の場合のステートメント
}

本セクションでは、次のように if let-else 文を使っています。Double(kosu) が nil でない場合は料金計算を行い、nil の場合は料金の代わりに -1 を返しています。

Code 料金を計算する　　　　　　　　　　　　　　«FILE» **TextFieldKeyboardType/ContentView.swift**

```swift
// 料金の計算
func price() -> Int {
    // kosu を数値に変換できるときアンラップして num に代入
    if let num = Double(kosu) {
        let result = Int(tanka * num * tax)
        return result              num には必ず Double 型の数値が入っています
    } else {
        return -1  ——— Double(kosu) が nil の場合
    }
}
```

277

Section 5-9 テキストエディタでテキストの読み書き

テキストエディタにはキーボードを使ってテキストを編集したり、長文をスワイプしてスクロールしたりする機能が備わっていますが、入力されたデータを保存したり、読み込んだりする機能はありません。このセクションでは、テキストエディタの作成に加えて、テキストデータのファイル保存と読み込みについても説明します。エラーによる中断を回避する例外処理についても学びましょう。

このセクションのトピック

1. 編集可能なテキストエディタを作ろう
2. シミュレータでテキストエディタを試す
3. テキストのファイル保存と読み込みに挑戦！
4. 保存ボタン、読み込みボタンをツールバーに追加しよう
5. エラーに対応する例外処理を使いこなそう

重要キーワードはコレだ！

TextEditor、path、url、write()、FileManager.default、String(contentsOf:encoding:)、Error、guard let-else、do-try-catch、enum-case、例外処理

テキストエディタ

編集できます

保存／読み込むボタンを追加します

5-9　テキストエディタでテキストの読み書き

STEP　入力編集ができるテキストエディタを作る

TextEditor を使って入力編集ができるテキストエディタを作ります。キーボード入力はライブプレビューではなく、シミュレータで試します。続く解説では、このテキストエディタを出発点として、テキストデータのファイル保存と読み込み機能を組み込んでいきます。

1　TextEditor のコードを入力する
《SAMPLE》**TextEditorSample.xcodeproj**

ライブラリパネルを表示し、Views タブの Controls グループにある TextEditor をドロップ（あるいはダブルクリック）して、body の Text("Hello, World!") のコードと置き換えます。入力されるのは 1 行の TextEditor(text:) の簡単なコードです。

2　TextEditor のコードを書き替える

入力されたコードを次のコードに置き換えます。テキストエディタのテキストデータを保存する @State を付けた変数 theText を用意し、「枕草子」の文章を初期値として代入しておきます。""" 改行 〜 改行 """ の区間は文章の改行を含めたストリングになります（☞ P.47）。

これを TextEditor(text: $theText) のようのテキストの初期値にします。テキストエディタの領域がわかりやすいように border() の指定でグレイの枠線で囲み、padding() も追加します。padding() を指定しない場合、テキストエディタは画面全体に広がるように表示されます。lineSpacing(10) は行間を指定しています。

> **Code** テキストエディタに「枕草子」を表示する «FILE» **TextEditorSample/ContentView.swift**
>
> ```
> struct ContentView: View {
>     @State private var theText: String = """
> 春はあけぼの。やうやう白くなり行く、山ぎは少しあかりて、紫だちたる雲の細くたなびきたる。
>     〜 中略 〜
> 冬はつとめて。雪の降りたるはいふべきにもあらず。霜のいと白きも、またさらでも、いと寒きに、火などいそぎおこして、炭もてわたるもいとつきづきし。昼になりて、ぬるくゆるびもて行けば、火桶の火も白き灰がちになりてわろし。
> """
>
>     var body: some View {
>         TextEditor(text: $theText)
>             .lineSpacing(10)        ──── 行間
>             .border(Color.gray)     ──── 外枠
>             .padding()
>     }
> }
> ```

3 シミュレータで動作を確認する

プレビューではキーボードを使っての入力を試せないので、シミュレータを使って動作を確認します。シミュレータの画面をクリックするとキーボードが出て、テキストエディタが編集状態になります。登場したキーボードに隠れないようにテキストエディタの領域が自動的に調整されて狭くなっているのがわかります。

❶ 編集位置をクリックします

スワイプでスクロールできます

❸ 編集状態になり、キーボードに重ならないようにテキストエディタの領域が調整されます

❷ キーボードが下から出てきます

テキストエディタのデータを保存／読み込みができるようにする

手順のサンプルで見たように、テキストエディタは TextEditor(text:) の1行で作ることができ、キーボードの登場でテキストエディタが隠れてしまう難題も自動で解決されるようになったことからとくに難しいところはありません。

しかし、テキストエディタを使うからには、入力したテキストデータを保存したり、保存したデータを読み込み直すといったところまでやりたいものです。そこで次に示す例ではテキストエディタのテキストデータの保存と読み込みを行うボタンを追加します。

テキストエディタをナビゲーションビューで表示する

保存／読み込みのボタンを追加する前に、テキストエディタをナビゲーションビューで表示するコードに書き替えます。これは2つのボタンをナビゲーションビューのツールバーに表示するための前準備です。navigationTitle が使えるようになるので「メモ」と表示し、padding() では top を除くように修正しておきます。

Code テキストエディタをナビゲーションビューで表示する　　《FILE》TextEditorDataSave1/ContentView.swift

```
struct ContentView: View {
    @State var theText: String = ""

    var body: some View {
        NavigationView {
            TextEditor(text: $theText)
                .lineSpacing(10)
                .border(Color.gray)
                .padding([.leading, .bottom, .trailing])
                .navigationTitle("メモ")
        }
    }
}
```

ナビゲーションタイトルを表示します

ナビゲーションビューにテキストエディタを作ります

ツールバーに読み込みボタンと保存ボタンを追加する

ツールバーは TextEditor にモディファイアの toolbar を追加して作ります。toolbar のコンテンツとしてボタンごとに ToolbarItem を作り、その中にボタンを配置します。ToolbarItem() の引数 placement で .navigationBarTrailing を指定するとツールバーの右端に寄った位置に表示されます。

ボタンで実行する内容はテキストデータの読み込みは loadText()、保存は sateText() のように関数を定義して実行しますが、ここでは中身が空の関数定義だけを書いておきます。

Code ツールバーに読み込みボタンと保存ボタンを追加する «FILE» TextEditorDataSave2/ContentView.swift

```swift
// テキストデータを保存する
func saveText(_ textData:String, _ fileName:String) {
}

// テキストデータを読み込む
func loadText(_ fileName:String) -> String? {
    return nil
}

struct ContentView: View {
    @FocusState var isInputActive: Bool      // キーボードを下げるために使います
    @State var theText: String = ""

    var body: some View {
        NavigationView {
            TextEditor(text: $theText)
                .lineSpacing(10)
                .border(Color.gray)
                .padding([.leading, .bottom, .trailing])
                .navigationTitle("メモ")
                .focused($isInputActive)    // テキストエディタのフォーカス
                .toolbar {
                    // 読み込みボタン
                    ToolbarItem(placement: .navigationBarTrailing) {
                        Button("読み込む"){
                            if let data = loadText("sample.txt"){
                                theText = data
                            }
                        }
                    }
                    // 保存ボタン
                    ToolbarItem(placement: .navigationBarTrailing) {
                        Button("保存"){
                            isInputActive = false  // キーボードを下げる
                            saveText(theText, "sample.txt")
                        }
                    }
                }
        }
    }
}
```

中身が空の関数を仮に定義しておき、後で完成させます

ツールバーを作ります

この状態でシミュレータで試すとメモのテキストエディタを編集状態にするとキーボードが表示されます。読み込み保存はできませんが、保存ボタンをクリックするとキーボードが下がります。

保存ボタンでキーボードを下げ、保存を実行する

保存ボタンではテキストの保存と同時にテキストエディタの編集を終了してキーボードを下げたいので、@FocusState を指定した変数 isInputActive を宣言し、テキストエディタのフォーカスを focused($isInputActive) で制御します。保存ボタンではキーボードを下げるために isInputActive = false を実行します。

Code 保存ボタンでキーボードを下げ保存を実行する　　《FILE》**TextEditorDataSave2/ContentView.swift**

```
@FocusState var isInputActive: Bool
    ...
        TextEditor(text: $theText)
            ...
            .focused($isInputActive)  // テキストエディタのフォーカス
            .toolbar {
                ...
                // 保存ボタン
                ToolbarItem(placement: .navigationBarTrailing) {
                    Button("保存"){
                        isInputActive = false  // キーボードを下げる
                        saveText(theText, "sample.txt")  // 保存する
                    }
                }
            }
```

フォーカスが当たると true になってキーボードが出てきます。
false にするとフォーカスが外れてキーボードが下がります

saveText() 定義：テキストファイルへの保存を例外処理の中で行う

　ツールバーの保存ボタンでは saveText(theText, "sample.txt") でテキストデータを保存します。仮に定義しておいた saveText() のコードを完成させましょう。

　テキストデータを保存するファイル名は引数 fileName で受け取ります。この例では "sample.txt" が指定されていますが、ファイル名だけでは保存する場所が決まりません。そこで、ユーザー定義関数の docURL(fileName) を実行して保存する URL を取得して、その URL のパス（url.path）に書き込みます。ただ、何らかの理由で保存する URL が得られずに docURL(fileName) の結果が nil の場合があるかもしれないので、guard let-else によるオプショナルバインディングで url を確定しています（guard let-else ☞ P.276）。

Code テキストファイルに保存する saveText() を完成させる　　«FILE» TextEditorDataSave3/ContentView.swift

```swift
// テキストデータを保存する
func saveText(_ textData:String, _ fileName:String) {
    // URL を得られたらアンラップして url に代入
    guard let url = docURL(fileName) else {
        return
    }
    // ファイルパスへの保存
    do {
        let path = url.path
        try textData.write(toFile: path, atomically: true, encoding: .utf8)
    } catch let error as NSError {
        print(error)
    }
}
```

- `docURL(fileName)` → ユーザー定義関数です
- `do { ... } catch` → 例外処理に組み込んで実行します
- `try textData.write(...)` → ファイルに UTF8 で書き込みます

例外処理 do-try-catch の中でデータ保存を実行する

　テキストデータの保存は textData.write() で行います。write() では、引数 toFile で指定したパスのファイルにテキストデータを保存します。指定したファイルが存在しない場合はファイルを作成して保存します。引数 atomically は書き出し中に異常終了などがあってもファイルが壊れないように一時ファイルを作って書き込み処理を行います。

　この textData.write() は、do-try-catch という構文の中で実行されています。これは例外処理を行う構文で、try に続いて実行する textData.write() が失敗してエラーとなったときに、エラーの通知をキャッチして catch に書いたステートメントを実行することで処理を異常終了せずに実行するというものです。

　なお、do-try-catch を使った例外処理については「Swift シンタックス基礎知識」で詳しく取り上げます（☞ P.290）。

docURL() 定義：保存ファイルのパスを作る

　データを保存するファイルのパスの URL はユーザー定義した docURL(fileName) で取得します。ファイルは iPhone デバイス内のどこにでも保存できるというものではなく、その場所は目的応じて決まっています。ユーザーが作って読み書きするファイルは Documents フォルダ内に保存します。Documents フォルダまでの URL は FileManager.default で fileManager オブジェクトを作り、fileManager.url() で取得することができます。

　Documents フォルダまでの URL を得られたならば、appendingPathComponent(fileName) で保存ファイル名を追加した URL を作り、その URL を docURL(fileName) の値として返します。

5-9　テキストエディタでテキストの読み書き

なお、ここでも fileManager.url() の実行がエラーになる可能性があるので、do-try-catch の例外処理の中で実行し、もしエラーになったならば URL ではなく nil を返します。nil を返す可能性があることから、戻り値の型は URL? のように Optional 型にしてあります。

Code　Documents フォルダ内に保存ファイルの URL を作る docURL() を定義する　**«FILE»** TextEditorDataSave3/ContentView.swift

```swift
// 保存ファイルへの URL を作る
func docURL(_ fileName:String) -> URL? {
    let fileManager = FileManager.default
    do {
        // Docments フォルダ
        let docsUrl = try fileManager.url(
            for: .documentDirectory,        Documents フォルダを指定します
            in: .userDomainMask,
            appropriateFor: nil,
            create: false)                  例外処理に組み込んで
        // URL を作る                        実行します
        let url = docsUrl.appendingPathComponent(fileName)
        return url
    } catch {
        return nil
    }
}
```

読み込みボタンで data に取り込む

読み込みボタンも保存ボタンと同じように ToolbarItem としてツールバーに追加します。placement で指定する配置する位置は保存ボタンと同じく .navigationBarTrailing ですが、後から指定したバーアイテムのほうが右端に来るので、コード順に従って「読み込む」「保存」の順でボタンが並びます。

読み込みボタンでは loadText("sample.txt") を実行して sample.txt からテキストデータを読み込みます。読み込みに失敗した場合は nil が戻されるので、if let-else のオプショナルバインディングを使って読み込んだデータを変数 data にデータを代入し、nil でなければ data を theText に代入してテキストエディタに表示します（if let-else ☞ P.277）。

Code　ツールバーに読み込みボタンを追加する　**«FILE»** TextEditorDataSave4/ContentView.swift

```swift
.toolbar {
    // 読み込みボタン
    ToolbarItem(placement: .navigationBarTrailing) {
        Button("読み込む"){
            if let data = loadText("sample.txt"){
                theText = data          読み込み結果が nil で
            }                           なければアンラップし
        }                               た data を代入します
    }
    // 保存ボタン
    ToolbarItem(placement: .navigationBarTrailing) {
        ...
    }
}
```

Chapter
5

ボタンやテキストフィールドなどユーザー入力で使う部品

読み込むボタンが追加されます

loadText() 定義：テキストファイルの読み込みを例外処理の中で行う

　読み込みボタンでは ユーザー定義関数のloadText("sample.txt") で sample.txt からテキストデータを読み込んでいます。loadText() では、保存の saveText() と同じように docURL(fileName) で読み込むファイルの URL を作り、String(contentsOf: url, encoding: .utf8) で url からテキストデータを読み込みます。

　このとき、ファイルの読み込みもまた書き込みの場合と同じようにエラーになる可能性があるので、do-try-catch の例外処理 の中で実行します。もし、エラーになったならば関数の値として nil を戻すので、戻り値の型は String? のように Optional 型にします。

Code　指定のテキストファイルから読み込んだデータを返す関数を完成させる　《FILE》**TextEditorDataSave4/ContentView.swift**

```
// テキストデータの読み込んで戻す
func loadText(_ fileName:String) -> String? {
    // URL を得られたらアンラップして url に代入
    guard let url = docURL(fileName) else {
        return nil
    }
    // url からの読み込み
    do {
        let textData = try String(contentsOf: url, encoding: .utf8)
        return textData
    } catch {
        return nil
    }
}
```

例外処理に組み込んで実行します

UTF8 のファイルを読み込みます

5-9 テキストエディタでテキストの読み書き

完成したコードを確認

少し長くなりましたが、完成したコードを確認しておきましょう。URL を作る docURL()、保存の saveText()、読み込みの loadText()、テキストエディタ、保存ボタン、読み込みボタンを作る struct ContentView、そして最後にプレビュー画面を作る struct ContentView_Previews があります。

Code　保存ボタンと読み込みボタンがあるテキストエディタを作る　　　　«FILE» **TextEditorDataSave4/ContentView.swift**

```swift
import SwiftUI

// 保存ファイルへの URL を作る
func docURL(_ fileName:String) -> URL? {
    let fileManager = FileManager.default
    do {
        // Docments フォルダ
        let docsUrl = try fileManager.url(
            for: .documentDirectory,
            in: .userDomainMask,
            appropriateFor: nil,
            create: false)
        // URL を作る
        let url = docsUrl.appendingPathComponent(fileName)
        return url
    } catch {
        return nil
    }
}

// テキストデータを保存する
func saveText(_ textData:String, _ fileName:String) {
    // URL を得られたらアンラップして url に代入
    guard let url = docURL(fileName) else {
        return
    }
    // ファイルパスへの保存
    do {
        let path = url.path
        try textData.write(toFile: path, atomically: true, encoding: .utf8)
    } catch let error as NSError {
        print(error)
    }
}

// テキストデータの読み込んで戻す
func loadText(_ fileName:String) -> String? {
    // URL を得られたらアンラップして url に代入
    guard let url = docURL(fileName) else {
        return nil
    }
    // url からの読み込み
    do {
        let textData = try String(contentsOf: url, encoding: .utf8)
        return textData
```

Chapter
5

ボタンやテキストフィールドなどユーザー入力で使う部品

287

```swift
        } catch {
            return nil
        }
    }
}


struct ContentView: View {
    @FocusState var isInputActive: Bool
    @State var theText: String = ""

    var body: some View {
        NavigationView {
            TextEditor(text: $theText)
                .lineSpacing(10)
                .border(Color.gray)
                .padding([.leading, .bottom, .trailing])
                .navigationTitle("メモ")
                .focused($isInputActive) // テキストエディタのフォーカス
                .toolbar {
                    // 読み込みボタン
                    ToolbarItem(placement: .navigationBarTrailing) {
                        Button("読み込む"){
                            if let data = loadText("sample.txt"){
                                theText = data
                            }
                        }
                    }
                    // 保存ボタン
                    ToolbarItem(placement: .navigationBarTrailing) {
                        Button("保存"){
                            isInputActive = false // キーボードを下げる
                            saveText(theText, "sample.txt")
                        }
                    }
                }
        }
    }
}



struct ContentView_Previews: PreviewProvider {
    static var previews: some View {
        ContentView()
    }
}
```

シミュレータでテキストの保存と読み込みを試してみる

それでは最後に RUN をクリックしてシミュレータで保存と読み込みを試してみましょう。

まず、テキストエディタをクリックして文章を入力し、保存ボタンをクリックします。すると編集が終わってキーボードが下がり、テキストエディタに書いた文章がテキストファイルに保存されます。

次にテキストエディタに入力したテキストをすべて消してしまいます。読み込むボタンをクリックして、保存したデータがテキストエディタに読み込まれたら成功です。

Swiftシンタックスの基礎知識
do-try-catchを使う例外処理

例外処理の構文

　例外処理を組み込むことで、ファイルの読み書きに失敗したというような実行時エラーでプログラムが止まってしまうのを回避できます。例外処理の基本的な構文は、次に示すようにdo-try-catchの構造をしています。

書式 例外処理の基本的な構文

```
do {
    try 例外が発生する可能性がある処理
    ステートメント
} catch {
    例外を受けて実行するステートメント
}
```

　「例外が発生」とは簡単に言えば「エラーが発生」と同じですが、厳密には「Errorオブジェクトがスロー（throw）される」ことを言います。tryで実行した処理がエラーにならない場合は続くステートメントを実行してdo文を抜けますが、tryで実行した処理がエラーになった場合は例外（Errorオブジェクト）がスローされ、それをcatchで受け止めてエラー時の対応を行った後にdo文を抜けます。エラーが発生してもプログラムは止まらずにそのまま続行します。

290

次のコードは先のサンプルにあった、指定のファイルからテキストデータを読み込んで返すコードの一部です。ここでは String() に try を付けて実行しています。エラーにならなければ読み込んだデータを textData に代入して return textData を実行し、エラーが発生したならば catch ブロックに書いた return nil を実行して nil を返します。let textData = try String(...) の行の try の位置にも注目してください。

Code　String() を例外処理に組み込んで実行する　　　　　　　　　«FILE» TextEditorDataSave3/ContentView.swift

```
// url からの読み込み
do {
    let textData = try String(contentsOf: url, encoding: .utf8)
    return textData
} catch {
    return nil
}
```

Error オブジェクトをユーザー定義関数でスローする

このように既存のメソッドには例外処理に組み込めるようにエラーをスローするものがたくさんありますが、自分で定義するユーザー定義関数でも想定されるエラーをスローすれば、例外処理に組み込んで安全に実行することができます。

次に示すサンプルでは、引数で受け取った 2 つの文字列を連結してランダムに並べ替えた 1 個のパスワードを作る keyMaker(_ key1:_ key2:) というユーザー定義関数を作ります。keyMaker() は引数の key1、key2 の値をチェックして、条件に合わないときにエラーをスローします。

スローする Error オブジェクトを enum で定義する

まず、エラーになったならばスローする Error オブジェクトを定義します。ここで利用するのが enum（列挙型）という構文です。次のコードでは、enum を使ってユーザー定義関数 keyMaker() で発生するエラーを KeyError エラーで定義しています。KeyError には 2 種類のエラーがあり、それを case uniqueError、case lengthError のようにケース分けして定義します。

なお、エラーを定義する場合には必ず Error プロトコルと呼ばれる土台となる規則に従う必要があります。そのために enum KeyError: Error のように書いてあります。

Playground　KeyError エラーを定義する　　　　　　　　　«FILE» do_try_catch.playground

```
enum KeyError: Error {
    case uniqueError
    case lengthError
}
```

エラーをスローするユーザー関数を定義する

エラーをスローする関数には throws を付け、エラーを throw でスローします。スローするエラーは KeyError.uniqueError のようにエラーのケースを指した値を使います。

keyMaker() では、key1 と key2 が同じだったとき KeyError.uniqueError、key1 および key2 の文字数が 5 〜 10 文字でないときに KeyError.lengthError をスローします。エラーをスローするとその時点で処理が中断し、エラーをスローしなかったときだけ続くステートメントを実行して計算結果の result を return します。(key1 + key2).shuffled() は、key1 と key2 を連結して作った文字列をシャッフルした新しい文字列を作り出します。

Playground エラーをスローする keyMaker() 関数　　　　　　　　　　　《FILE》do_try_catch.playground

```
func keyMaker(_ key1:String, _ key2:String) throws -> String {
    guard key1 != key2 else {
        throw KeyError.uniqueError    // key1 と key2 が同じエラー
    }
    guard (5...10).contains(key1.count)&&(5...10).contains(key2.count) else {
        throw KeyError.lengthError    // 文字数が 5 ～ 10 でないエラー
    }
    let result = (key1 + key2).shuffled()   // 連結してシャッフル
    return String(result)
}
```

エラーになるケースは guard-else で中断

ここで、guard-else の構文を使いました。guard-else は条件式が false のときに else ブロックのステートメントを実行し、そのまま処理を中断して関数を抜けます。guard 文には else ブロックしかなく、エラーになるケースを弾くために「満たすべき条件」を指定する点に注意してください。

エラーの種類に応じて例外処理を分ける

それでは、エラーをスローするユーザー定義関数 keyMaker() を使ってみましょう。ここでは 2 種類のテストを行います。

エラーの種類を区別せずに例外処理する

次の testKeyMake1() は keyMaker() がスローするエラーの種類を区別しません。スローされたエラーはすべて catch で受け止めます。

Playground keyMaker() を例外処理の中で実行する　　　　　　　　　　《FILE》do_try_catch.playground

```
func testKeyMake1(_ key1:String, _ key2:String){
    do {
        let result = try keyMaker(key1, key2)
        print(result)
    } catch {                ──── エラーの種類を指定していないので、try で発生したエラーは
        print(" エラー ")           すべてキャッチします
    }
}

// キーを与えてテスト
testKeyMake1("Swift", "1234567")
testKeyMake1("Swift", "Swift")  ──────  2 つの単語が同じ
testKeyMake1("Swift", "UI")     ──────  2 番目の単語が短い
```

結果

```
65tw217i3f4S  ────── エラーにならずに 2 つの単語を混ぜた結果
エラー
エラー        ────── エラーの種類を区別しません
```

エラーの種類を区別して例外処理する

　次の testKeyMake2() は keyMaker() がスローする<mark>エラーの種類を区別して例外処理を振り分けます</mark>。Error オブジェクトとして enum で定義した KeyError には 2 種類のエラーしかありませんが（☞ P.291）、その他のエラーを受け止める <mark>catch だけのケースも最後に必要</mark>です。

Playground　keyMaker() を例外処理の中で実行する（エラーの種類を振り分ける）　　　**«FILE» do_try_catch.playground**

```swift
func testKeyMake2(_ key1:String, _ key2:String){
    do {
        let result = try keyMaker(key1, key2)
        print(result)
    } catch KeyError.uniqueError {
        print(" 2つのキーが同じエラー ")
    } catch KeyError.lengthError {
        print(" 文字数エラー ")
    } catch {
        print(" 不明のエラー ")
    }
}

// キーを与えてテスト
testKeyMake2("Swift", "1234567")
testKeyMake2("Swift", "Swift")
testKeyMake2("Swift", "UI")
```

enum KeyError で定義したエラーの種類で振り分けます

結果

```
7tw643f1iS25
2つのキーが同じエラー
文字数エラー
```

エラーの種類が区別されています

293

アラート、シート、スクロール、グリッドレイアウト、タブを使う

アラート、シートなどのように現在のビューに重ねて表示するビューのほか、縦スクロールや横スクロールができるスクロールビュー、複数のビューを行と列で並べるグリッドレイアウト、タブで切り替えるタブビューの作り方について解説します。

Section 6-1　アラートを表示する
Section 6-2　確認ダイアログを表示する
Section 6-3　シートで作るハーフモーダルビュー
Section 6-4　スクロールビューを作る
Section 6-5　グリッドレイアウトを使う
Section 6-6　タブやスワイプでビューを切り替える

アラートを表示する

アラートはエラーがあった場合や処理を実行する前に確認をとるために利用します。このセクションではボタンのモディファイアの1つであるalertモディファイアを利用してアラートを表示する方法を説明します。なお、iOS 15からは操作の確認に次のセクションで取り上げるconfirmationDialogモディファイアが多く使われています。

このセクションのトピック

1. ボタンでアラートを表示しよう
2. OK、キャンセル、削除の選択肢があるアラートを作るには？
3. 表示されたアラートに対処するには？

重要キーワードはコレだ！

alert モディファイア、Alert、dismissButton、primaryButton、secondaryButton、default()、cancel()、destructive()

6-1 アラートを表示する

STEP アラートを表示するボタンを作る

ボタンの実行でエラーになった際に呼び出すことができる alert モディファイアを使って、アラートのダイアログを表示します。ここでは OK の確認ボタンが表示されるアラートを作ります。

1 Alert テスト用のボタンを作る

«SAMPLE» **AlertOKButton.xcodeproj**

まず、@State を付けた変数 isError の宣言文を 1 行目に追加します。続いてライブラリパネルの Button を使って、Text("Hello, World!") のコードとボタンを作るコードを置き換えます。ボタンのコードにタップで isError を true に設定するコードを追加し、ボタン名のテキストを「Alert テスト」にします。（ボタンの作り方 ☞ P.195）

Code Alert テストボタンを作る

«FILE» **AlertOKButton/ContentView.swift**

```
struct ContentView: View {
    @State var isError: Bool = false  ——— 追加します

    var body: some View {
        Button(action: {
            isError = true            ——— isError を true にするボタンを作ります
        }) {
            Text("Alert テスト ")
        }
    }
}
```

2 ボタンに alert モディファイアを追加する

ライブラリパネルの Modifiers ライブラリを開きます。Controls Modifiers グループにある Alert をダブルクリックして、ボタンのコードに alert モディファイアを追加します。

Chapter 6
アラート、シート、スクロール、グリッドレイアウト、タブを使う

297

3 アラートを表示するコードを追加して完成させる

追加した alert モディファイアのコードを次のように修正して完成させます。表示したいアラートは Alert() で作ります。

Code アラートボタンを完成させる   «FILE» AlertOKButton/ContentView.swift

```
struct ContentView: View {
    @State var isError: Bool = false

    var body: some View {
        Button(action: {
            isError = true
        }) {
            Text("Alert テスト ")
        }.alert(isPresented: $isError) {
            Alert(title: Text("タイトル"), message: Text(" メッセージ文 "),
                                dismissButton: .default(Text("OK"), action: {}))
        }
    }
}`
```

ボタンを作るコードに追加します

4 ライブプレビューでアラートの表示を確認する

ライブプレビューで Alert テストボタンをクリックして、アラートが表示されることを確認します。表示されたアラートは OK ボタンをクリックすると消えます。アラート以外のエリアは暗くなり応答しません。

❶ ボタンをクリックします
Alertテスト

❷ アラートが表示されます
タイトル
メッセージ文
OK
❸ クリックするとアラートが消えます

6-1 アラートを表示する

ボタンの alert 処理の中でアラートを表示する

アラートを表示するタイミングは目的によってさまざまです。この例ではボタンの alert モディファイアでアラートを表示しています。alert() の引数 isPresented には、アラートを表示するかどうかを決める Bool 型の値を指定します。この例では @State で宣言しておいた変数 isError に $ を付けて $isError で指定します。

Code ボタンにエラー処理を設定する   《FILE》**AlertOKButton/ContentView.swift**

```
Button(action: {
    isError = true ——————— ボタンのタップで isError を true にします
}) {
    Text("Alert テスト ") ————— isError が true になるとアラート表示を実行します
}.alert(isPresented: $isError) { ... }
```

表示するアラートは Alert() で作ります。Alert() のコードと表示されたアラートを見比べるとわかるように、引数 title でアラートのタイトル、引数 message でエラーの説明、引数 dismissButton で「OK」ボタンを指定します。「OK」ボタンをタップしたときに実行したい処理があれば action の { } に書きます。action で何も指定しなければ、「OK」ボタンのタップでアラートが消えるだけです。

Code OK ボタンがあるアラートを表示する   《FILE》**AlertOKButton/ContentView.swift**

```
Alert(title: Text(" タイトル "), message: Text(" メッセージ文 "),
    dismissButton: .default(Text("OK"), action: {}))
```

Chapter

6

アラート、シート、スクロール、グリッドレイアウト、タブを使う

299

OK とキャンセルがあるアラートを表示する

アラートにはキャンセルボタンも表示できます。先のコードとの違いはアラートを作る Alert() の部分です。2つのボタンがあるアラートでは、引数の primaryButton と secondaryButton にボタンを指定します。OK ボタンで実行したい処理は引数 action のブロックで実行します。ここではユーザー定義した okAction() を実行します。

なお、cancel() で指定する「キャンセル」ボタンは、primaryButton と secondaryButton のどちらで指定しても左側に配置されます。キーボードが接続されている場合は、default() で指定したボタンが return キーあるいは enter キーで選択されます。

Code OK とキャンセルがあるアラートを表示する　　«FILE» AlertOKCancelButton/ContentView.swift

```swift
struct ContentView: View {
    @State var isError: Bool = false
    
    var body: some View {
        Button(action: {
            // エラーが発生したら true にする
            isError = true
        }) {
            Text("Alert テスト")
        }.alert(isPresented: $isError) {
            Alert(title: Text("タイトル"), message: Text("メッセージ文"),
                  primaryButton: .default(Text("OK"), action: {
                    okAction()
                  }),
                  secondaryButton: .cancel(Text("キャンセル"), action:{})
            )}
    }
}
func okAction(){
    print("OK ボタンが選ばれた")
}
```

表示するアラートを作ります

OK ボタンで実行します

キーボード が接続されているとき、return キー、enter キーで default() ボタンが選択されます

cancel() ボタンは左側に配置されます

赤文字で警告する削除ボタン

destructive() で作るボタンは赤文字で表示されます。用途としては削除ボタンなどの実行に注意が必要となる選択肢に用いられます。キーボードが接続されているときは return キーまたは enter キーで選択されます。

次のコードでは「削除する」と「キャンセル」のボタンが表示されます。「削除する」は赤文字で表示されます。

Code 削除ボタンとキャンセルボタンがあるアラートを表示する «FILE» AlertDeleteCancelButton/ContentView.swift

```swift
struct ContentView: View {
    @State var isError: Bool = false

    var body: some View {
        Button(action: {
            // エラーだったら true にする
            isError = true
        }) {
         Text("Alert テスト ")
        }.alert(isPresented: $isError) {
            Alert(title: Text("タイトル"),
                  message: Text("確認メッセージ"),
                  primaryButton: .destructive(Text("削除する"), action: {}),
                  secondaryButton: .cancel(Text("キャンセル"), action: {}))
        }
    }
}
```

destructive() ボタンは赤文字で表示されます

Section 6-2 確認ダイアログを表示する

画面の下辺から登場する確認ダイアログ（コンファメーションダイアログ）は削除の確認などに用います。これまではこの機能をactionSheetモディファイアで行っていましたが、iOS 15 からは confirmationDialog モディファイアを使います。

このセクションのトピック

1. ボタンで確認ダイアログを表示しよう
2. 確認ダイアログのタイトル表示とボタンの種類
3. 確認ダイアログの選択に対応するには？

重要キーワードはコレだ！
confirmationDialog、destructive、cancel、titleVisibility

削除するかどうかを確認するダイアログ

タイトルやメッセージを表示する

6-2 確認ダイアログを表示する

STEP 確認ダイアログを表示するボタンを作る

アラートの場合と同じように確認ダイアログを表示するボタンを作って試します。

1 確認ダイアログのテスト用ボタンを作る

@State を付けた変数 isShowingDialog の宣言文を 1 行目に追加し、初期値を false にしておきます。続いて Button を表示するコードを入力し、ボタンのタップで isShowingDialog を true にするアクションを書き込みます。ボタンの外観は Label を使ってゴミ箱イメージに「削除ボタン」と表示されるようにします。

Code 確認ダイアログのテスト用ボタンを作る   《FILE》 confirmationDialog/ContentView.swift

```
struct ContentView: View {
    @State private var isShowingDialog = false    ── 追加します

    var body: some View {
        Button(action: {
            isShowingDialog = true
        }) {                            ── isShowingDialog を true にする
            Label("削除ボタン", systemImage: "trash")    ボタンを作ります
        }
```

🗑 削除ボタン

2 ボタンに confirmationDialog モディファイアを追加する

.co までタイプすると confirmationDialog モディファイアの書式が出てくるので、第 1 引数 title が StringProtocol 型の書式を選びます。

```
var body: some View {
    Button(action: {
        isShowingDialog = true
    }) {
        Label("削除ボタン", systemImage: "trash")
    }.confirmationDialog(title: StringProtocol, isPresented: Binding<Bool>,
        actions: () -> View)
}
```

3 確認ダイアログのコードを完成させる

入力された書式を使って確認ダイアログのコードを完成させます。第 2 引数には宣言しておいた変数を $isShowingDialog のように指定し、ダイアログに表示する選択肢として 2 種類のボタンを作ります。ボタンではそれぞれ destructiveAction() と cancelAction() が実行されるようにし、2 つの関数は最後にユーザ定義しておきます。さらに、選んだ書式にはなかった message を追加し、ダイアログに表示する「削除すると戻せません」のメッセージを書いておきます。

303

| Code | 確認ダイアログを表示するコードを完成させる | «FILE» confirmationDialog/ContentView.swift |

```swift
struct ContentView: View {
    @State private var isShowingDialog = false

    var body: some View {
        Button(action: {
            isShowingDialog = true
        }) {
            Label("削除ボタン", systemImage: "trash")
        }.confirmationDialog("注意！", isPresented: $isShowingDialog) {
            Button("削除する", role: .destructive) {
                destructiveAction()
            }
            Button("キャンセル", role: .cancel) {
                cancelAction()
            }
        } message: {
            Text("削除すると戻せません。")
        }
    }

    func destructiveAction() {
        print("削除が選ばれた")
    }

    func cancelAction() {
        print("キャンセルが選ばれた")
    }
}
```

isShowingDialog が true になると確認ダイアログを表示します

ダイアログの選択ボタンで実行する内容を定義します

4 ライブプレビューで動作を確認する

それではライブプレビューで動作を確認してみましょう。画面には Label で作ったゴミ箱イメージ付きのボタンをクリックすると画面の下から削除とキャンセルのボタンがある確認ダイアログが表示されます。ボタンをクリックすると確認ダイアログは消えます。

5 シミュレータで動作を確認する

ライブプレビューではボタンで実行した print() の出力結果が表示されませんが、シミュレータで試すと選んだボタンに応じて「削除が選ばれた」、「キャンセルが選ばれた」が出力されます。

シミュレータで試すと実行結果が出力されます

確認ダイアログのボタンの種類

確認ダイアログのボタンの種類は Button の role 引数で指定します。.destructive を指定すると赤文字で表示され、.cancel を指定するとキャンセルのボタンになります。role を省略すると青文字の標準ボタンになります。

Code　確認ダイアログのボタン　　　«FILE» confirmationDialog/ContentView.swift

```
Button("削除する", role: .destructive) {
    destructiveAction()
}
Button("キャンセル", role: .cancel) {
    cancelAction()
}
```

role: .destructive
role: .cancel

確認ダイアログのタイトルを表示する

　書式に message を追加したことでダイアログに文章を表示できていますが、confirmationDialog の第 1 引数 title で指定している " 注意 " が表示されていません。タイトルを表示するには、引数 titleVisibility を追加し、値を .visible にします。するとメッセージの上にタイトルが表示されます。

Code　確認ダイアログのタイトルを表示する　　　　　　　《FILE》confirmationDialog2/ContentView.swift

```swift
struct ContentView: View {
    @State private var isShowingDialog = false

    var body: some View {
        Button(action: {
            isShowingDialog = true
        }) {
            Label(" 削除ボタン ", systemImage: "trash")
        }.confirmationDialog(" 注意 ",                    ── タイトル
                             isPresented: $isShowingDialog,
                             titleVisibility: .visible
                                     └────── タイトルを表示する設定
        ) {
            Button(" 選択 A") {
                // 処理 A
            }
            Button(" 選択 B") {
                // 処理 B
            }
            Button(" 削除する ", role: .destructive) {
                destructiveAction()
            }
            Button(" キャンセル ", role: .cancel) {
                cancelAction()
            }
        } message: {
            Text(" メッセージ。メッセージ。メッセージ。メッセージ。") +
            Text(" メッセージ。メッセージ。メッセージ。メッセージ。")
        }
    }

    func destructiveAction() {
        print(" 削除が選ばれた ")
    }

    func cancelAction() {
        print(" キャンセルが選ばれた ")
    }
}
```

6-2 確認ダイアログを表示する

シートで作るハーフモーダルビュー

ハーフモーダルビューは現在のビューに重なるように表示されるビューです。一時的にシーンを移行して表示されるビューであり、下へのスワイプで元のビューに戻ります。ハーフモーダルビューはボタンのsheetモディファイアで表示することができます。

このセクションのトピック

1. 重ねて表示するハーフモーダルビューを作ってみよう
2. 画面に背景色を付けたい
3. ビューが閉じるタイミングで実行したいことがある
4. 条件でボタンを無効にする

重要キーワードはコレだ！
sheet、frame(maxWidth: maxHeight)、ignoreSafeArea、onDismiss、disabled

6-3　シートで作るハーフモーダルビュー

STEP sheet モディファイアを使ってハーフモーダルビューを表示する

ボタンの sheet モディファイアを使って、現在の ContentView ビューの上に重ねるように新規ビューをハーフモーダルビューとして表示します。ハーフモーダルビューとして表示する SomeView は SwiftUI View テンプレートで作ります。

1　Sheet テスト用のボタンを作る

《SAMPLE》 **SheetSample.xcodeproj**

まず、@State を付けた変数 isModal の宣言文を 1 行目に追加します。続いてライブラリパネルの Button を使って、Text("Hello, World!") のコードとボタンを作るコードを置き換えます。ボタンのコードにタップで isModal を true に設定するコードを追加し、ボタン名のテキストを「Sheet テスト」にします。

Code　Sheet テストボタンを作る

《FILE》 **SheetSample/ContentView.swift**

```
struct ContentView: View {
    @State var isModal: Bool = false          ──── 追加します

    var body: some View {
        Button(action: {
            isModal = true            ──── ボタンを作ります
        }) {
            Text("Sheet テスト ")
        }
    }
}
```

2　ボタンに sheet モディファイアを追加する

ライブラリパネルの Modifiers ライブラリを開きます。Controls Modifiers グループにある Sheet をダブルクリックして、ボタンのコードに sheet モディファイアを追加します。

Chapter **6**

アラート、シート、スクロール、グリッドレイアウト、タブを使う

309

3 シートを表示するコードを追加する

追加した sheet モディファイアのコードを次のように修正します。表示するシートは SomeView() で作るコードにします。この時点では SomeView() の行がエラーになります。

Code　SomeView を作るコードを追加する　　　　　　　　　　　　　《FILE》**SheetSample/ContentView.swift**

```
struct ContentView: View {
    @State var isModal: Bool = false

    var body: some View {
        Button(action: {
            isModal = true
        }) {
            Text("Sheet テスト ")
        }
        .sheet(isPresented: $isModal){  ——— isModal が true になったならば開くビューを指定します
            SomeView()  ——— まだ SomeView を定義していないのでエラー表示が出ます
        }
    }
}
```

4 SomeView ビューを作る struct SomeView を追加する

struct ContentView{ } の下に SomeView ビューを作る struct SomeView{ } のコードを追加します。基本的に struct ContentView{ } と同じで、ビューのコンテンツとしてテキストとイメージを表示します。ビューの背景色は ZStack を使って Color ビューを下に敷いています。

Code　SomeView ビューを作る　　　　　　　　　　　　　　　　　　《FILE》**SheetSample/ContentView.swift**

```
struct SomeView: View {
    var body: some View {
        ZStack {
            Color.mint.opacity(0.2).ignoresSafeArea()  ——— SomeView ビュー全体の背景
            VStack {
                Text(" プレゼンテーション ")
                    .background(
                        RoundedRectangle(cornerRadius: 30)
                            .fill(Color.green).opacity(0.8)      ——— 45 度回転した角丸四角形が
                            .frame(width: 90, height: 80)             テキストの下に敷かれます
                            .rotationEffect(.degrees(45))
                    )
                Image(systemName: "leaf")
            }
        }
    }
}
```

5 SomeView ビューをプレビューするコードを追加する

ContentView ビューだけでなく SomeView ビューもプレビューされるように struct ContentView_Previews{ } に SomeView() を追加します。

Code　SomeView ビューもプレビューされるようにする　　　　　«FILE» SheetSample/ContentView.swift

```
struct ContentView_Previews: PreviewProvider {
    static var previews: some View {
        ContentView()
        SomeView()    // SomeView ビューのプレビューを追加
    }
}
```

6 ContentView ビューと SomeView ビューのプレビュー

キャンバスでプレビュー表示すると ContentView ビューのプレビューの下に SomeView ビューのプレビューが表示されます。キャンバスをスクロール、縮小表示することで2つのプレビューを確認できます。

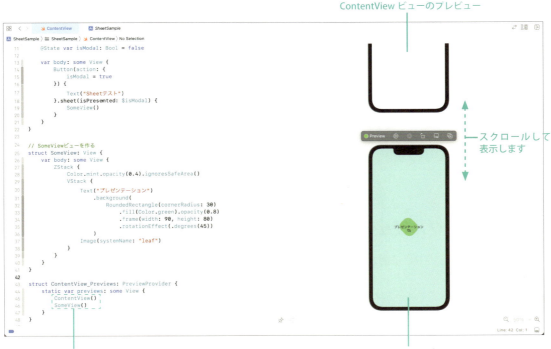

7 ライブプレビューで Sheet テストボタンを試す

ContentView ビューのライブプレビューで動作チェックをしてみましょう。Sheet テストボタンをクリックすると下から登場するアニメーションで SomeView ビューが重なって表示されます。SomeView ビューを下にスワイプすると再び入れ替わるように消えて ContentView ビューに戻ります。

ハーフモーダルビューを表示する

　ボタンの sheet モディファイアで新しいビューを呼び出すとハーフモーダルビューとして現在のビューに重なるように表示されます。

　sheet モディファイアの使い方は、アラートやアクションシートと同じようにボタンのタップで引数 isPresent の値を true にすることで実行されます。引数の値は @State で宣言した変数 isModal で受け渡します。モーダルビューとして表示するビューは SwiftUI View テンプレートで新規に作ることで、単体でプレビューで確認しながら作ることができます。

　下にスワイプすることで閉じる機能はハーフモーダルビューの機能として標準で組み込まれるのでコードを書く必要はありません。もちろん、ビューをコードで閉じることもできます。閉じるボタンを作る方法は次の章で紹介します（☞ P.349）。

6-3 シートで作るハーフモーダルビュー

Code　sheet モディファイアを追加したボタン　　　　　　　《FILE》 SheetSample/ContentView.swift

```
struct ContentView: View {
    @State var isModal: Bool = false ──── 初期値 false で宣言します

    var body: some View {
        Button(action: {
            isModal = true           ──── isModal を true にするボタンを作ります
        }) {
            Text("Sheet テスト ")
        }
        .sheet(isPresented: $isModal ){ ──── sheet モディファイアを追加します
            SomeView()               ──── 表示するビューを指定します
        }
    }
}
```

シートが閉じたタイミングで実行する

sheet モディファイアには isPresented だけでなく onDismiss という引数も付けることができます。onDismiss にはハーフモーダルビューが閉じたタイミングで実行する処理を書きます。

次の例では onDismiss のタイミングで countUp() を実行します。countUp() では変数 counter を 1 ずつカウントアップします。さらに Button に .disabled(counter >= 3) を追加することで、シートを 3 回表示したらボタンを無効にしています。

Code　sheet モディファイアに onDismiss の処理を設定する　　《FILE》 SheetOnDismissSample/ContentView.swift

```
struct ContentView: View {
    @State var isModal: Bool = false
    @State var counter:Int = 0

    var body: some View {
        VStack {
            Button(action: {
                isModal = true
            }) {
                Text("Sheet テスト ")
            }
            .sheet(isPresented: $isModal, onDismiss: {countUp()}){
                SomeView()
            }                                              ──── SomeView が閉じたタイミングで実行されます
            .disabled(counter >= 3)  // 3 回表示したらボタンを無効にする
            Text(" 回数：\(counter)")
                .font(.title)
                .padding()
        }
    }
    // ハーフモーダルビューが閉じたタイミングで実行される
    func countUp(){
        counter += 1          ──── ビューを閉じたならばカウントアップします
    }
}
```

313

6-4 スクロールビューを作る

Section 6-4 スクロールビューを作る

画面サイズより大きい縦長のコンテンツや横長のコンテンツは、スクロールビューを使って縦スクロールまたは横スクロールして表示することができます。スクロールビューは、限られた画面サイズに多く情報をレイアウトするために欠かせない機能です。

このセクションのトピック

1. スクロールビューを作ってみよう
2. 配列の写真データから効率よくスクロールビューを作るには？
3. スクロールビューではLazyVStackとLazyHStackを使おう

 重要キーワードはコレだ！
ScrollView、LazyVStack、LazyHStack、UIScreen.main.bounds、ForEach-in

スクロールビューを作る

配列の写真を表示する

横方向のスクロールビュー

STEP 複数の写真データをスクロール表示する

スクロールビューは ScrollView を使って作ることができます。スクロールビューは画面サイズに入りきれない縦長のコンテンツや横長のコンテンツをスクロール表示するための機能です。ここでは、複数の写真データを縦に何枚も並べた縦長のコンテンツをスクロール表示するスクロールビューを作ります。

Section 4-4 では複数の写真データを List を使ってリスト表示する PhotoList プロジェクトを作りましたが、List は複数のコンテンツを 1 個ずつ行で表示しています。(☞ P.157)。

1 写真を用意する

«SAMPLE» photoScrollView.xcodeproj

ナビゲータエリアの Assets を選択して開き、そこに写真が入ったフォルダをデスクトップからそのままドラッグしてドロップします。

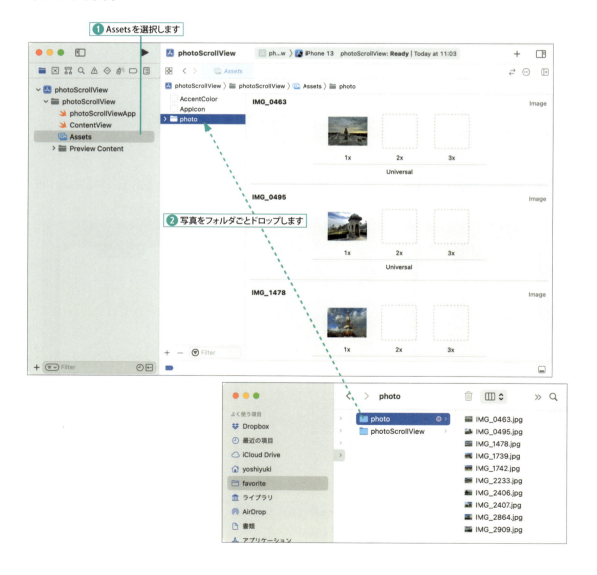

2 Swift File テンプレートから PhotoData.swift ファイルを作る

File メニューの New>File... を選択し、Swift File テンプレートを選んで、PhotoData.swift の名前で保存します。
Group から PhotoScrollView を選んで保存すればナビゲータエリアで PhotoScrollView グループに入ります。

3 写真データの PhotoData を定義して配列 photoArray を作る

写真データのイメージ名と写真タイトルを PhotoData は Identifiable プロトコルを採用した構造体 PhotoData で定義し、写真データを作って配列 photoArray にするコードを PhotoData.swift に書き込みます。

Code 写真データの構造体を定義してデータを作り配列にする　　《FILE》 **photoScrollView/PhotoData.swift**

```
import Foundation

// 写真データを構造体で定義する
struct PhotoData: Identifiable{
    var id = UUID()
    var imageName:String
    var title:String
}
// 構造体 PhotoData 型の写真データが入った配列を作る
var photoArray = [
    PhotoData(imageName: "IMG_0463", title: " 台風で流された旧鵠沼橋の親柱 "),
    PhotoData(imageName: "IMG_0495", title: " 横須賀ヴェルニー記念公園軍港閲見門 "),
    PhotoData(imageName: "IMG_1478", title: " 恋人たちの湘南平テレビ塔 "),
    PhotoData(imageName: "IMG_1739", title: " 赤い漁具倉庫 1 "),
    PhotoData(imageName: "IMG_1742", title: " 赤い漁具倉庫 2 "),
    PhotoData(imageName: "IMG_2233", title: " 江ノ電 501 系 "),
    PhotoData(imageName: "IMG_2406", title: " 茅ヶ崎漁港引き上げモーター小屋 "),
    PhotoData(imageName: "IMG_2407", title: " 茅ヶ崎漁港第２えぼし丸 "),
    PhotoData(imageName: "IMG_2864", title: " 相模川河口調整水門 "),
    PhotoData(imageName: "IMG_2909", title: " つくばエキスポセンター H2 ロケット ")
]
```

6-4 スクロールビューを作る

4 PhotoView.swift を新規に作成してコードを書く

File メニューの New > File... を選択して SwiftUI View ファイルを新規に作成し、写真データ 1 個分を表示するコードを書きます。

❶ SwiftUI Viewを選んで「PhotoView.swift」のファイル名で保存します

❷ PhotoView が追加されます　　❸ コードを書き替えます

Code 写真データ1個分を表示する PhotoView ビュー   «FILE» photoScrollView/PhotoView.swift

```swift
import SwiftUI

struct PhotoView: View {
    var photo:PhotoData        ——— 1個分の写真データを受け取る変数

    var body: some View {
        VStack {
            Image(photo.imageName)        ——— 写真のイメージ
                .resizable()
                .aspectRatio(contentMode: .fit)
            Text(photo.title)        ——— 写真のタイトル
                .bold()
                .padding(.top, 10)
                .padding(.bottom,20)
        }
        .background(Color(red: 0.3, green: 0.8, blue: 0.5))
        .cornerRadius(8)
    }
}

struct PhotoView_Previews: PreviewProvider {
    static var previews: some View {
        PhotoView(photo:photoArray[0])        ——— 最初の写真データでプレビューします
    }
}
```

5 写真データ1個分の表示をプレビューで確認する

プレビューで PhotoView で表示される写真データを確認します。

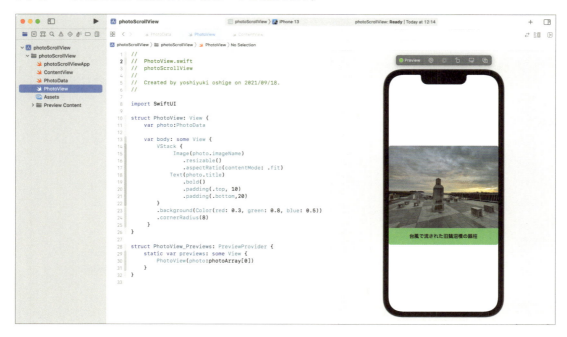

6 写真データを取り込んでスクロール表示するコードを書く

PhotoData から写真データを取り込んで縦に並べてスクロール表示するコードを ContentView.swift に書きます。ForEach(photoArray){ ... } で photoArray に入っている写真データの個数だけの PhotoView ビューが作られるので、それを LazyVStack{ } で縦に長く並べます。この長いビューを ScrollView { } で囲むことでスクロールビューが作られます。

Code 写真が縦に並んだ縦長のビューをスクロールビューで表示する 　　«FILE» photoScrollView/ContentView.swift

```
struct ContentView: View {
    var body: some View {
        ScrollView {                           ── LazyVStack 全体をスクロールビューに入れます
            LazyVStack(alignment: .center, spacing: 20)  {
                ForEach(photoArray) { photoData in
                    PhotoView(photo:photoData)
                }                              ── photoArray から順に取り出した photoData
            }                                     で写真を表示します
        }.padding(.horizontal)
    }
}
```

7 ライブプレビューでスクロールを確認する

ライブプレビューにしてスクロール表示できるかどうかを確認してみましょう。ライブプレビューでは、複数の写真が並んでいる縦長のビューをスワイプでスクロールして見ることができます。

スワイプで縦スクロールできます

複数のビューをスクロールで表示する

　コンテンツを ScrollView{ } で囲むだけでスクロールビューを作ることができます。ステップで示したサンプルでは複数の写真データを縦に並べて表示しましたが、次の例では簡単に Color ビューにテキストを重ねた Page ビューを縦に並べています。ForEach(0..<10) で 10 回繰り返して 10 個の Page を作って LazyVStack で縦に並べています。テキストでは 0..<10 のレンジから取り出して num に入った数を引数 str に渡して番号として表示しています。スクロールビューの縦横サイズは表示するコンテンツに合わせて決まるのではなく、指定しないと画面サイズになります。この例では frame(width: 250, height: 500) でを指定し、その範囲がわかるように背景を background(Color.gray.opacity(0.2)) のように付けています。スクロールビューで表示する Page ビューの色は配列 colors からランダムに色を選んでいます。

| Code | Page を 10 個縦に並べたビューをスクロールビューで表示する | «FILE» ScrollViewVertical/ContentView.swift |

```swift
import SwiftUI

struct ContentView: View {
    var body: some View {
        ScrollView {
            LazyVStack {
                ForEach(0..<10) { num in            ← Page ビューを 10 個作って縦に並べます
                    Page(str: String(num))          ← Page ビューに表示する番号を渡します
                        .frame(width: 200, height: 150)
                        .cornerRadius(8)
                }
            }
        }
        .frame(width: 250, height: 500)
        .background(Color.gray.opacity(0.2))
    }
}

struct Page: View {
    let colors:[Color] = [.green, .blue, .pink, .orange, .purple]
    let str:String

    var body: some View {
        ZStack {                                    ← 1 個分の Page ビュー
            colors.randomElement()    ← 背景         　を作ります
            Text(str)                 ← 番号
                .font(.largeTitle)
                .foregroundColor(.white)
        }
    }
}

struct ContentView_Previews: PreviewProvider {
    static var previews: some View {
        ContentView()
    }
}
```

スワイプで縦スクロールできます

横スクロールにする

ScrollView(.horizontal){ ... } のように指定することで、横スクロールにすることもできます。

次の例は先のコードの ContentView を書き替えて、横スクロールにしたものです。今度は横に長いコンテンツにしたいので、LazyHStack で Page ビューを横に並べています。表示する Page ビューの横幅は、画面の横幅 UIScreen.main.bounds.width より 20 だけ狭く、間隔は LazyHStack の引数 spacing で 10 にしています。ライブプレビューで試すとスクロールビューのコンテンツだけがスクロールします。

Code　Page を 10 個横に並べたビューを横スクロールで表示する　　《FILE》 **ScrollViewHorizontal/ContentView.swift**

```
struct ContentView: View {
    let w:CGFloat = UIScreen.main.bounds.width-20
    
    var body: some View {
        VStack(alignment: .leading) {
            Text(" 横スクロール ").padding([.leading])
            ScrollView(.horizontal) {
                LazyHStack(alignment: .center, spacing: 10) {
                    ForEach(0..<10) { num in
                        Page(str: String(num))
                            .frame(width: w, height: 150)
                            .cornerRadius(8)
                    }
                }
            }
            .frame(height: 200)
            .background(Color.gray.opacity(0.2))
        }
    }
}
```

> **❶ NOTE**
>
> **スクロールの方向**
>
> スクロール方向を省略した場合は縦スクロールですが、横スクロールの ScrollView(.horizontal) と同様に指定するならば ScrollView(.vertical) です。縦横の両方にスクロールにしたい場合は ScrollView([.vertical, .horizontal]) を指定します。この [.vertical, .horizontal] は配列ではなく、集合を扱うセット（Set）というデータ型です。

LazyVStack と LazyHStack

　コンテンツを縦方向あるいは横方向に並べるとき、これまで VStack または HStack を使っていましたが、ここでは LazyVStack と LazyHStack を使っています。この違いはどこにあるのでしょうか？
　VStack と HStack は並べるすべてのコンテンツを一気に作ることから、画面表示されていない領域までコンテンツが並んでいるとスクロールビューではむだな処理が発生します。これに比較して、LazyVStack と LazyHStack では、見える範囲のコンテンツだけを表示し、ビューがスクロールしたならば、それに合わせて効率よくコンテンツを生成します。

6-5 グリッドレイアウトを使う

グリッドレイアウトを使う

前セクションの LazyVStack と LazyHStack はコンテンツを垂直または水平のどちらかの方向にレイアウトしますが、LazyVGrid と LazyHGrid はマス目に並べるように行や列を折り返してコンテンツをグリッド上に配置します。

1. コンテンツをグリッド表示するには？
2. 列数、行数を指定したコンテンツを並べていく
3. グリッドの幅や個数をデバイスサイズの違いや回転に対応させたい

重要キーワードはコレだ！
LazyVGrid、LazyHGrid、GridItem、fixed、flexible、adaptive

ビューを4列で表示します

可変幅のグリッド

ビューを3行で表示します

325

STEP グリッド間隔固定でコンテンツを左から右へ複数行を並べていく

LazyVGrid はコンテンツを左から右へ横方向に並べます。行の列数や幅を指定することで折り返してコンテンツを流し込むように並べます。

1 ScrollView のコードを入れる

ライブラリの Scroll View を使って、ContentView の body に書いてあったコードを ScrollView のコードで置き換えます。

```
2   //  ContentViewiswift
3   //  LazyVGridFixed
4   //
5   //  Created by yoshiyuki oshige on 2021/09/21.
6   //
7
8   import SwiftUI
9
10  struct ContentView: View {
11
12      var body: some View {
13          ScrollView {
14              Content
15          }
16      }
17
18      struct ContentView_Previews: PreviewProvider {
19          static var previews: some View {
20              ContentView()
21          }
22      }
23  }
24
```

ドロップします

Views

Controls

Picker

Progress View

Scroll View

Section

Secure Field

Sign In With Apple Button

Slider

Stepper

2 LazyVGrid のコードを入れる

ライブラリの LazyVertical Grid をドロップして、ScrollView のブロックに LazyVGrid のコードを入れます。

6-5　グリッドレイアウトを使う

```
    2   // ContentView.swift
    3   // LazyVGridFixed
    4   //
    5   // Created by yoshiyuki oshige on 2021/09/21.
    6   //
    7
    8   import SwiftUI
    9
   10   struct ContentView: View {
   11
   12       var body: some View {
   13           ScrollView {
   14               LazyVGrid(columns: columns) {
   15
   16                   Text("Placeholder")
   17                   Text("Placeholder")
   18               }
   19           }
   20       }
   21
   22       struct ContentView_Previews: PreviewProvider {
   23           static var previews: some View {
   24               ContentView()
   25           }
   26       }
   27   }
```

ドロップします

Views

Layout

- Lazy Horizontal Grid
- Lazy Horizontal Stack
- **Lazy Vertical Grid**
- Lazy Vertical Stack
- Scroll View Reader
- Spacer
- Vertical Stack

Paint

---

3 LazyVGrid のコードを完成させる

LazyVGrid の引数 colums に指定する変数 grids を let 文で定義し、LazyVGrid のブロックの中には Page ビューを 100 個作るコードを書きます。最後に前セクションでも使った Page ビューを定義する struct Page のコードを追加します。

Code LazyVGrid で Page ビューをグリッド表示する　　　«FILE» LazyVGridFixed/ContentView.swift

```
struct ContentView: View {
    let grids = Array(repeating: GridItem(.fixed(80)), count:4)    ← グリッドの形式を決める
                                                                       配列を作ります
    var body: some View {
        ScrollView() {
            LazyVGrid(columns: grids) {
                ForEach((1...100), id: \.self) { num in
                    Page(str: String(num))
                        .cornerRadius(8)        ← Page ビューを 100 個
                        .frame(height: 60)         作って並べます
                }
            }
        }
    }
}

struct Page: View {
    let colors:[Color] = [.green, .blue, .pink, .orange, .purple]
    let str:String    ← 引数で受け取った番号が入ります
```

327

```
    var body: some View {
        ZStack {
            colors.randomElement()
            Text(str)
                .font(.title)
                .foregroundColor(.white)
        }
    }
}
```

──ランダムに選んだ Color ビューの上に
　番号を表示したビューを作ります

4 ライブプレビューでグリッドレイアウトとスクロールを確認する

プレビューで見ると Page ビューが 4 列でグリッド表示されています。ライブプレビューでは画面をドラッグしてスクロールできます。番号でわかるように Page ビューは 1 行目の左から順に並んで 4 列目で折り返して 2 行目へと続いています。

グリッドのサイズ指定の3つのモード

LazyVGrid(columns:grids) のグリッドレイアウトでコンテンツを何列で並べるか、列幅はどうするかという設定は引数 columns で指定する配列 grids で決まります。grids の要素は GridItem 型です。列幅は第1引数の size で指定します。size の値は fixed、flexible、adaptive の3種類です。

> **書式** GridItem 型
>
> **GridItem(_ size:** GridItem.Size = .flexible()**, spacing:** CGFloat? = nil**,**
>   **alignment:** Alignment? = nil**)**

グリッドのサイズを固定 fixed

サンプルの grids の値は Array(repeating: GridItem(.fixed(80)), count:4) です。この式は GridItem(.fixed(80)) が4個入った配列を作ります。したがって、4列グリッドになり .fixed(80) の指定から各列は 80 の固定幅になります。高さは Page ビューに frame(height: 60) を指定しているので 60 ですが、何も指定しなければコンテンツにフィットする高さになります。

Code LazyVGrid のグリッドを GridItem の配列で指定する 《FILE》 **LazyVGridFixed/ContentView.swift**

```
let grids = Array(repeating: GridItem(.fixed(80)), count:4)
```

fixed は列幅と列数が固定になるので、画面が回転してもレイアウトは変化しません。回転に合うように列数を調整したい場合は後述する adaptive を使います（☞ P.332）。

画面が回転しても4列で並びます

次のサンプルでは3個の GridItem を指定しているのでグリッドは3列になり、列幅が 30、50、240 になります。1番目のグリッドは GridItem(.fixed(30), spacing: 10, alignment: .center) にしているので2番目のグリッドとの列間隔が 10 になります。同様に2番目と3番目のグリッドの列間隔は 10 の指定です。

Code LazyVGrid のグリッドの幅と間隔を指定する 《FILE》 **LazyVGridFixed2/ContentView.swift**

```
let grids = [GridItem(.fixed(30), spacing: 10, alignment: .center),   ── 1列目
             GridItem(.fixed(50), spacing: 10),                        ── 2列目
             GridItem(.fixed(240))]                                    ── 3列目
```

このグリッド指定を使って LazyVGrid では次のように前方揃え、行間隔20 で配置します。alignment については1番目のグリッドは個別に center が指定してあるので中央揃えになります。GridItem の spacing は列の間隔になるのに対し、LazyVGrid の spacing は行の間隔です。

Code LazyVGrid の設定　　　　　　　　　　　　　　　«FILE» LazyVGridFixed2/ContentView.swift

```
LazyVGrid(columns: grids, alignment: .leading, spacing: 20) {
```

LazyVGrid で並べるコンテンツは配列 photoArray に入れてある PhotoData の値です。表示する列数が少ないのでスクロールビューは使いません。

Code 配列 photoArray に入っている PhotoData の値を LazyVGrid で並べる　　«FILE» LazyVGridFixed2/ContentView.swift

```
import SwiftUI

struct ContentView: View {
    let grids = [GridItem(.fixed(30), spacing: 10, alignment: .center),
                 GridItem(.fixed(50), spacing: 10),
                 GridItem(.fixed(240))]

    var body: some View {
        LazyVGrid(columns: grids, alignment: .leading, spacing: 20) {
            ForEach(photoArray) { item in
                Image(systemName: "doc")           ── 1列目のアイコン
                Text(item.imageName).font(.caption) ── 2列目のイメージ名
                Text(item.title)                    ── 3列目の写真タイトル
            }
```

LazyVGrid でレイアウトする場合は、各列の幅、列間隔、位置揃えのグリッド指定です

6-5　グリッドレイアウトを使う

```swift
        }.padding()
    }
}

struct PhotoData: Identifiable{
    var id = UUID()
    var imageName:String
    var title:String
}

var photoArray = [
    PhotoData(imageName: "IMG_0463", title: " 台風で流された旧鵠沼橋の親柱 "),
    PhotoData(imageName: "IMG_0495", title: " 横須賀ヴェルニー記念公園軍港閲見門 "),
    PhotoData(imageName: "IMG_1478", title: " 恋人たちの湘南平テレビ塔 "),
    PhotoData(imageName: "IMG_1739", title: " 赤い漁具倉庫１"),
    PhotoData(imageName: "IMG_1742", title: " 赤い漁具倉庫２"),
    PhotoData(imageName: "IMG_2233", title: " 江ノ電 501 系 "),
    PhotoData(imageName: "IMG_2406", title: " 茅ヶ崎漁港引き上げモーター小屋 "),
    PhotoData(imageName: "IMG_2407", title: " 茅ヶ崎漁港第２えぼし丸 "),
    PhotoData(imageName: "IMG_2864", title: " 相模川河口調整水門 "),
    PhotoData(imageName: "IMG_2909", title: " つくばエキスポセンター  H2 ロケット ")
]

struct ContentView_Previews: PreviewProvider {
    static var previews: some View {
        ContentView()
    }
}
```

グリッドのサイズを最小値と最大値で指定する　flexible

flexible(minimum: CGFloat = 10, maximum: CGFloat = .infinity) の書式でサイズの最小値と最大値を指定します。次の例では２番目のグリッドの size が flexible() なので、初期値の flexible(minimum: 10, maximum: .infinity) が指定されていることになります。maximum を .infinity にしておけば画面サイズに合わせて表示できることになります。

Code　グリッドの size に flexible を指定して表示する　　　　　«FILE» LazyVGridFlexible/ContentView.swift

```swift
struct ContentView: View {
    let grids = [GridItem(.fixed(70), spacing: 10),      固定幅 70
                 GridItem(.flexible(), spacing: 10, alignment: .leading)]
                                                         最小幅 10、最大幅は画面幅に合わせる（初期値の設定）
    var body: some View {
        LazyVGrid(columns: grids, alignment: .leading, spacing: 20) {
            ForEach(photoArray) { item in
                Text(item.imageName).font(.caption)
                Text(item.title)
            }
        }.padding()
    }
}
```

Chapter 6

アラート、シート、スクロール、グリッドレイアウト、タブを使う

331

画面サイズに合わせて配置する adaptive

　adaptive(minimum: CGFloat, maximum: CGFloat = .infinity) は画面に合わせるようにグリッド間隔が自動的に決まります。具体的には adaptive の minimum 値と GridItem の spacing 値を合わせた幅で画面にもっともたくさん並ぶように計算して余りを均等に調整します。adaptive を使うことで、画面サイズが違うデバイスや縦横回転に対応できます。なお、adaptive は列数が自動的に決まるので GridItem の指定は1個です。複数個指定すると不規則な間隔になります。

6-5　グリッドレイアウトを使う

Code　グリッドの size に adaptive を指定して表示する　　　　　　　　　　《FILE》**LazyVGridAdaptive/ContentView.swift**

```swift
import SwiftUI

struct ContentView: View {
    let grids = [
        GridItem(.adaptive(minimum: 80, maximum:.infinity))    ——— 列数は自動的に決まるので
    ]                                                               1列分だけ指定します

    var body: some View {
        ScrollView {
            LazyVGrid(columns: grids, alignment: .leading, spacing: 10) {
                ForEach(1...100, id:\.self) { num in
                    Ball(str: String(num))
                        .frame(width: 50, height: 50)
                }
                .padding()
            }
        }
    }
}

struct Ball: View {
    let str:String

    var body: some View {
        ZStack {
            Circle()
                .fill(Color.red)           ——— 赤い丸に数字を重ねたビュー
            Text(str)                          を作ります
                .font(.title)
                .foregroundColor(.white)
        }
    }
}

struct ContentView_Previews: PreviewProvider {
    static var previews: some View {
        Group {
            ContentView()
            ContentView()
                .previewInterfaceOrientation(.landscapeLeft)    ——— プレビュー画面の回転
        }
    }
}
```

Chapter
6

アラート、シート、スクロール、グリッドレイアウト、タブを使う

333

垂直方向のグリッド

　LazyVGrid はコンテンツの列を指定するグリッドなのに対して、LazyHGrid は行数と高さを指定するグリッドです。次の例では、写真、イメージ名、タイトルの3行を並べて表示しています。

左右にスクロールできます

3行で並びます

Code LazyHGrid グリッドを使って行を並べて表示する　　《FILE》 LazyHGridFixed/ContentView.swift

```
import SwiftUI

struct ContentView: View {
    let grids = [
        GridItem(.fixed(150), spacing: 20, alignment: .leading),
        GridItem(.fixed(20), spacing: 5, alignment: .leading),
        GridItem(.fixed(20), alignment: .leading),
    ]

    var body: some View {
        ScrollView(.horizontal) {
            LazyHGrid(rows: grids, spacing: 20) {
                ForEach(photoArray) { item in
                    Image(item.imageName)
                        .resizable()
                        .aspectRatio(contentMode: .fit)
                        .cornerRadius(8)
                    Text(item.imageName).bold()
```

LazyHGrid でレイアウトする場合は、各行の高さ、行間隔、位置揃えのグリッド指定です

1行目

2行目

```
                    Text(item.title).font(.caption)——— 3行目
                }
            }.padding()
        }
    }
}
struct PhotoData: Identifiable{
    var id = UUID()
    var imageName:String
    var title:String
}

var photoArray = [
    PhotoData(imageName: "IMG_0463", title: " 台風で流された旧鵠沼橋の親柱 "),
    PhotoData(imageName: "IMG_0495", title: " 横須賀ヴェルニー記念公園軍港閲見門 "),
    PhotoData(imageName: "IMG_1478", title: " 恋人たちの湘南平テレビ塔 "),
    PhotoData(imageName: "IMG_1739", title: " 赤い漁具倉庫１ "),
    PhotoData(imageName: "IMG_1742", title: " 赤い漁具倉庫２ "),
    PhotoData(imageName: "IMG_2233", title: " 江ノ電 501 系 "),
    PhotoData(imageName: "IMG_2406", title: " 茅ヶ崎漁港引き上げモーター小屋 "),
    PhotoData(imageName: "IMG_2407", title: " 茅ヶ崎漁港第２えぼし丸 "),
    PhotoData(imageName: "IMG_2864", title: " 相模川河口調整水門 "),
    PhotoData(imageName: "IMG_2909", title: " つくばエキスポセンター H2 ロケット ")
]
struct ContentView_Previews: PreviewProvider {
    static var previews: some View {
        ContentView()
    }
}
```

Section 6-6 タブやスワイプでビューを切り替える

タブビューではタブで複数のビューを切り替えて表示します。タブ切り替えのアプリを作るのは簡単ではなさそうですが、ライブラリパネルの Tab View でそのまま使える構文が入ります。そして、tabViewStyle の設定だけで左右のスワイプでページ送りをするようにビューを切り替えるスタイルになるという手軽さです。

このセクションのトピック

1. Tab View で作ったタブビューに3つ目のタブを追加してみよう
2. タブで表示するビューを個々に定義しよう
3. 左右のスワイプでページ送りするアプリは TabView で作ることができる

 重要キーワードはコレだ！
TabView、tabItem、tag、tabViewStyle、
PageTabViewStyle、DefaultTabViewStyle、ページコントロール

タブでビューを切り替えます

タブアイテムをイメージで表示

スワイプでページ送りするスタイル

6-6　タブやスワイプでビューを切り替える

STEP タブで切り替えるタブビューを作る

ライブラリパネルの Tab View を使うと2個のビューを切り替えるタブビューを作るコードが入ります。このコードを3つのビューを切り替えるコードに書き替えてみましょう。

1 Tab View のコードを入力する

《SAMPLE》 TabViewSample.xcodeproj

ライブラリパネルの Views タブの Controls にある Tab Views をドロップ（あるいはダブルクリック）して、body の Text("Hello, World!") のコードと置き換えます。

```
//
// ContentView.swift
// TabViewSample
//
// Created by yoshiyuki oshige on 2021/09/24.
//

import SwiftUI

struct ContentView: View {
    var body: some View {
        TabView(selection: selection) {
            Text("Tab Content 1").tabItem { Text("Tab Label 1") }.tag(1)
            Text("Tab Content 2").tabItem { Text("Tab Label 2") }.tag(2)
        }
    }
}

struct ContentView_Previews: PreviewProvider {
    static var previews: some View {
        ContentView()
    }
}
```

Tab Views をドロップして、body の Text("Hello, World!") のコードと置き換えます

Views — Controls: Stepper / Tab View / Text / Text Editor / Text Field / Toggle — Layout: Control Group

2 タブビューのコードを書き替える

Tab View で挿入されたコードのままでもビルドしてプレビューできますが、引数 selection の値が定まっていないので、@State を付けて変数 selectedTag を宣言し、$selectedTag を引数に指定します。
さらに、最初から入っているコードを真似て、3個目のタブを表示する1行を TabView{ } に追加します。コードのポイントとなるのは行末の tag(3) です。

Code 3個のタブがあるタブビュー　　　　　　　　　　《FILE》 TabViewSample/ContentView.swift

```
struct ContentView: View {
    @State var selectedTag = 1 ——————— 選ばれているタブのタグ番号が入る変数を宣言します

    var body: some View {
        TabView(selection: $selectedTag) {
            Text("Tab Content 1").tabItem { Text("Tab Label 1") }.tag(1)
            Text("Tab Content 2").tabItem { Text("Tab Label 2") }.tag(2)
            Text("Tab Content 3").tabItem { Text("Tab Label 3") }.tag(3)
        }
        .font(.largeTitle)                    3つ目のタブのコードを追加します
    }
}
```

Chapter **6**

アラート、シート、スクロール、グリッドレイアウト、タブを使う

337

3 ライブプレビューで動作を確認する

ライブプレビューにしてタブビューを試してみましょう。下に並ぶ「Tab Label 1」「Tab Label 2」「Tab Label 3」をクリックするとビューが切り替わることがわかります。

ビューを切り替えるタブが並びます

クリックでビューが入れ替わります

▍TabView でタブビューを作る

タブで複数のビューを切り替えるタブビューは TabView で作ります。ライブラリパネルの Tab View で挿入されるコードはシンプルでわかりやすいですが、いくつかのポイントがあるのでそれを押さえておきましょう。

まず最初に @State を付けた変数 selectedTag を宣言しておきましょう。そして TabView(selection: @selectedTag) のように TabView() の引数に指定します。selectedTag には選ばれているタブのタグ番号が入ります。タグ番号は tag(1)、tag(2) のように指定する番号です。サンプルでは宣言時の selectedTag の初期値を 1 にしていますが、初期値を 2 にすれば tag(2) のタブが選ばれた状態から開始します。

続く { } の中にタブで切り替えるビューを書きます。そして、ビューに tabItem モディファイアを追加し、tag(1) のようにタグ番号を振ります。tabItem で指定したビュー（ここでは Text）はタブのボタンとして表示されます。

タブビューのビューを個別に宣言する

　タブで切り替えて表示するビューは、サンプルではテキストを1行表示するだけの単純なものですが、実際にはもっと複雑なコンテンツになります。次の例ではタブで表示する3つのビューをHomeTabViewビュー、WeatherTabViewビュー、NewsTabViewビューに分けて定義しています。この例ではすべてContentView.swiftに書いていますが、それぞれ個別のswiftファイルに作ることもできます。

クリックでビューが入れ替わります

Code ビューが個別に宣言してあるタブビュー　　　　　　　　　　　　　《FILE》 **TabViewSample2/ContentView.swift**

```
import SwiftUI

struct ContentView: View {
    @State var selectedTag = 1

    var body: some View {
        TabView(selection: $selectedTag) {
            HomeTabView()
                .tabItem {
                    Image(systemName: "house")
                    Text("HOME")
                }.tag(1)

            WeatherTabView()
                .tabItem {
                    Image(systemName: "cloud.sun")
                    Text("お天気")
                }.tag(2)
```

タブビューに3個のビューを追加します

```
            NewsTabView()
                .tabItem {
                    Image(systemName: "newspaper")
                    Text(" ニュース ")
                }.tag(3)
        }
    }
}

struct HomeTabView: View {
    var body: some View {
        VStack {
            Image(systemName: "music.note.house")
                .scaleEffect(x: 3.0, y: 3.0)
                .frame(width: 100, height: 100)
            Text("HOME").font(.system(size: 20))
        }
        .frame(maxWidth: .infinity, maxHeight: .infinity)
        .background(Color(red: 0.5, green: 0.9, blue: 0.9))
        .ignoresSafeArea()
    }
}

struct WeatherTabView: View {
    var body: some View {
        VStack {
            Image(systemName: "cloud.sun")
                .scaleEffect(x: 3.0, y: 3.0)
                .frame(width: 100, height: 100)
            Text(" お天気ページ ").font(.system(size: 20))
        }
        .frame(maxWidth: .infinity, maxHeight: .infinity)
        .background(Color(red: 1.0, green: 0.9, blue: 1.0))
        .ignoresSafeArea()
    }
}

struct NewsTabView: View {
    var body: some View {
        VStack {
            Image(systemName: "newspaper")
                .scaleEffect(x: 3.0, y: 3.0)
                .frame(width: 100, height: 100)
            Text(" ニュースと解説 ").font(.system(size: 20))
        }
        .frame(maxWidth: .infinity, maxHeight: .infinity)
        .background(Color(red: 0.9, green: 0.9, blue: 0.8))
        .ignoresSafeArea()
    }
}

struct ContentView_Previews: PreviewProvider {
    static var previews: some View {
```

「HOME」のビュー

「お天気ページ」のビュー

「ニュースと解説」のビュー

6-6　タブやスワイプでビューを切り替える

```
        ContentView()
        HomeTabView()
        WeatherTabView()
        NewsTabView()
    }
}
```
━━ 4つのビューのプレビューを個別に作ります

左右のスワイプでページ送りできるタブビュースタイル

　TabView に tabViewStyle(PageTabViewStyle()) のモディファイアを付けるとビューを左右のスワイプでページ送りできるスタイルになります。このスタイルではページコントロールが表示されて、現在開いているページがハイライト表示されます。これに対して、分かれているタブのタップでビューを切り替える初期値のスタイルは、tabViewStyle(DefaultTabViewStyle()) です。

ページコントロールが表示されます

スワイプしてページ送りします

ビューが移ります

Code | PageTabViewStyle のタブビュー | «FILE» **PageTabViewStyleSample/ContentView.swift**

```swift
struct ContentView: View {
    @State var selectedTag = 1

    var body: some View {
        TabView(selection: $selectedTag) {
            HomeTabView().tag(1)      ———— tabItem は指定しません
            WeatherTabView().tag(2)
            NewsTabView().tag(3)
        }
        .tabViewStyle(PageTabViewStyle())   ———— スタイルを指定します
        .ignoresSafeArea()
    }
}
```

バインディングと オブジェクトの共有

@Binding、@Published、@ObservedObject、@StateObject、@EnvironmentObject といったキーワードが登場します。これらを使ってビュー間での変数のバインディング、オブジェクトの共有を行います。この機能を利用したリストのスワイプアクションの処理も取り上げます。少しばかり入り組んだ内容になりますが、アプリ開発で欠かせないテクニックになるでしょう。

Section 7-1　@Binding 変数を別のビューの変数とひも付けて使う
Section 7-2　@Binding を使ってビューを閉じるボタンを作る
Section 7-3　オブジェクトを見張ってビュー表示を更新する
Section 7-4　リストのスワイプアクションを処理する
Section 7-5　@StateObject オブジェクトと @ObservedObject オブジェクト
Section 7-6　どこからでも共有できる @EnvironmentObject
　　　　　　　クラス定義

Section 7-1 @Binding 変数を別のビューの変数とひも付けて使う

Toggle や Slider のように別のビューから変数を参照して使えるようにするには、@Binding を付けて変数を宣言します。この仕組みを使ってオリジナルのスイッチボタンを作ってみましょう。

このセクションのトピック

1. チェック状態を別のビューから調べることができるチェックボタンを作ろう
2. タップでイメージがトグルするチェックボタンにしよう
3. 部品化したチェックボタンをビューに配置して使ってみよう
4. 2つのボタンのチェック状態を組み合わせて判定しよう

 重要キーワードはコレだ!
@Binding、toggle()、$ 変数、&&、Group

7-1 @Binding 変数を別のビューの変数とひも付けて使う

STEP ひも付けて使う変数を @Binding で宣言する

Toggle で作るスイッチのように未チェック／チェック済みが切り替わるチェックボタンを作り、このチェックボタンを使って担当者1と担当者2がチェック済みかどうかを判定します。そのためには、チェックボタンを配置するビューの変数とチェック済みかどうかの状態を保存する変数とをバインディング（ひも付け、関連付け）できるように作ります。

1 PersonCheckMark ビューを定義する 《SAMPLE》 BindingIsChecked.xcodeproj

タップすると未チェック／チェック済みのイメージと色が切り替わるボタンを表示する PersonCheckMark ビューを定義します。

Code タップでイメージが入れ替わるボタンを作る PersonCheckMark ビューを定義する 《FILE》 BindingIsChecked/ContentView.swift

```swift
struct PersonCheckMark: View {
    // ContentView ビューの変数とバインディングする変数
    @Binding var isChecked: Bool        ──── ビューを作る際にバインディングして使います

    var body: some View {
        Button(action: {
            // isChecked の true/false を反転する
            isChecked.toggle()
        }) {
            // isChecked が true か falsed かでイメージと色を選ぶ
            Image(systemName: isChecked ? "person.fill.checkmark" : "person")
                .foregroundColor(isChecked ? .blue : .gray)
                .scaleEffect(2.0)
                .frame(width: 40, height: 40)
        }
    }
}
```

2 担当者1のチェックボタンを表示する

ContentView ビューに担当者1のチェックボタンを作って表示します。チェックボタンは PersonCheckMark ビューで作成し、チェックの状態を @State を付けた変数 isChecked_person1 に保存します。$isChecked_person1 のように $ を付けた変数の参照を渡して PersonCheckMark の @BInding 付き変数 isChecked とバインディング（ひも付け、関連付け）します。

Chapter
7
バインディングとオブジェクトの共有

Code 担当者1のチェックボタンを作って表示する   «FILE» BindingIsChecked/ContentView.swift

```swift
struct ContentView: View {
    // チェック状態を保存（PersonCheckMark ビューの isChecked とバインディングする）
    @State var isChecked_person1: Bool = false

    var body: some View {
        HStack {
            Text(" 担当者1のチェック ")
            // PersonCheckMark ビューを作る
            PersonCheckMark(isChecked: $isChecked_person1)
        }
    }
}
```

PersonCheckMark の変数 isChecked とバインディングします

3 ライブプレビューで確認する

それではここまでをライブプレビューで確認してみましょう。「担当者1のチェック」の右に表示されているアイコンをクリックするとチェック状態のオン／オフが切り替わります。

4 チェック担当者を2人にする

PersonCheckMark ビューを作ったので、担当者を何人でも作ることができます。担当者を2人にするには、チェック状態を保存する @State 変数を isChecked_person1、isChecked_person2 のように2個用意して、それぞれ PersonCheckMark(isChecked: $isChecked_person1)、PersonCheckMark(isChecked: $isChecked_person2) のように参照を渡して PersonCheckMark の変数 isChecked とバインドします。
isChecked_person1 && isChecked_person2 の論理積の結果を if 文で評価して、担当者の2人ともにチェック済みの場合に「全員チェック済み」、どちらか片方でも未チェックだと「チェック待ち」と表示されるようにします。

| Code | チェック担当者を2人に増やす | «FILE» BindingIsChecked2/ContentView.swift |

```swift
struct ContentView: View {
    // チェック状態を保存（PersonCheckMark ビューの isChecked とバインディングする）
    @State var isChecked_person1: Bool = false
    @State var isChecked_person2: Bool = false    ——— 担当者2の変数を追加します

    var body: some View {
        VStack {
            HStack {
                Text(" 担当者1のチェック ")
                PersonCheckMark(isChecked: $isChecked_person1)
            }
            HStack {
                Text(" 担当者2のチェック ")
                PersonCheckMark(isChecked: $isChecked_person2)
            }
            // 全チェックの判定
            Group {
                if isChecked_person1 && isChecked_person2 {
                    Text(" 全員チェック済み ").foregroundColor(.blue)
                } else {
                    Text(" チェック待ち ").foregroundColor(.red)
                }
            }
            .font(.largeTitle)
            .padding(.top)
        }
    }
}
```

担当者2のチェック処理を追加します

5 ライブプレビューで確認する

ライブプレビューで確認すると、担当者チェックが2人になっています。下には赤文字で「チェック待ち」と表示されていて、2人の担当者が両方ともチェック済みになったときに青色の「全員チェック済み」に変わります。

担当者2のチェック項目が追加されます

担当者が2人ともにチェック済みのときに「全員チェック済み」の表示になります

バインディングする変数に @Binding を付けて宣言する

　PersonCheckMark ビューではボタンのタップで isChecked.toggle() を実行して、変数 isChecked の値を true / false で反転させています。そして、isChecked が true ならばチェック有りのイメージ、false ならばチェック無しのイメージを表示します。これまでのセクションでは、ボタンやスイッチなどで使う変数は、その値を保持するために @State を付けて宣言していました。しかし、PersonCheckMark では @State ではなく @Binding を付けて宣言します。

Code	変数 isChecked に @Binding を付けて宣言する	《FILE》BindingIsChecked/ContentView.swift

```swift
struct PersonCheckMark: View {
    // ContentView ビューの変数とバインディングする変数
    @Binding var isChecked: Bool ——————— isChecked をバインディングできる変数にするために
                                         @Binding を付ける
    var body: some View {
        Button(action: {
            // isChecked の true/false を反転する
            isChecked.toggle()
        }) {

    . . .

}
```

@State ではなく @Binding を付ける理由

　PersonCheckMark の変数 isChecked を @State で宣言してもタップでイメージが切り替わるチェックボタンになります。それにも関わらず @State ではなく @Binding を付ける理由は、ContentView ビューで全チェック判定を行うためにチェックボタンの isChecked の値を知りたいからです。

　ContentView ビューからは PersonCheckMark ビューの isChecked の値の変化を知ることができません。そこで、ContentView ビューで作った変数 isChecked_person1、isChecked_person2 を PersonCheckMark ビューの変数 isChecked にバインディングすることで、isChecked の最新の値を調べることができるようにします。それによって isChecked の値の変化が即座にチェック判定に反映されるようになります。

　そのためには、PersonCheckMark ビューの変数 isChecked がほかのビューの変数とバインディングされることを示すために isChecked に @Binding を付けて宣言します。

Code	全チェック判定のために担当 2 人のチェック状態を知りたい	《FILE》BindingIsChecked2/ContentView.swift

```swift
        HStack {
            Text("担当者 1 のチェック ")
            PersonCheckMark(isChecked: $isChecked_person1)
        }
        HStack {
            Text("担当者 2 のチェック ")
            PersonCheckMark(isChecked: $isChecked_person2)
        }
        // 全チェック判定
        if isChecked_person1 && isChecked_person2 {
```

バインディングしている isChecked の現在値で評価します

7-2 @Binding を使ってビューを閉じるボタンを作る

Section 7-2
@Binding を使って
ビューを閉じるボタンを作る

sheet モディファイアを使って現在のビューに重ねて表示したシートは下向きにスワイプして閉じることができますが、@Binding を利用するとシートを閉じるボタンを作ることができます。同じように fullScreenCover モディファイアで表示するビューを閉じるボタンも作ってみましょう。

このセクションのトピック

1. sheet モディファイアのビューをボタンで閉じるには？
2. fullScreenCover モディファイアのビューを閉じるボタンを作る
3. バインディングした変数をもったビューをプレビューしたい
4. @Environment の環境変数を使って現在のビューを閉じる方法

重要キーワードはコレだ！
@Binding、sheet、fullScreenCover、Binding.constant()、
@Environment、presentationMode

@Binding の機能を使って閉じるボタンを作る

　sheet モディファイアで表示したビューを @Binding の機能を使って閉じるボタンを作ります。sheet モディファイアでビューを表示する方法については Section 6-3 でも解説しているので参考にしてください。バインディングしている変数があるビューをプレビューする方法も取り上げます。

1 「閉じる」ボタンがある SomeView ビューを定義する　　«SAMPLE» SheetDismissButton.xcodeproj

　ContentView ビューに重ねて表示する SomeView ビューを定義します。シートに表示する VStack に toolbar モディファイアを追加し、ツールバーに「閉じる」ボタンを作ります。「閉じる」ボタンでは、タップされたならば==変数 isPresented を false に設定==します。この isPresented は、@State ではなく @Binding を付けて宣言しておきます。

Code　「閉じる」ボタンがある SomeView ビュー　　«FILE» SheetDismissButton/ContentView.swift

```swift
struct SomeView: View {
    // ContentView ビューの変数 isShow とバインディングする
    @Binding var isPresented: Bool
    
    var body: some View {
        NavigationView {
            VStack {
                Image(systemName: "ladybug").scaleEffect(2.0)
                Text(" ハロー ").font(.title2).padding()
            }
            .frame(maxWidth: .infinity, maxHeight: .infinity)
            .background(Color(red: 0.9, green: 0.9, blue: 0.8))
            .toolbar {
                ToolbarItem(placement: .navigationBarTrailing) {
                    // 閉じるボタン
                    Button {
                        isPresented = false
                    } label: {
                        Text(" 閉じる ")
                    }
                }
            }
        }
    }
}
```

2 SomeView ビューをボタンで表示する ContentView ビューを定義する

　ContentView ビューにボタンを配置し、sheet モディファイアを追加して SomeView ビューを重ねて表示する「シートを表示」ボタンを作ります。ボタンで true にする==変数 isShow は @State==を付けて宣言しておきます。
sheet(isPresented: ==$isShow==) だけでなく、シート表示する SomeView ビューを作る SomeView(isPresented: ==$isShow==) にも $isShow を引数で渡します。

350

7-2 @Binding を使ってビューを閉じるボタンを作る

| Code | SomeView ビューをシート表示する ContentView ビュー | «FILE» SheetDismissButton/ContentView.swift |

```swift
struct ContentView: View {
    @State var isShow: Bool = false

    var body: some View {
        Button(action: {
            isShow = true ──────── true にするので SomeView ビューが表示されます
        }) {
            Text(" シートを表示 ")
        }
        .sheet(isPresented: $isShow){
            SomeView(isPresented: $isShow)   // SomeView ビューを表示する
        }
    }
}
```

3 | SomeView ビューもプレビューされるようにする

ContentView ビューだけでなく SomeView ビューもプレビューされるようにするには、ContentView_Previews に
SomeView ビューを作るコードを追加します。struct SomeView にはバインディングで値を指定する isPresented が
あるので、SomeView(isPresented: Binding.constant(false)) のように初期値を指定してプレビューを作ります。

| Code | SomeView ビューもプレビューされるようにする | «FILE» SheetDismissButton/ContentView.swift |

```swift
struct ContentView_Previews: PreviewProvider {
    static var previews: some View {
        ContentView()
        // SomeView ビューもプレビューする
        SomeView(isPresented: Binding.constant(false))
    }
}
```

Chapter
7
バインディングとオブジェクトの共有

351

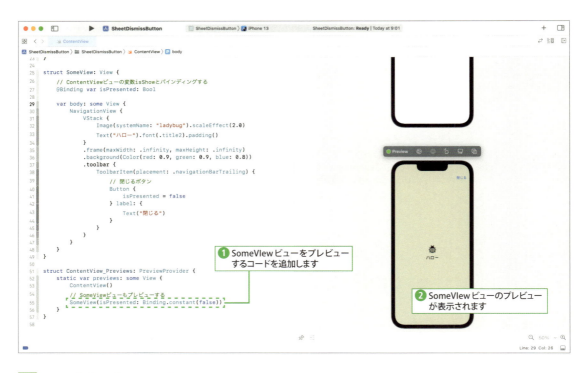

① SomeViewビューをプレビューするコードを追加します

② SomeViewビューのプレビューが表示されます

4 ライブプレビューで試してみる

それではライブプレビューで動作チェックしてみましょう。「シートを表示」をクリックしてSomeViewビューがシートとして表示されたならば、ツールバーの「閉じる」をクリックします。シートが閉じたら成功です。

① クリックします

② シートが登場します
③ クリックします

④ シートが退場します

sheet モディファイアで表示したビューを閉じるには？

シートを表示するボタンのコードを見るとわかるように、sheet モディファイアの引数 isPresented に true を与えるとシートが表示されます。つまり、次のコードならば変数 isShow が true のときにシートが表示されます。逆に言えば、isShow を false にすれば表示されているシートが閉じることが予想されます。

> **Code**　sheet モディファイアの引数 isPresented を true にするとシートが表示される　　《FILE》**SheetDismissButton/ContentView.swift**

```
Button(action: {
    isShow = true
}) {
    Text(" シートを表示 ")
}
.sheet(isPresented: $isShow){
    // ここで作るビューがシートとして表示される
}
```

「閉じる」ボタンで isShow を false にする

そこで、SomeView の「閉じる」ボタンで ContentView の変数 isShow の値を false にできるように、ContentView の isShow を SomeView の変数 isPresented とをバインディングします。

そのためには、まず SomeView を定義する際に @Binding を付けて変数 isPresented を宣言します。

> **Code**　SomeView ビューでは @Binding を付けて変数 isPresented を宣言　　《FILE》**SheetDismissButton/ContentView.swift**

```
@Binding var isPresented: Bool
```

そして、「閉じる」ボタンには isPresented の値を false にするコードを書きます。

> **Code**　isShow とバインディングしている isPresented を false にしてシートを閉じる　　《FILE》**SheetDismissButton/ContentView.swift**

```
Button {
    isPresented = false
} label: {
    Text(" 閉じる ")
}
```

最後に SomeView ビューを表示する際に引数 isPresented に $isShow を指定して、SomeView の変数 isPresented と ContentView の変数 isShow をバインディングします。

> **Code**　ContentView の isShow を SomeView の isPresented にバインディングする　　《FILE》**SheetDismissButton/ContentView.swift**

```
.sheet(isPresented: $isShow){
    SomeView(isPresented: $isShow)  // SomeView ビューを表示する
}
```

fullScreenCover モディファイアのビューを閉じるボタンを作る

　sheet モディファイアの代わりに fullScreenCover モディファイアを使うと、もとのビューを完全に覆い隠すビューが表示されます。このビューは sheet モディファイアで表示するビューと違って下向きにスワイプしても閉じることができません。つまり、「閉じる」ボタンを用意しなければユーザーが閉じることができないビューになってしまいます。

　fullScreenCover モディファイアを閉じる仕組みは sheet モディファイアのビューを閉じるボタンとまったく同じで、先のサンプルのコードで sheet を fullScreenCover に書き替えるだけで試すことができます。

7-2 @Binding を使ってビューを閉じるボタンを作る

Code fullScreenCover モディファイアで「閉じるボタン」付きのビューを表示する 《FILE》 fullScreenCoverSample/ContentView.swift

```swift
import SwiftUI

struct ContentView: View {
    @State var isShow: Bool = false

    var body: some View {
        Button(action: {
            isShow = true
        }) {
            Text("ビューを表示")
        }
        .fullScreenCover(isPresented: $isShow){          // sheet を fullScreenCover に書き替えます
            SomeView(isPresented: $isShow)  // SomeView ビューを表示する
        }
    }
}

struct SomeView: View {
    // ContentView ビューの変数 isShow とバインディングする
    @Binding var isPresented: Bool

    var body: some View {
        NavigationView {
            VStack {
                Image(systemName: "ladybug").scaleEffect(2.0)
                Text("ハロー").font(.title2).padding()
            }
            .frame(maxWidth: .infinity, maxHeight: .infinity)
            .background(Color(red: 0.9, green: 0.9, blue: 0.8))
            .toolbar {
                ToolbarItem(placement: .navigationBarTrailing) {
                    // 閉じるボタン
                    Button {
                        isPresented = false
                    } label: {
                        Text("閉じる")
                    }
                }                                           // ビューを閉じるボタンを作ります
            }
        }
    }
}

struct ContentView_Previews: PreviewProvider {
    static var previews: some View {
        ContentView()
        SomeView(isPresented: Binding.constant(false))
    }
}
```

Chapter
7

バインディングとオブジェクトの共有

> ⓘ **NOTE**

環境変数 presentationMode にアクセスしてビューを閉じる

@Environment を使って環境変数 EnvironmentValues の 1 つの presentationMode にアクセスする変数 presentation を定義しておき、presentation.wrappedValue.dismiss() を実行することでビューを閉じることができます。この方法ならば sheet モディファイアや fullScreenCover モディファイアでビューを開く際に $isShow をバインディングする必要がありません。

Code 環境変数 presentationMode にアクセスしてビューを閉じる　　**«FILE»** presentationModeSample/ContentView.swift

```swift
import SwiftUI

struct ContentView: View {
    @State var isShow: Bool = false

    var body: some View {
        Button(action: {
            isShow = true
        }) {
            Text("シートを表示")
        }
        .sheet(isPresented: $isShow){
            SomeView()   // SomeView ビューを表示する ——— $isShow をバインディングしなくてもよい
        }
    }
}

struct SomeView: View {
    // 環境変数 presentationMode にアクセスする
    @Environment(\.presentationMode) var presentation ——— プレゼンテーションモード

    var body: some View {
        NavigationView {
            VStack {
                Image(systemName: "ladybug").scaleEffect(2.0)
                Text("ハロー").font(.title2).padding()
            }
            .frame(maxWidth: .infinity, maxHeight: .infinity)
            .background(Color(red: 0.9, green: 0.9, blue: 0.8))
            .toolbar {
                ToolbarItem(placement: .navigationBarTrailing) {
                    // 閉じるボタン
                    Button {
                        presentation.wrappedValue.dismiss() ——— 現在のビューを閉じます
                    } label: {
                        Text("閉じる")
                    }
                }
            }
        }
    }
}

struct ContentView_Previews: PreviewProvider {
    static var previews: some View {
        ContentView()
        SomeView()
    }
}
```

7-3 オブジェクトを見張ってビュー表示を更新する

Section 7-3 オブジェクトを見張ってビュー表示を更新する

ユーザー定義クラスから作ったオブジェクトのプロパティの値をビューで表示しているとき、プロパティの値が変化してもビュー表示は更新されません。プロパティの値とビュー表示を同期するには、プロパティをパブリッシュし、ビュー側ではオブジェクトを見張って同期します。これを行うには、ObservableObject プロトコル、@Published、@ObservedObject の３つのキーワードを利用します。

このセクションのトピック

1. 更新されるオブジェクトのプロパティ値を表示するには？
2. @ObservedObject オブジェクトは ObservableObject プロトコル準拠でクラス定義しよう
3. 値を観測するプロパティには @Published を付けて変化をパブリッシュしよう
4. 0.5 秒間隔で乱数を発生するオブジェクトを観測し、数値の更新をグラフ表示する

 重要キーワードはコレだ！
class、ObservableObject プロトコル、@Published、@ObservedObject、isEmpty、Timer、Timer.scheduledTimer()、onAppear()、scaleEffect()

入力された名前と身長を使う

身長からサイズを判断

棒グラフ

0.5 秒間隔で乱数表示

STEP オブジェクトのクラス定義とプロパティを使った処理

　名前（name）、身長（tall）の2個のプロパティをもつ User クラスを定義します。2つのプロパティの値は ContentView に表示するフィールドに入力して設定し、その値を使って名前とサイズを表示します。サイズは tall の値で「S、M、L、サイズなし」を振り分ける fitSize() を定義して求めます。なお、クラス定義については本章最後の「Swift シンタックスの基礎知識」で詳しく解説しています。そちらも参照してください（☞ P.394）。

❶ 名前と身長を入力すると
❷ 身長に対応したサイズが表示されます

1　観測するプロパティがある User クラスを定義する　《SAMPLE》ObservedObjectSample.xcodeproj

　値の更新を観測したい name プロパティと tall プロパティがある User クラスを ObservableObject プロトコル準拠で定義します。新規にクラスファイルを作ってもよいですが、このサンプルでは ContentView.swift に書いています。

Code　User クラスを定義する　　　　　　　　　　《FILE》ObservedObjectSample/ContentView.swift

```swift
class User: ObservableObject {
    // 変更をパブリッシュするプロパティ
    @Published var name = ""
    @Published var tall = ""
}
```

2　身長からサイズを求める関数 fitSize() を定義する

　引数 tall で身長を受け取り、該当するサイズを返す関数 fitSize() を定義します。身長は switch 文を使ってサイズに振り分けますが、注意点としては引数 tall が String 型で送られてくる点です。
　このままでは大きさを判断できないので Double(tall) で数値に変換していますが、tall の値を数値化できない可能性もあるので、guard let-else を使って数値にできる場合は変数 height に代入して switch 文で処理します（switch 文 ☞ P.243、guard let-else ☞ P.276）。

Code　tall からサイズを選んで返す関数　　　　　　《FILE》ObservedObjectSample/ContentView.swift

```swift
func fitSize(tall:String) -> String {
    // tall を数値に変換できない場合は "？？？" を返して中断
    guard let height = Double(tall) else {       // tall を数値化して height に代入します
        return "？？？"
    }
    // tall を数値化した値 height で場合分けする
    switch height {       // height でサイズを振り分けます
    case 145..<155 :
        return "Sサイズです"
    case 155..<176 :
        return "Mサイズです"
    case 176..<185 :
```

```
            return "Lサイズです"
        default:
            return "適したサイズがありません"
    }
}
```

3 ContentViewビューに入力フィールドと結果を表示する

名前と身長を代入する2個のテキストフィールドを作り、入力された値はそれぞれUserクラスで作ったインスタンスuserのプロパティに設定します。そして、あらためて名前とサイズを参照してビューにテキスト表示します。

Code ContentViewビューに名前と身長を入力するフィールドを作りサイズを求める　«FILE» ObservedObjectSample/ContentView.swift

```
struct ContentView: View {
    // 観測するオブジェクト
    @ObservedObject var user = User()      // インスタンスを生成
                                           // 観測対象のオブジェクトであることを示します
    var body: some View {
        VStack(alignment:.leading, spacing:15) {
            // インスタンスのプロパティを変更する
            Group {
                TextField("名前", text: $user.name)
                TextField("身長", text: $user.tall)       // 入力を受け付けます
                    .keyboardType(.numberPad)
            }.textFieldStyle(RoundedBorderTextFieldStyle())

            // プロパティを参照してサイズを表示する
            if !(user.name).isEmpty && !(user.tall).isEmpty {
                Text("\(user.name)さんは\(fitSize(tall: user.tall))")
            }                                              // 結果を表示します
        } .frame(width: 250)
    }
}
```

4 シミュレータで名前と身長を入力して確かめる

ライブプレビューでも動作チェックはできますが、シミュレータのキーボード入力で動作チェックしてみましょう。フィールドに名前と身長を入力すると、身長に対応したサイズが名前とともに表示されます。身長、名前のどちらかが空の状態ではテキスト表示がありません。

身長が入っていないので何も表示しません　　身長からサイズを判断します　　該当サイズがない場合の表示

観測するオブジェクトのクラス定義とプロパティの設定

観測対象の ObservedObject オブジェクトを作るためのクラスには、ObservableObject プロトコルを指定します。プロパティは変数で宣言し、値の変化を観測するプロパティの変数には @Published を付けて宣言します。

Code ObservableObject プロトコルを指定した User クラス定義 　　　　《FILE》**ObservedObjectSample/ContentView.swift**

```
class User: ObservableObject {  ──── ObservedObject オブジェクトを作るためのプロトコル
    // 変更をパブリッシュするプロパティ
    @Published var name = ""  ┐── 値の変化をパブリッシュするプロパティ
    @Published var tall = ""  ┘
}
```

観測するオブジェクトの変数に @ObservedObject を付ける

User クラスのインスタンスを User() で作り、変数 user に代入します。user が観測対象のオブジェクトであることを示すために @ObservedObject を付けて変数を宣言します。

Code @ObservedObject を付けた変数にクラスのインスタンスを保存する 　　　　《FILE》**ObservedObjectSample/ContentView.swift**

```
struct ContentView: View {
    // 観測するオブジェクト
    @ObservedObject var user = User()   // インスタンスを生成
```

プロパティの値を設定するテキストフィールドを作る

インスタンスは変数 user に入っているので、name プロパティには user.name、tall プロパティには user.tall で参照できます。TextField の引数 text には、$user.name、$user.tall のように $ を付けてプロパティの参照を渡します。これでテキストフィールドに入力した値は、インスタンス user の 2 つのプロパティの値としてそれぞれ設定されます。

Code テキストフィールドの入力で名前と身長を設定する 　　　　《FILE》**ObservedObjectSample/ContentView.swift**

```
            TextField(" 名前 ", text: $user.name)
            TextField(" 身長 ", text: $user.tall)
```

プロパティの現在の値を調べる

名前は user.name、身長は user.tall で取り出すことができるので、値を isEmpty を使ってチェックしてそのどちらも空でないときに Text() の式を実行して名前とサイズを表示します。サイズは fitSize() に user.tall を引数で渡して調べます。

Code プロパティが空でないとき名前とサイズを表示する 　　　　《FILE》**ObservedObjectSample/ContentView.swift**

```
        // プロパティを参照してサイズを表示する
        if !(user.name).isEmpty && !(user.tall).isEmpty {
            Text("\(user.name) さんは \(fitSize(tall: user.tall))")
        }
```

観測しているプロパティの値が更新したら再描画する

これまでの内容を整理してみましょう。テキストフィールドで名前と身長を更新すると user.name と user.tall の値が更新されます。しかし、そのままでは ContentView ビューには user のプロパティの値が変化したことが伝わらないために、ContentView ビューでの名前とサイズの表示は更新されません。

そこで user を観測対象の @ObservedObject オブジェクトとして作ります。すると @Published が付いた name と tall のプロパティの値の変化を ContentView ビューで受け取ることができるようになり、即座に更新後の値で名前とサイズを再描画できるようになります。

以上をまとめると、オブジェクトの更新を観測する際にポイントとなるのは次の3つです。

> 1. オブジェクトを作るクラスに ObservableObject プロトコルを指定する
> 2. 更新を観測するプロパティに @Published を付ける
> 3. @ObservedObject を付けた変数に観測するオブジェクトを保存する

刻々と変わるオブジェクトの値を表示する

オブジェクトのプロパティの更新を @ObservedObject で観測するようすを別の例で見てみましょう。

ObservedObjectSample の例ではテキストフィールドへの入力操作がオブジェクトのプロパティの値を更新するタイミングでしたが、今回作る ValueMaker クラスのオブジェクトではユーザーの操作とは関係なく、0.5 秒間隔でプロパティの値が変わります。刻々と変化する値を表示するために @ObservedObject を利用します。

0.5 秒間隔で値が変化する ValueMaker クラス

今回は ValueMaker クラスを定義するクラスファイル ValueMaker.swift を新規に作っています。クラスファイルは、File メニューの New > File... を選択し、テンプレートのダイアログから Swift File を選んで作ります。

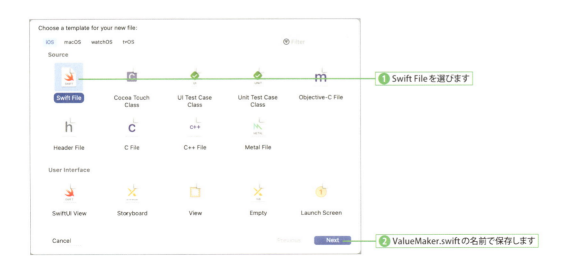

① Swift File を選びます
② ValueMaker.swift の名前で保存します

ValueMaker クラスでは、Timer クラスを利用して刻々と乱数を発生するオブジェクトを作ります。value には @Published を付けて宣言してあるので、値の更新の状況がパブリッシュされます。

Code　0.5 秒間隔で乱数を作るクラス　　　　　　　　　　　　　«FILE» ObservedObjectValueMaker/ValueMaker.swift

```swift
import Foundation

class ValueMaker: ObservableObject {
    // 値の更新をパブリッシュする変数にする
    @Published var value: Double = 0.0
    private var timer = Timer() // タイマーを作る
    // タイマーをスタート
    func start() {
        timer = Timer.scheduledTimer(withTimeInterval: 0.5, repeats: true) { _ in
            // value に乱数をセットする                           ├─ 0.5 秒間隔で処理を繰り返すタイマー
            self.value = Double.random(in: 0 ... 1)                  になります
        }                      └─ タイマーで実行する処理
    }
}
```

変化する value を数値と棒グラフで表示する

ContentView では、@ObservedObject を付けた変数 maker に ValueMaker() でインスタンスを作って代入します。これで maker インスタンスの value プロパティの値の更新を maker.value で見張れるようになります。刻々と変化する値は Text("\(maker.value)") で表示し、値が 0.8 より大きい場合は背景を赤、文字色を白にします。さらに、数値が 1.0 のときに 100% になる棒グラフ（パーセントを示すバー）を描きます。棒グラフは Rectangle で作って scaleEffect で伸縮して長さを決めます。伸縮は X 軸方向だけにし、anchor: .leading にすることで左端を基準点にして右方向へ伸びる棒グラフになります。

なお、乱数を発生させるタイマーをスタートするには、ValueMaker クラスで定義してあるインスタンスメソッド maker.start() を実行する必要があります。そこで、ContentView ビューの VStack が表示される際に実行される onAppear(perform:) で実行しています。

Code　ValueMaker のインスタンスを作って見張り、変化する value を表示する　　«FILE» ObservedObjectValueMaker/ContentView.swift

```swift
struct ContentView: View {
    // ValueMaker のインスタンスを作り観測する
    @ObservedObject var maker = ValueMaker()

    var body: some View {
        VStack (alignment: .leading, spacing: 10){
            Text("\(maker.value)")
                .font(.largeTitle)                          ├─ 値が変わると更新され、ビューも再描画されます
                .foregroundColor((maker.value > 0.8) ? .white : .gray)
                .background((maker.value > 0.8) ? Color.red : Color.white)
            // 棒グラフ                                       └─ 0.8 以上になると白文字、赤背景になります
            ZStack {
                Rectangle().stroke(.gray)
                Rectangle()
                    .foregroundColor(.green)
                    .scaleEffect(x:maker.value, y:1.0, anchor: .leading)
            }                      └─ X 軸方向に伸縮する棒グラフになります
        }
```

```
            .frame(width: 200, height: 80)
            .onAppear(perform: {
                maker.start()   // スタート
            })
        }
    }
```
ビューが表示される際に実行され、タイマーがスタートします

0.5秒間隔で数字が変わります

0.8より大きいとき、背景が赤、文字色が白になります

数値が棒グラフで表示されます

> **! NOTE**
>
> **start() を ValueMaker クラスのイニシャライザで実行する**
>
> タイマーをスタートさせる start() は、ContentView ビューを表示する際に実行される onAppear() ではなく、ValueMaker クラスのイニシャライザで実行することもできます。そうすれば、ValueMaker クラスのインスタンス maker を生成した直後からタイマーが開始し、乱数が発生し始めます。
>
> **Code** 0.5 秒間隔で乱数を作るクラス «FILE» ObservedObjectValueMaker2/ValueMaker.swift
>
> ```
> import Foundation
>
> class ValueMaker: ObservableObject {
>     // 値の更新をパブリッシュする変数にする
>     @Published var value: Double
>     private var timer: Timer
>     // イニシャライザ
>     init() {
>         value = 0.0
>         timer = Timer()  // タイマーを作る
>         start()  // スタート
>     }
>     // タイマーをスタート
>     func start() {
>         timer = Timer.scheduledTimer(withTimeInterval: 0.5, repeats: true) { _ in
>             // value に乱数をセットする
>             self.value = Double.random(in: 0 ... 1)
>         }
>     }
> }
> ```
> インスタンスが作られる際に実行されます

7-3 オブジェクトを見張ってビュー表示を更新する

Chapter 7 バインディングとオブジェクトの共有

Section 7-4 リストのスワイプアクションを処理する

iOS 15でSwiftUIに追加されたswipeActionsを利用してリストの行を左右にスワイプすることで、ボタン表示や実行ができるスワイプアクションを手軽に組み込めるようになりました。ただ、アクションを活用するにはObservableObjectなどの理解が必要になります。前節の解説と合わせて進めてください。行のドラッグや削除ができる編集モードについても取り上げます。

このセクションのトピック

1. リストにスワイプアクションを付けよう
2. 左右のスワイプアクションに対応しよう
3. スワイプアクションで配列の値を変更するには？
4. リストの行をドラッグで並べ替えられるようにしたい

重要キーワードはコレだ！
swipeActions、ObservableObject、Equatable、@Published、@ObservedObject、@ViewBuilder、firstIndex()、toggle()、EditButton、onMove()、onDelete()

7-4 リストのスワイプアクションを処理する

STEP リストに既読／未読のスワイプアクションを追加する

まず最初に<mark>スワイプアクションで既読と未読を切り替えて表示できる図書リスト</mark>を作ります。リストには書名と著者名を表示し、既読はグレイで表示されるようにします。Book 構造体が Identifiable プロトコルだけでなくEquatable プロトコルも採用している理由、Books クラスでわざわざ isRead の true/false の値を反転させるtoggleIsRead() 関数を作る理由は後ほど説明します。

1 リストに表示する本を Book 構造体と Books クラスで定義する

まず、Swift ファイルの BookData.swift をプロジェクトに追加します。そして id、書名、著者、既読がどうかの属性をもつ <mark>Book 構造体</mark>とその配列を booksData としてもつ <mark>Books クラス</mark>を定義します。Books クラスには既読／未読を示す isRead の値を反転させる toggleIsRead() 関数も定義します。

Code Book 構造体と Books クラスを定義する　　　　《FILE》**ListSwipeActions1/BookData.swift**

```
import Foundation

struct Book: Identifiable, Equatable {
    var id = UUID()
    var title:String  // 書名
    var author:String  // 著者
    var isRead = false // 既読のとき true
}
```
——本 1 冊分のデータの構造を struct で定義します。Identifiable, Equatable の 2 つのプロトコルを指定します

```
class Books: ObservableObject {
    @Published var booksData = [
        Book(title: "風の又三郎", author:"宮沢賢治"),
        Book(title: "人間失格", author:"太宰治"),
        Book(title: "坊ちゃん", author:"夏目漱石"),
        Book(title: "遠野物語", author:"柳田国男"),
        Book(title: "生まれいずる悩み", author:"有島武郎"),
        Book(title: "舞姫", author:"森鴎外"),
        Book(title: "人間椅子", author:"江戸川乱歩"),
        Book(title: "人間レコード", author:"夢野久作"),
        Book(title: "山月記", author:"中島敦")
    ]

    // 既読と未読の反転
    func toggleIsRead(_ item: Book) {
        guard let index = booksData.firstIndex(of: item) else { return }
        booksData[index].isRead.toggle()
    }
}
```
——ObservableObject を継承した Books クラスを定義します。配列 booksData には @Publishedを付けます

2 BookView ビューを定義してリスト表示する

ContentView ビューに <mark>@ObservedObject</mark> を付けて Books クラスのインスタンス books を作るコードを追加します。body は books の配列 booksData から本のデータを取り出して BookView ビューとしてリスト表示するコードを書きます。<mark>BookView ビュー</mark>は @ViewBuilder を付けて関数定義し、引数で渡された各本のデータ item から書名と著者名を取り出して VStack でレイアウトします。

Chapter **7**

バインディングとオブジェクトの共有

365

| Code | BookView ビューをリスト表示する | «FILE» ListSwipeActions1/ContentView.swift |

```swift
struct ContentView: View {
    @ObservedObject var books = Books()

    var body: some View {
        List(books.booksData) { item in
            BookView(item)
        }.listStyle(.plain)
    }
}

// リストの行に表示するビュー
@ViewBuilder
func BookView(_ item:Book) -> some View {
    VStack(alignment: .leading){
        Text(item.title).bold() // 書名
        Text(item.author) // 著者
    }
    .foregroundColor(item.isRead ? .gray : .black) // 既読のときグレイ
    .frame(height:80)
}
```

配列 booksData から Book データ を取り出して
リスト表示します

行に表示するビュー
を定義します

3 BookView ビューに未読／既読のスワイプアクションを付ける

リスト表示している BookView ビューに swipeActions モディファイアを追加します。swipeActions にはスワイプア
クションで表示するボタンを Button で作ります。ボタンでは books.toggleIsRead(item) を実行するようにし、item.
isRead が true の場合、すなわち既読ならば「未読にする」、false の場合は「既読にする」のラベルを表示するコー
ドを書きます。

| Code | BookView ビューにスワイプアクションを付ける | «FILE» ListSwipeActions1/ContentView.swift |

```swift
struct ContentView: View {
    @ObservedObject var books = Books()

    var body: some View {
        List(books.booksData) { item in
            BookView(item)
                .swipeActions(edge: .leading){
                    Button {
                        books.toggleIsRead(item)
                    } label: {
                        if item.isRead {
                            Label(" 未読にする ", systemImage: "book.closed")
                        } else {
                            Label(" 既読にする ", systemImage: "book.fill")
                        }
                    }.tint(.blue)
                }
        }.listStyle(.grouped)
    }
}
```

swipeActions
を追加します

4 ライブプレビューで既読／未読のスワイプアクションを試す

ライブプレビューでリスト表示の内容とスワイプアクションを確認してみましょう。行を右にスワイプすると「既読にする」ボタンが出てきます。ボタンをクリックすると行の書籍名と著者名の表示がグレイになり「既読」の状態になります。もう一度右にスワイプすると「未読にする」ボタンに変わっていて、ボタンをクリックすると書籍名と著者名の表示が元の「未読」の状態に戻ります。

5 ライブプレビューでフルスワイプを試してみる

右端まで引っ張るように長くスワイプして放します。引っ張った反動で閉じて元の状態に戻り、ボタンをクリックしたときと同じように書籍名と著者名の表示がグレイつまり「既読」の状態になります。この操作を フルスワイプ と呼びます。

リストにスワイプアクションを追加する

リストにスワイプアクションを追加するには、リストの行のコンテンツに swipeActions モディファイアを設定します。右方向へのスワイプで行の左端にボタンを表示するには swipeActions(edge: .leading) のように引数 edge に .leading を指定します。

swipeActions ではスワイプで表示するボタンを Button で作ります。ボタンでは item に取り出した対象の本のプロパティ isRead が true か false かでボタンのアイコンを切り替え、ボタンがクリックされるかフルスワイプされたならば books.toggleIsRead(item) を実行します。ボタンの色は tint() で設定します。

Code 既読／未読のスワイプアクションを追加する swipeActions モディファイア　　《FILE》ListSwipeActions1/ContentView.swift

```
BookView(item)
    .swipeActions(edge: .leading){       ── 右方向へのスワイプアクション（ボタンを左端に表示する）
        Button {
            books.toggleIsRead(item)
        } label: {
            if item.isRead {
                Label("未読にする", systemImage: "book.closed")
            } else {
                Label("既読にする", systemImage: "book.fill")
            }                                                    ── ボタンのイメージ
        }.tint(.blue)    ── ボタンの色
    }
```

7-4　リストのスワイプアクションを処理する

STEP　**右から左へのスワイプアクションを追加する**

　続いて、リストを右から左へとスワイプすることで、フラグを付ける／外す、リストからの削除の2つのボタンを表示するスワイプアクションを追加します。

6 ｜ フラグと削除のスワイプアクションのための準備

　スワイプアクションによってフラグを付けられるように Book 構造体に isFlag プロパティを追加し、Books クラスに toggleIsFlag() と removeBook() を追加します。

Code Book 構造体に isFlag、Books クラスに toggleIsFlag()、removeBook() を追加する 《FILE》**ListSwipeActions2/BookData.swift**

```swift
import Foundation

struct Book: Identifiable, Equatable {
    var id = UUID()
    var title:String  // 書名
    var author:String  // 著者
    var isRead = false // 既読のとき true
    var isFlag = false // フラグ有りのとのき true  ←―――――――― 追加します
}

class Books: ObservableObject {
    @Published var booksData = [
        ...
    ]

    // 既読と未読の反転
    func toggleIsRead(_ item: Book) {
        guard let index = booksData.firstIndex(of: item) else { return }
        booksData[index].isRead.toggle()
    }

    // フラグの反転
    func toggleIsFlag(_ item: Book) {
        guard let index = booksData.firstIndex(of: item) else { return }
        booksData[index].isFlag.toggle()
    }

    // 配列からの削除
    func removeBook(_ item: Book) {
        guard let index = booksData.firstIndex(of: item) else { return }
        booksData.remove(at: index)
    }
}
```

Chapter
7

バインディングとオブジェクトの共有

369

7 | BookView ビューにフラグ、削除のスワイプアクションを追加する

BookView ビューに右から左へスワイプするスワイプアクションを追加します。左へのスワイプでは、フラグを付ける／外すボタンとリストからの削除ボタンの2個のボタンを表示します。右から左へスワイプするスワイプアクションにするには、swipeActions の引数 edge を .trailing にします。allowsFullSwipe: false の引数を追加することでフルスワイプの操作をしても途中でスワイプが止まります。なお、複数のボタンがあるときにフルスワイプをすると最初に書いた Button のコード、この例では削除ボタンをクリックしたことになります。

Code BookView ビューフラグ、削除のスワイプアクションを追加する　　**«FILE» ListSwipeActions2/ContentView.swift**

```swift
struct ContentView: View {
    @ObservedObject var books = Books()

    var body: some View {
        List(books.booksData) { item in
            BookView(item)
                .swipeActions(edge: .leading){
                    ...
                }                                              ── 右から左へのスワイプアクション
                .swipeActions(edge: .trailing, allowsFullSwipe: false) {      を追加します
                    Button(role: .destructive) {
                        withAnimation(.linear(duration: 0.4)){
                            books.removeBook(item)}              ── 削除ボタン
                    } label: {
                        Label( 削除 ", systemImage: "trash")
                    }

                    Button {
                        books.toggleIsFlag(item)
                    } label: {
                        if item.isFlag {
                            Label(" フラグを外す ", systemImage: "flag.slash")    ── フラグを付
                        } else {                                                  ける / 外す
                            Label(" フラグ ", systemImage: "flag")                ボタン
                        }
                    }.tint(item.isFlag ? .gray : .blue)
                }
        }.listStyle(.plain)
    }
}
```

7-4 リストのスワイプアクションを処理する

8 BookView ビューにフラグを表示する機能を追加する

フラグを付けるボタンで isFlag が true になったならば、BookView ビューに フラグアイコンを表示する コードを追加します。フラグは行の右上に表示 したいので、HStack(alignment: .top) と Spacer() の組み合わせを使って右上にレイアウトします。

Code　BookView ビューの右上にフラグを表示するコードを追加する　«FILE» ListSwipeActions2/ContentView.swift

```swift
// リストの行に表示するビュー
@ViewBuilder
func BookView(_ item:Book) -> some View {
    HStack(alignment: .top){
        VStack(alignment: .leading){
            Text(item.title).bold() // 書名
            Text(item.author) // 著者
        }
        if item.isFlag {
            Spacer() // 右寄せにする
            Image(systemName: "flag")
        }
    }
    .foregroundColor(item.isRead ? .gray : .black)
    .frame(height:80) // 行の高さ
}
```

フラグを表示するコードを追加します

9 ライブプレビューでフラグのスワイプアクションを試す

行を右から左へスワイプすると フラグと削除の2個の ボタンが表示されます。まず、フラグボタンを試してみましょう。「フラグ」ボタンをクリックすると行の右上にフラグが表示されます。フラグが付いた状態からスワイプすると「フラグを外す」ボタンでフラグが消えます。先のコードの左から右へのスワイプアクションと違って、左端まで フルスワイプしてもボタンが表示されている状態で停止 します。

❶ 左へスワイプします

❷「フラグ」をクリックします

❸ フラグが表示されます

10 ライブプレビューで削除のスワイプアクションを試す

行を右から左へスワイプすると表示される削除ボタンをクリックすると行が削除されます。この例では「生まれいずる悩み／有島武郎」の行が削除されました。

7-4 リストのスワイプアクションを処理する

削除ボタンの色と削除のアニメーション

削除ボタンには tint(.red) の色の指定がありませんが赤色で表示されます。これは Button(role: .destructive) が指定してあるからです。削除の books.removeBook(item) は withAnimation(.linear(duration: 0.4) の指定で実行することで、行がパッと消えずに下の行が詰まるアニメーションになります。また、削除を実行する前に確認ダイアログを表示するコードを付け加えるとさらによいでしょう（☞ P.302）。

Code 削除ボタンでは結果をアニメーションで表示する 　　　　　　　 «FILE» ListSwipeActions2/ContentView.swift

```
Button(role: .destructive) {
    withAnimation(.linear(duration: 0.4)){
        books.removeBook(item)}    ━━ 行の削除がアニメーションに
} label: {                              なります
    Label( 削除 ", systemImage: "trash")
}
```

なぜ配列から取り出した item に直接アクセスしないのか？

ところで、item.isRead で未読かどうか、item.isFlag でフラグが付いているかどうかを判断しているにも関わらず、item.isRead.toggle() や item.isFlag.toggle() とせずに、わざわざ toggleIsRead() や toggleIsFlag() を定義して実行しているのはなぜでしょうか？

この関数を見ると引数で受け取った item のプロパティを直接操作せずに booksData.firstIndex(of: item) で item の配列でのインデックス番号を調べています。そして改めて booksData[index].isRead.toggle() のようにして配列の本データにアクセスしてプロパティの値を反転させています。Book クラスが Identifiable プロトコルだけでなく、Equatable プロトコルを採用している理由は firstIndex() を使うためです。

Code Books クラスの toggleIsRead() と toggleIsFlag() 　　　　　 «FILE» ListSwipeActions2/BookData.swift

```
// 既読と未読の反転
func toggleIsRead(_ item: Book) {        ━━ 配列を item の値で検索します
    guard let index = booksData.firstIndex(of: item) else { return }
    booksData[index].isRead.toggle()
}                                        ━━ 見つかった位置のインデックス番号でオブジェクト
                                            のプロパティにアクセスします
// フラグの反転
func toggleIsFlag(_ item: Book) {
    guard let index = booksData.firstIndex(of: item) else { return }
    booksData[index].isFlag.toggle()
}
```

このように回りくどい方法で該当する本データの isRead や isFlag の値を変更している理由は、リスト表示する際に配列 booksData から item に取り出されるデータは、booksData に入っているオブジェクトの複製が代入されるからです。複製されたオブジェクトのプロパティを変更しても意味が無いので、toggleIsRead() や toggleIsFlag() では対象のオブジェクトを配列 booksData で検索してインデックス番号を調べ、そのインデックス番号で配列内の本物のオブジェクトのプロパティにアクセスしています。

Chapter
7

バインディングとオブジェクトの共有

373

| Code | 配列 booksData からオブジェクトを取り出す | «FILE» ListSwipeActions2/ContentView.swift |

```
List(books.booksData) { item in
    BookView(item)
        ...
```

`item` には取り出したオブジェクトの複製が代入されます

これは削除ボタンの操作で実行する removeBook() でも同様です。削除対象となるオブジェクトのインデックス番号を求め、そのインデックス番号の位置にあるオブジェクトを削除しています。

| Code | Books クラスの removeBook() | «FILE» ListSwipeActions2/BookData.swift |

```
// 配列からの削除
func removeBook(_ item: Book) {
    guard let index = booksData.firstIndex(of: item) else { return }
    booksData.remove(at: index)
}
```

配列を item の値で検索します
インデックス番号が指すオブジェクトを配列から取り除きます

行の入れ替えや削除ボタンを表示する Edit ボタンの追加

行の入れ替えをドラッグ操作で行えたり、削除ボタン ⊖ を行の左に表示したりする編集モードについて追加で説明しておきましょう。次で示すように右上の Edit ボタンをクリックするとリストの編集モードになります。Done ボタンをクリックすると編集モードが終了します。

❶ Edit ボタンをクリックします
❷ 編集モードになります
❸ Done ボタンで編集モードが終了します

ドラッグでリストの行を入れ替える

編集モードでは、右に表示されたバーをドラッグすることで行を入れ替えることができます。

❶ バーをドラッグします

❷ ドロップした位置に納まります

行の左に削除ボタンを表示する

行の左に表示された削除ボタン ⊖ をクリックすると行を左へスワイプした状態になります。ここであらためて削除ボタンをクリックすれば行を削除できます。

❶ クリックします　❷ 削除ボタンをクリックします　❸ 行が削除されます

編集モードを追加するためのコード

　Edit ボタンは EditButton() を実行するだけで作ることができます。Edit ボタンをクリックするとそれだけで編集モードになりますが、ドラッグで行を入れ替えられるようにするには onMove モディファイア、削除ボタンを表示するには onDelete モディファイアを ForEach に追加してそれぞれに処理を行うコードを書き込みます。また、List {ForEach(books.booksData) { item in … }} のように ForEach を使って booksData から本データを item に取り出すように変える必要があるので、その点にも注意してください。

Code　ツールバーに Edit ボタンを追加する　　　　　　　　**«FILE»** ListSwipeActionsEditButton/ContentView.swift

```swift
struct ContentView: View {
    @ObservedObject var books = Books()

    var body: some View {
        NavigationView {
            List {
                ForEach(books.booksData) { item in
                    BookView(item)
                        ...
                    }
                }
                .onMove{ indexSet, index in          // ドラッグと削除の処理を定義します
                    books.booksData.move(fromOffsets: indexSet, toOffset: index)}
                .onDelete { indexSet in
                    books.booksData.remove(at: indexSet.first!)
                }
            }
            .navigationBarTitle(Text("図書リスト"))
            .listStyle(.plain)
            .toolbar {
                ToolbarItem(placement: .navigationBarTrailing) {
                    EditButton()          // 編集ボタンをツールバーに作ります
                }
            }
        }
    }
}
```

Section 7-5 @StateObject オブジェクトと @ObservedObject オブジェクト

前のセクションではオブジェクトのプロパティの更新と同期するために @Published と @ObservedObject の組み合わせを利用する方法を説明しましたが、同じようにプロパティの更新を見張るものに @Published と @StateObject の組み合わせがあります。@StateObject を利用することで親ビューの再描画でオブジェクトが初期化されなくなります。

このセクションのトピック

1. 更新されるオブジェクトのプロパティを @StateObject オブジェクトで監視しよう
2. @ObservedObject オブジェクトと @StateObject オブジェクトとの違いを確かめる
3. 親ビューと子ビューの関係を意識しよう
4. 親ビューの再描画が子ビューに影響することがある

 重要キーワードはコレだ！

ObservableObject プロトコル、@Published、@StateObject、@ObservedObject

値が0.8以上のときにカウントアップします

親ビューが再描画するとカウンタがリセットされてしまいます

こちらのカウンタはリセットされません

スイッチでテキストを消してビューを再描画します

@ObservedObject と @StateObject を利用した2種類のビュー

　ValueMaker クラスのパブリッシュしているプロパティの値を表示する ValueView1 ビューと ValueView2 ビューの2種類のビューを作り、その2つを子ビューとして ContentView ビューに表示します。ValueMaker クラスのインスタンスを ValueView1 ビューは @ObservedObject で作り、ValueView2 ビューでは @StateObject で作ります。どちらも同じように動作しますが、親ビューである ContentView ビューが再描画すると2つの結果が違ってきます。

1　プロパティをパブリッシュする ValueMaker クラスを定義する

　ObservableObject プロトコルに準拠した ValueMaker クラスを作ります。ここでは新規に ValueMaker.swift ファイルを作っていますが、ContentView.swift にコードを追加しても構いません。Timer クラスを利用して定期的に乱数を発生してプロパティ value に納め、value が 0.8 より大きかった場合にプロパティ counter をカウントアップします。value と counter は値の更新を観察できるように @Published を付けてパブリッシュします。

Code　プロパティをパブリッシュする ValueMaker クラス定義　　《FILE》StateObjectSample/ValueMaker.swift

```swift
class ValueMaker: ObservableObject {
    // 値の更新をパブリッシュする変数にする
    @Published var value: Double
    @Published var counter: Int = 0
    private var timer: Timer
    // イニシャライザ
    init() {
        value = 0.0
        timer = Timer() // タイマーを作る
        start() // スタート
    }
    // タイマーをスタート
    func start() {
        timer = Timer.scheduledTimer(withTimeInterval: 0.5, repeats: true) { _ in
            // value に乱数をセットする
            self.value = Double.random(in: 0 ... 1)
            // value が 0.8 より大きかった場合にカウントする
            if self.value > 0.8 {
                self.counter += 1
            }
        }
    }
}
```

2　ObservedObject オブジェクトを使う ValueView1 ビューを定義する

　ValueMaker クラスのインスタンスを @ObservedObject オブジェクト maker で保持し、その値を表示する ValueView1 ビューを作ります。maker.value で乱数、maker.counter で value が 0.8 以上だった回数を取得してそれぞれ表示します。maker.value が 0.8 より大きいときは表示する乱数の背景色が赤になります。ContentView_Previews に ValueView1() を追加して ValueView1 ビューだけをライブプレビューで確認すると、乱数が次々と表示され、0.8 より大きい数値は背景色が赤になりカウントアップされます。

7-5 @StateObject オブジェクトと @ObservedObject オブジェクト

| Code | @ObservedObject オブジェクトを使う ValueView1 ビュー | «FILE» StateObjectSample/ValueMaker.swift |

```swift
struct ValueView1: View {
    // ValueMaker のインスタンスを作り観測する
    @ObservedObject var maker = ValueMaker()

    var body: some View {
        VStack (alignment: .leading, spacing: 10){
            Text("\(maker.value)")
                .font(.title)
                .foregroundColor((maker.value > 0.8) ? .white : .gray)
                .background((maker.value > 0.8) ? Color.red : Color.white)
            // カウンタを表示する
            HStack{
                Text("カウンタ：")
                Text("\(maker.counter)").font(.largeTitle)
            }
        }
        .background(Color.yellow.opacity(0.3))
        .frame(width: 200, height: 80)
    }
}
```

❶ ValueView1 ビューだけをプレビューにします

❷ ライブプレビューにします

❸ 乱数が表示されます

❹ 値が 0.8 より大きいときにカウントされます

3 @StateObject オブジェクトを使う ValueView2 ビューを定義する

ValueView2 ビューでは ValueMaker クラスのインスタンスを @StateObject オブジェクト maker で保持します。カウンタ表示の背景色を yellow から blue に変えていますが、そのほかのコードはまったく同じです。ContentView_Previews に ValueView2() を追加して、ValueView2 ビューだけをライブプレビューで確認すると ValueView1 ビューと同じように乱数が表示されて 0.8 より大きかった回数がカウント表示されます。

Code @StateObject オブジェクトを使う ValueView2 ビュー　　　«FILE» StateObjectSample/ContentView.swift

```swift
struct ValueView2: View {
    // ValueMaker のインスタンスを作り観測する
    @StateObject var maker = ValueMaker()        ── ValueView1 との違いはここだけです
    
    var body: some View {
        VStack (alignment: .leading, spacing: 10){
            Text("\(maker.value)")
                .font(.title)
                .foregroundColor((maker.value > 0.8) ? .white : .gray)
                .background((maker.value > 0.8) ? Color.red : Color.white)
            // カウンタを表示する
            HStack{
                Text("カウンタ：")
                Text("\(maker.counter)").font(.largeTitle)
            }
        }
        .background(Color.blue.opacity(0.3))     ── ValueView1 と区別するために背景色
        .frame(width: 200, height: 80)              を blue にします
    }
}
```

❶ ValueView2 ビューだけをプレビューにします　　❷ ライブプレビューにします

❸ 乱数が表示されます

❹ 値が 0.8 より大きいときにカウントされます

4 ContentView ビューに ValueView1 ビューと ValueView2 ビューを表示する

ContentView ビューに ValueView1 ビューと ValueView2 ビューを上下に並べて表示します。さらにトグルスイッチを置いて、スイッチのオン／オフで「Hello, World!」のテキストが表示／非表示されるようにします。

Code 2つのビューとトグルスイッチ、「Hello, World!」のテキストを ContentView ビューに並べる «FILE» StateObjectSample/ContentView.swift

```swift
struct ContentView: View {
    @State var isShow = true
    
    var body: some View {
        VStack (alignment: .leading, spacing: 20){
            // 子ビューの表示
            ValueView1()         ── 2つのビューを配置します
            ValueView2()
            // 親ビューにあるテキストの表示／非表示の切り替え
            Toggle(isOn: $isShow) {
            }.frame(width: 50).padding(.top, 30)
            if isShow {
                Text("Hello, World!").font(.largeTitle)
            }                    ── トグルスイッチで表示／非表示することで、
            Spacer()                ContentView ビューが再描画されます
        }
        .padding()
    }
}

struct ContentView_Previews: PreviewProvider {
    static var previews: some View {
        ContentView()
        ValueView1()
        ValueView2()
    }
}
```

5 ContentView ビューをライブプレビューで確かめる

ContentView ビューをライブプレビューで確認します。上下に並んだ ValueView1 ビュー、ValueView2 ビューの乱数が刻々と変化し、0.8 より大きい数値のときに赤色背景になり、それぞれのカウントが 1 カウントアップされていきます。2 個のビューの下にはトグルスイッチと「Hello, World!」のテキストがあり、スイッチをオフにすると「Hello, World!」が消え、オンにすると表示されます。

7-5　@StateObject オブジェクトと @ObservedObject オブジェクト

親ビューの再描画で子ビューがリセットする

　動作をよく確認してみると、スイッチで「Hello, World!」をオン／オフするどちらのタイミングでも ValueView1 ビューで数えていたカウンタの数値が0に戻ってしまいます。コードを確認してみてもスイッチのオン／オフでカウンタの値、つまり、maker.value を 0 にする指示はありません。

　それにカウンタが 0 になるのは ValueView1 ビューのカウンタだけで、ValueView2 ビューのカウンタはスイッチのオン／オフに影響されずにカウントアップを続けています。すなわち、ValueView1 ビューのカウンタを 0 に戻してしまうのは、ContentView ビューの「Hello, World!」のテキストが消えたり、表示されたりすることによって ContentView ビューが再描画されるのが原因です。

親ビューが再描画しても @StateObject オブジェクトはリセットしない

　ValueView1 ビューと ValueView2 ビューの違いは、ValueMaker クラスのインスタンス maker が ValueView1 ビューは @ObservedObject オブジェクトであり、ValueView2 ビューは @StateObject オブジェクトである点です。

　2 つのビューを表示している ContentView ビューが再描画されると同時に @ObservedObject オブジェクトも作り直されるのに対して、@StateObject オブジェクトはそのままのインスタンスの値が保持されていることがわかります。

Section 7-6 どこからでも共有できる @EnvironmentObject

複数のビューで共有したいデータを ContentView の共有オブジェクトにする方法があります。ここで登場するキーワードは @EnvironmentObject です。本セクション最後の「Swift シンタックスの基礎知識」では本章で利用してきたクラス定義を詳しく解説します。クラス、メンバー、プロトコル、継承、クラス拡張などについて知りましょう。

このセクションのトピック

1. どこからでも利用できる共有オブジェクトを作るクラスを定義しよう
2. 共有する変数を @Published でパブリッシュしよう
3. 共有オブジェクトはいつどこで作ればいい？
4. ビューで使う共有オブジェクトを @EnvironmentObject で呼びだそう

重要キーワードはコレだ！
class、ObservableObject プロトコル、@Published、@EnvironmentObject、@main、environmentObject()、extension、GroupBox、継承、スーパークラスとサブクラス、クラス拡張

共有オブジェクトの値を表示する

別のビューで値を変更する

変更後の値を確認

EnvironmentObjectを使って2つのビューでデータを共有する

EnvironmentObject を使って、カスタムクラスのプロパティ変数の値を2つのビュー間で共有する方法を説明します。共有するデータを ShareData.swift で定義し、ContentView ビューで表示する値をシート表示する SettingView ビューのスイッチとステッパーで設定します。共有オブジェクトは @main が付いたメインプログラムで初期化します。

1 ShareData クラス定義ファイルを作る　　《SAMPLE》EnvironmentObjectSample.xcodeproj

あらかじめSwiftUIのプロジェクトを作成しておき、ShareDataクラスを定義する ShareData.swift ファイルをプロジェクトに追加します。ShareData.swift は Swift File テンプレート で作ります。

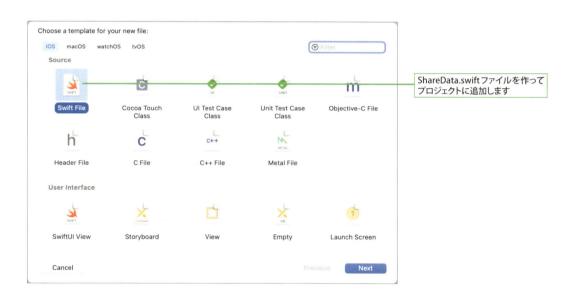

ShareData.swift ファイルを作ってプロジェクトに追加します

2 ShareData クラスを定義して共有する変数をパブリッシュする

ナビゲータエリアで ShareData.swift を選択して、ObservableObject プロトコルを採用した ShareData クラスを定義します。ShareData クラスでは、isOn と num のプロパティ変数に @Published を付けてパブリッシュします。なお、専用ファイルを作らずにこのクラス定義のコードを ContentView.swift に追加して書いても構いません。

Code　ShareData クラス定義　　　　　　　　　　　　　«FILE» EnvironmentObjectSample/ShareData.swift

```swift
import Foundation

// 共有するデータ
class ShareData: ObservableObject {
    @Published var isOn = false
    @Published var num = 1
}
```

3 ContentView.swift のコードを書き替える

ナビゲータエリアで ContentView.swift を選択して、ContentView と ContentView_Previews のコードを書き替えます。ContentView では @EnvironmentObject 属性を付けた setData と @State 属性を付けた isShow 変数を宣言します。body では共有している setData の isOn と num の現在値を表示するテキストと設定値を変更するシートを表示するボタンを作ります。プレビューを作る ContentView_Previews も初期化のためにコードを変更します。シート表示する SettingView ビューを定義していないので、まだプレビューはできません。

Code　ContentView と ContentView_Previews　　　**«FILE»** EnvironmentObjectSample/ContentView.swift

```swift
import SwiftUI

struct ContentView: View {
    // 共有オブジェクトを指定する
    @EnvironmentObject var setData: ShareData        ← 共有オブジェクト
    // シートが開いている状態
    @State var isShow: Bool = false

    var body: some View {
        VStack{
            // 現在の設定
                                                    GroupBox を使うとパネルのように表示されます
            GroupBox(label: Label(" 設定 ", systemImage: "gearshape")){
                Text("\(setData.isOn ? "ON" : "OFF")")
                if setData.isOn {
                    Text(String(repeating: "★ ", count: setData.num))
                }
            }.frame(width:300)
            // シートを表示するボタン
            Button (action:{
                isShow = true
            }){
                Label(" 設定を変える ", systemImage: "ellipsis.circle")
            }
            .padding()
            .sheet(isPresented: $isShow){
                // シートを作る
                SettingView(isPresented: $isShow)      ← ボタンで設定シートを表示します
            }
        }
    }
}
                        閉じるボタンで使うために渡します

struct ContentView_Previews: PreviewProvider {
    static var previews: some View {
        ContentView()
            .environmentObject(ShareData()) // プレビュー用
    }
}
```

4 SettingView 構造体を定義する swift ファイルを作る

SettingView 構造体を定義する SettingView.swift ファイルをプロジェクトに追加します。SettingView.swift は SwiftUI View テンプレートで作ります。

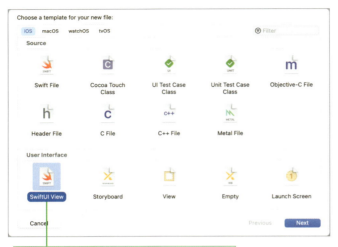

SettingView.swift は SwiftUI View テンプレートで作ります

5 SettingView.swift のコードを書き替える

ナビゲータエリアで SettingView.swift を選択して、スイッチとステッパーを表示するコードに書き替えます。「閉じる」ボタンは NavigationView を利用してツールバーに追加します（スイッチ ☞ P.206、ステッパー ☞ P.221、シートを閉じる ☞ P.313）。

Code   SettingView.swift   «FILE» EnvironmentObjectSample/SettingView.swift

```
import SwiftUI

struct SettingView: View {
    // 共有オブジェクトを指定する
    @EnvironmentObject var setData: ShareData        ——— 共有オブジェクト
    // シートが開いている状態
    @Binding var isPresented: Bool        ——— シートを閉じるために利用します

    var body: some View {
        NavigationView {
            VStack {
                // スイッチ
                Toggle(isOn: $setData.isOn) {
                    Text("設定 : \(setData.isOn ? "ON" : "OFF")")
                }.frame(width:250)
                // ステッパー（★の個数）
                Stepper(value: $setData.num, in: 1...5) {
                    Text("★ : \(setData.num)")
                }
                .frame(width:250)
            }
```

共有オブジェクトのプロパティの値を設定します

7-6　どこからでも共有できる @EnvironmentObject

```swift
                .font(.title2)
                .frame(maxWidth: .infinity, maxHeight: .infinity)
                .background(Color(red: 0.9, green: 0.9, blue: 0.5))
                .toolbar {
                    ToolbarItem(placement: .navigationBarTrailing) {
                        // 閉じるボタン
                        Button("閉じる"){
                            isPresented = false
                        }
                    }
                }
            }
        }
    }
}

struct SettingView_Previews: PreviewProvider {
    static var previews: some View {
        SettingView(isPresented: Binding.constant(false))
        .environmentObject(ShareData()) // プレビュー用
    }
}
```

6 EnvironmentObjectSampleApp.swift のコードを書き替える

ナビゲーションエリアで EnvironmentObjectSampleApp.swift を選択すると @main に続いて struct の App の定義が
あります。この中に ContentView() が書いてあるので、ContentView().environmentObject(ShareData()) のように
変更します。

| Code | EnvironmentObjectSampleApp.swift | «FILE» EnvironmentObjectSample/EnvironmentObjectSampleApp.swift |

```swift
import SwiftUI

@main ─────── アプリ起動時に最初に実行するコードに付けます
struct EnvironmentObjectSampleApp: App {
    var body: some Scene {
        WindowGroup {
            // 共有オブジェクトを作る
            ContentView().environmentObject(ShareData())
        }
    }
}
```

Chapter
7
バインディングとオブジェクトの共有

❶ 選択します

```
import SwiftUI

@main
struct EnvironmentObjectSampleApp: App {
    var body: some Scene {
        WindowGroup {
            // 共有オブジェクトを作る
            ContentView().environmentObject(ShareData())
        }
    }
}
```

❷ コードを入力します

7 プレビューでレイアウトを確認する

以上で ContentView、SettingView ともにプレビューできるようになり、レイアウトの調整などはそれぞれに行うことができます。

ContentViewのプレビュー

GroupBoxを使った表示

SettingViewのプレビュー

閉じるボタン

7-6　どこからでも共有できる @EnvironmentObject

8 ライブプレビューで動作チェックする

プレビューでの確認が終わったならば、ライブプレビューで動作チェックをしてみましょう。ContentView を表示し、ライブプレビューにします。［設定を変更する］をクリックして SettingView ビューを表示します。

9 SettingView の設定値を変更して閉じ、ContentView の現在値を確認する

SettingView ビューの設定値を変更し、「閉じる」ボタンを使うか、ビューを下向きにスワイプしてビューを閉じます。ContentView ビューに表示されている現在値が SettingView ビューの設定値と同じになっていれば値の共有が成功です。設定 ON で閉じると設定 OFF では表示されていなかった★が指定した個数だけ並びます。

共有する ObservableObject を定義する

このサンプルでは ContentView と SettingView の2つのビューで ShareData クラスのオブジェクトを共有しています。ShareData クラスは前節の Stopwatch クラスと同じように ObservableObject プロトコルを指定したクラスで、共有するプロパティには @Published 属性を付けています。

Code ObservableObject オブジェクトを作る ShareData クラス定義　　　**«FILE»** EnvironmentObjectSample/ShareData.swift

```swift
import Foundation

// 共有するデータ
class ShareData: ObservableObject {    // プロトコルを指定します
    @Published var isOn = false
    @Published var num = 1
}    // 共有する変数（プロパティ）をパブリッシュします
```

起動時に共有オブジェクトを作って ContentView に登録する

共有オブジェクトは、プロジェクトに自動的に追加された EnvironmentObjectSampleApp.swift で作成します。コードを見ると @main が付いた struct EnvironmentObjectSampleApp の定義文があります。@main はアプリが起動したときに最初に実行されるコードを指定しています。つまり、アプリが起動するタイミングで environmentObject(ShareData()) を実行し、ShareData() で作った ObservableObject オブジェクトを ContentView ビューの共有オブジェクトとして登録します。

Code 起動時に共有オブジェクトを作る　　　**«FILE»** EnvironmentObjectSample/EnvironmentObjectSampleApp.swift

```swift
@main
struct EnvironmentObjectSampleApp: App {
    ...
            ContentView().environmentObject(ShareData())
```

ContentView ビューで共有データを使う

ContentView ビューでは、ShareData() で作ったオブジェクトを参照できるように @EnvironmentObject を付けて変数 setData を宣言します。setData にオブジェクトを代入する必要はなく、宣言するだけで共有オブジェクトを参照できるようになります。

Code 共有オブジェクトを指し示す変数 setData を作る　　　**«FILE»** EnvironmentObjectSample /ContentView.swift

```swift
@EnvironmentObject var setData: ShareData
```

これでパブリッシュされたプロパティの値は setData.isOn や setData.num で取り出すことができます。次のコードによって setData.isOn が true のときだけ setData.num の数だけ★が表示されます。図に示すように GroupBox で囲まれた範囲は領域に背景が付きます。

7-6 どこからでも共有できる @EnvironmentObject

Code パブリッシュされたプロパティ変数の値を調べる «FILE» EnvironmentObjectSample /ContentView.swift

```
GroupBox(label: Label("設定", systemImage: "gearshape")){
    Text("\(setData.isOn ? "ON" : "OFF")")
    if setData.isOn {
        Text(String(repeating: "★", count: setData.num))
    }
}.frame(width:300)
```

指定の個数だけ★を繰り返します

❶ OFF の場合
❷ OFF だけ表示されます
GroupBox の囲み
❶ ON の場合
❷ ON と★が表示されます

SettingView ビューで共有オブジェクトを使う

ContentView ビューと SettingView ビューとが同じ共有データを指し示すようにするには、SettingView ビューでも ContentView ビューと同じように共有オブジェクトを @EnvironmentObject 属性を付けた変数 setData で参照します。

Code SettingView ビューで共有オブジェクトの setData を利用する «FILE» EnvironmentObjectSample/SettingView.swift

```
struct SettingView: View {
    // 共有オブジェクトを指定する
    @EnvironmentObject var setData: ShareData
    ...
```
共有データを参照します

そして、ON / OFF の設定値や評価の★数は、それぞれ setData.isOn、setData.num で参照できます。

Code 共有オブジェクトの setData のプロパティを参照する «FILE» EnvironmentObjectSample/SettingView.swift

```
// スイッチ
Toggle(isOn: $setData.isOn) {
    Text("設定 : \(setData.isOn ? "ON" : "OFF")")
}.frame(width:250)
// ステッパー（★の個数）
Stepper(value: $setData.num, in: 1...5) {
    Text("★ : \(setData.num)")
}.frame(width:250)
```

393

Swift シンタックスの基礎知識
クラス定義

クラスはオブジェクトの仕様を定義したもの

「オブジェクト」とは物体という意味をもつ言葉ですが、プログラミング用語的にはもう少し具体的に「属性と機能を持ち合わせた物」を指します。そして、<mark>どんな属性と機能を持ち合わせたオブジェクトを作るのかを定義した</mark>設計書が<mark>「クラス」</mark>です。

クラスのインスタンス

クラスの定義にもとづいて作ったオブジェクトのことを<mark>「インスタンス」</mark>と言います。MyClass クラスで作ったオブジェクトならば、<mark>「MyClass のインスタンス」</mark>です。設計図があれば同じ物を何個でも作ることができるように、1つのクラスから何個でもインスタンスを作ることができます。

同じクラスのインスタンスであっても属性の値は個々のインスタンスによって個別に設定されて保持されます。これは同じ人間であっても、人間の属性である名前、身長、体重などの値が人それぞれでまちまちなのと同じです。クラスで定義された機能もインスタンスがそれぞれの機能として内部にもちます。したがって、インスタンスに命令すれば定義されている機能を実行できます。

7-6 Swift シンタックスの基礎知識

クラスを定義する

クラスではオブジェクトの属性と機能を定義します。具体的には、属性は変数で宣言して値を管理し、機能は関数を使って処理内容を定義します。オブジェクトの属性は「プロパティ」、機能は「メソッド」という呼び方もします。そして、これらを合わせて「メンバー」とも言います。

次に示すのがクラス定義のもっとも基本的な書式です。小文字の class から始めて、class クラス名 { ... } のように定義します。プロパティとメソッドの個数は何個でもよく、実際のところ class MyClass { } のように中身が空でも構いません。イニシャライザはオブジェクトを初期化する目的で使います。特にプロパティ変数に初期値がない場合は必要です。逆に言えば、プロパティ変数に初期値が設定されていれば、イニシャライザは必ずしも必要ではありません。

書式 クラス定義の書式

```
class クラス名 {
    // プロパティ
    var 変数 : 型 = 初期値

    // イニシャライザ
    init( 引数 : 型 ){
        self. 変数 = 引数
        ・・・
    }

    // メソッド
    func 関数名 ( 引数 : 型 ) -> 戻り値の型 {
        ・・・
        return 戻り値
    }
}
```

MyFriend クラスを定義する

では、Playground を使って簡単なクラスを定義してみましょう。作るのは MyFriend クラスです。MyFriend クラスで作るオブジェクトには、name、age のプロパティと hello() メソッドがあります。

イニシャライザではプロパティ変数の name と age の初期値を設定します。init(name:String, age:Int) のように引数名とプロパティ変数名が同じなので、プロパティ変数にはインスタンス自身を指す self を付けて self.name、self.age で参照します。

Playground MyFriend クラスを定義する　　　　　　　《FILE》 classSample.playground

```
class MyFriend {

    // プロパティ
    var name:String
    var age:Int
```

```
    // イニシャライザ
    init(name:String, age:Int){
        self.name = name            ──── プロパティに初期値がないのでイニシャライザで設定します
        self.age = age
    }

    // メソッド
    func hello() -> String {
        let message = " ハロー！ \(name) です。\(age) 歳です。"
        return message
    }
}
```

クラスのインスタンスを作る

　クラスのインスタンスはクラス名にカッコを付けて作ります。このときにイニシャライザに引数が渡されるので、MyFriend クラスのインスタンスを作るならば MyFriend(name: " 植木 ", age: 31) のように name と age の初期値を同時に指定します。次のコードは MyFriend クラスから friend1 と friend2 の 2 個のインスタンスを作っています。

| Playground | MyFriend クラスから 2 個のインスタンスを作る | «FILE» classSample.playground |

```
// MyFriend クラスのインスタンスを作る
let friend1 = MyFriend(name: " 植木 ", age: 31) ──── それぞれの初期値を指定してインスタンスを作ります
let friend2 = MyFriend(name: " さくら ", age: 26)
```

プロパティを参照する

　インスタンスのプロパティを参照するには、「インスタンス . 変数名」のようにドットを使ってアクセスします。プロパティ変数が var で宣言してあれば値を更新することもできます。

　次のコードでは、friend1.name、friend2.name でそれぞれの名前を取り出し、friend1.age、friend2.age で年齢を参照しています。friend2.age += 1 では friend2 の age に 1 を加算しています。

| Playground | インスタンスのプロパティを使う | «FILE» classSample.playground |

```
// プロパティの値を調べる
let str1 = friend1.name + " と " + friend2.name + " は、ともだちです。"
let str2 = friend1.name + " は " + String(friend1.age) + " 歳です。"
                                                └──── 個々のインスタンスにアクセスします
// プロパティの値を更新する
friend2.age += 1
let str3 = friend2.name + " は、誕生日で " + String(friend2.age) + " 歳になりました。"
// 結果を出力して確認        │                                        │
print(str1)            friend2 の name                      friend2 の age
print(str2)
print(str3)
```

| 結果 |

```
植木とさくらは、ともだちです。
植木は 31 歳です。
さくらは、誕生日で 27 歳になりました。
```

メソッドを実行する

同じようにインスタンスのメソッドの実行も「インスタンス.メソッド()」のように実行します。
friend1.hello()、friend2.hello()のように同じメソッドを実行していますが、それぞれのメソッドが実行されるので返ってくる結果が違っています。

Playground インスタンスのメソッドを実行する   «FILE» classSample.playground

```
// メソッドを実行する
let str4 = friend1.hello()    ── friend1にhello()を命令します
let str5 = friend2.hello()    ── friend2にhello()を命令します
// 結果を出力して確認
print(str4)
print(str5)
```

結果
```
ハロー！ 植木です。31歳です。
ハロー！ さくらです。27歳です。
```

スーパークラスを継承しているクラス

すでに存在するクラスがあるとき、それを少しだけ拡張して使いたいということがあります。そのような場合に拡張したいクラスを継承する方法で新しいクラスを定義することができます。ほかのクラスを継承して作った新しいクラスをサブクラスと呼び、元にしたクラスをスーパークラスと呼びます。

継承を使ったクラス定義の書式は次のようになります。スーパークラスを指定する点が違うだけで、そのほかは基本的には通常のクラス定義と同じです。継承できるスーパークラスは1個だけです。

書式 クラス定義の書式（ほかのクラスを継承している場合）

```
class クラス名: スーパークラス {
   ...
}
```

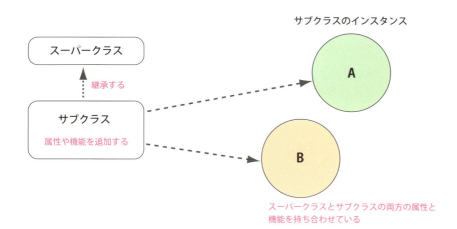

それでは、先ほど定義した MyFriend クラスを継承した GoodFriend クラスを定義してみましょう。GoodFriend クラスには、スーパークラスとして MyFriend が指定してあり、GoodFriend クラスのプロパティ配列 fortune とメソッドの uranai() と who() が定義してあります。who() では MyFriend のプロパティ name を使っているところに注目してください。

Playground　MyFriend クラスを継承した GoodFriend クラスを定義する　　«FILE» superclassSubclass.playground

```
// MyFriend クラスを継承した GoodFriend クラス
class GoodFriend: MyFriend {　————— MyFriend クラスを継承します
    let fortune = ["大吉", "吉", "小吉", "凶"]
    // 占いができる
    func uranai() -> String {
        let index = Int.random(in: 0 ..< fortune.count)
        let result = "今日の運勢は" + fortune[index] + "です！"
        return result
    }
    // スーパークラスのプロパティを使う
    func who() -> String {
        return name + "です。よろしく！"
    }
}
```
スーパークラス MyFriend で定義してあるプロパティを使っています

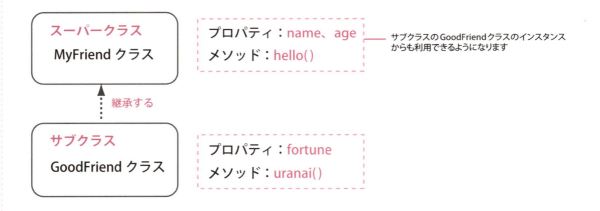

それでは GoodFriend クラスのインスタンス friend3 を作ってみましょう。GoodFriend クラスには name、age のプロパティもイニシャライザもありませんが、GoodFriend(name: "のん", age: 12) のように MyFriend クラスのイニシャライザを使って初期化します。

GoodFriend クラスで定義したメソッドは friend3.uranai() のように当然使うことができ、MyFriend クラスの hello() も friend3.hello() のように使うことができています。

> **Playground**　MyFriend クラスを継承した GoodFriend クラスを定義する　　《FILE》superclassSubclass.playground

```swift
// GoodFriend のインスタンスを作る
let friend3 = GoodFriend(name: "のん", age: 12)  ── スーパークラスのプロパティの初期値を
let unsei = friend3.uranai()    // サブクラスのメソッドを実行する      指定する必要があります
let iam = friend3.who()
let msg = friend3.hello()       // スーパークラスのメソッドを実行する
// 結果
print(unsei)
print(iam)
print(msg)
```

結果
```
今日の運勢は小吉です！
のんです。よろしく！
ハロー！ のんです。12歳です。
```

スーパークラスの初期化

サブクラスにイニシャライザがある場合は、スーパークラスのイニシャライザを super.init(引数:値) のように呼び出してスーパークラスも初期化する必要があります。たとえば、GoodFriend に初期値が設定されていない nickname プロパティがあるとすれば、スーパークラスの MyFriend クラスとサブクラスの GoodFriend クラスの両方を初期化する必要が出てきます。

そこで GoodFriend クラスに init(name: String, age: Int, nickname:String) のように両クラスで必要となる初期値を受けるイニシャライザを書き、GoodFriend クラスでは nickname の初期値を設定し、スーパークラスの MyFriend クラスには super.init(name: name, age: age) を実行することで MyFriend クラスのイニシャライザに初期値を渡します。

> **Playground**　サブクラスの GoodFriend クラスにイニシャライザがある場合　　《FILE》subclassInit.playground

```swift
// MyFriend クラスを継承した GoodFriend クラス
class GoodFriend: MyFriend {
    let fortune = ["大吉", "吉", "小吉", "凶"]
    var nickname:String          ── 初期値がないのでイニシャライザで設定する必要があります
    // イニシャライザ
    init(name: String, age: Int, nickname: String) {
        self.nickname = nickname          ── 初期値を設定します
        // スーパークラスのイニシャライザに渡す
        super.init(name: name, age: age)  ── スーパークラスの初期化のために実行します
    }
                                  サブクラスのイニシャライザ
    ...                           この2つの引数はスーパークラス MyFriend に渡されます
}
// GoodFriend のインスタンスを作る
let friend4 = GoodFriend(name: "片貝鯛造", age: 56, nickname: "イタサン")
print("\(friend4.name) \(friend4.age)歳")
print("ニックネームは\(friend4.nickname)です。")
```

結果
```
片貝鯛造 56歳
ニックネームはイタサンです。
```

プロトコルが指定されているクラス

　プロトコルとはクラスを作る上での規格のようなものです。プロトコルを指定したならば、==プロトコルで規定されているメソッドを必ず実装しなければなりません==。逆に言えば、プロトコルが指定してあるクラスにはプロトコルに従って必ず実装されているメソッドがあるので、利用する際には安心して使うことができます。

　プロトコルが指定してあるクラスの書式は次のようになります。スーパークラスに続いてプロトコルを指定しますが、スーパークラスは指定しなくても構いません。プロトコルは何個でも指定することができます。

書式 クラス定義の書式（プロトコルが指定されている場合）

```
class クラス名 : スーパークラス , プロトコル , プロトコル {
    ・・・
    // プロトコルで実装を指定されているメソッド
    func 関数名 ( 引数 : 型 ) -> 戻り値の型 {
        ・・・
        return 戻り値
    }
}
```

---

extension を使ってクラス拡張する

　==extension== を使うことで既存のクラスを手軽に拡張することができます。extension では get / set を使った Computed プロパティとメソッドを追加できます（Computed プロパティ ☞ P.65）。

書式 エクステンション

```
extension 既存のクラス名 {
    拡張ステートメント
}
```

インスタンスメンバーを拡張する

　次の Player クラスには name プロパティと hello() メソッドが定義してあります。

Playground　Player クラス定義　　　　　　　　　　　　　　　　«FILE» **extensionPlayer.playground**

```
class Player {
    var name: String = ""
    func hello() {
        print("やあ！ " + name)
    }
}
```

この Player クラスに extension を使って、who プロパティと bye() メソッドを追加します。who は name をゲット／セットするだけですが、これによって他のクラスからは name でも who でもどちらでも区別せずに使えるようになります。

Playground Player クラスを拡張する «FILE» extensionPlayer.playground

```
extension Player {                    ── Player クラスを拡張します
    // name を who でもアクセスできるようにする
    var who: String {
        get {
            return name
        }                             ── Computed プロパティで拡張します
        set(value){
            name = value
        }
    }

    // 新しいメソッドを追加する
    func bye() {
        print("またね！" + name)
    }
}
```

では、拡張済みの Play クラスを試してみましょう。元の Play クラスにはない who と bye() が使えるのがわかります。

Playground 拡張済みの Player クラスを使う «FILE» extensionPlayer.playground

```
let user = Player()
user.who = "健治"      ── 拡張して使えるようになったプロパティ
user.hello()
user.bye()             ── 拡張して使えるようになったメソッド
```
結果
```
やあ！健治       ── hello() の結果
またね！健治     ── bye() の結果
```

❶ NOTE

SwiftUIのColorを拡張する

SwiftUIのColorは文字色や図形の色を.blueや.redのように代表的な色を指定できますが、extensionを使えば好きな色を同じように登録できます。ここで登録しているのは「萩色」です。Color.hagiiroになるので、.hagiiroだけで指定することができます。static varはインスタンス変数ではなく、構造体やクラス自身のプロパティを宣言します。

Code SwiftUIのColorを拡張して独自の色を登録する «FILE» ExtensionColor/ContentView.swift

```swift
import SwiftUI

extension Color {
    static var hagiiro: Color {           // Colorにhagiiroを拡張します
        return Color(red: 223/255, green: 87/255, blue: 143/255, opacity: 1.0)
    }                                      // 萩色を作ります
}

struct ContentView: View {
    var body: some View {
        ZStack {
            Circle()
                .foregroundColor(.hagiiro)  // .hagiiroで塗り色を指定します
                .frame(width: 200, height: 200)
            Text("萩 色")
                .foregroundColor(.white)
                .font(.title)
        }
    }
}

struct ContentView_Previews: PreviewProvider {
    static var previews: some View {
        ContentView()
    }
}
```

拡張したColor.hagiiroで塗ります

SwiftUI の Map() で地図表示

SwiftUI に対応した MapKit フレームワークを使って地図を表示する方法を解説します。アノテーションの追加や現在地の表示、現在地のフォローについても解説します。SwiftUI の Map() の使い方を研究してみましょう。

Section 8-1　Map() で地図を作る

Section 8-2　地図にアノテーションを表示する

Section 8-3　現在地を表示して移動をフォロー

Section 8-1 Map() で地図を作る

地図は MapKit フレームワークの Map で作ります。Map で作る地図にはいろいろな機能がありますが、このセクションでは地図に表示する地点や領域の指定方法などの基本的なコードを試してみましょう。

このセクションのトピック

1. SwiftUI の Map() で地図を表示するための基本を学ぼう
2. MapKit フレームワークを使えるようにするには？
3. 地図の領域や座標のデータを作ろう
4. 地図を円形にクリッピングして表示する

重要キーワードはコレだ！

MapKit、Map、MKCoordinateRegion、CLLocationCoordinate2D、latitudinalMeters、longitudinalMeters

Map()で地図を表示

ピンチ操作で拡大縮小

地図をクリッピングして表示

8-1 Map() で地図を作る

STEP Map() で地図を作る

MapKit フレームワークをインポートし、Map() を使って地図を作ります。表示するエリアをバインディングした引数で指定するので、@State 指定の変数 region を宣言して領域を指定します。

1 ContentView にコードを入力する
«SAMPLE» MapSample.xcodeproj

地図を表示するコードでは MapKit フレームワークを利用します。そこでまず、import MapKit を追加します。body には地図を表示するためのメソッド Map(coordinateRegion:) を書きます。引数で指定する $region は地図で表示する領域を指しています。@State を付けた変数 region を宣言し、MKCoordinateRegion() で表示領域を指定します。このサンプルでは東京駅の周辺を指定しています。

Code 東京駅の周辺を地図で表示する 　　　　　　«FILE» MapSample/ContentView.swift

```swift
import SwiftUI
import MapKit ─────── MapKit フレームワークを利用します

struct ContentView: View {
    // 座標と領域を指定する
    @State var region = MKCoordinateRegion(
        center: CLLocationCoordinate2D(
            latitude: 35.6805702,    // 緯度
            longitude: 139.7676359   // 経度
        ),                                  ── 地図で表示する地点と範囲を決めます
        latitudinalMeters: 1000.0, // 南北距離
        longitudinalMeters: 1000.0  // 東西距離
    )

    var body: some View {
        // 地図を表示する
        Map(coordinateRegion: $region) ─────── 地図を表示します
            .edgesIgnoringSafeArea(.bottom) ─── 下のセーフティエリアは無視して表示します
    }
}

struct ContentView_Previews: PreviewProvider {
    static var previews: some View {
        ContentView()
    }
}
```

2 ライブプレビューとシミュレータで試してみる

地図はプレビューでは表示されません。ライブプレビューすると東京駅周辺の地図が表示されます。地図は実機での操作と同じようにドラッグ（スワイプ）で移動でき、ダブルクリック（ダブルタップ）で拡大表示できます。また、シミュレータで表示することで日本語環境での地図を試すことができます。

Chapter
8

SwiftUI の Map() で地図表示

405

ライブプレビューにすると地図が表示されます

セーフティエリアには地図が表示されません

ドラッグで位置移動、ダブルクリックで拡大表示ができます

bottomのセーフティエリアは無視して地図を表示します

シミュレータでは日本語表示を試せます

❶ NOTE

ライブプレビューやシミュレータでピンチ操作するには？

地図をダブルクリックすれば拡大表示されますが、縮小表示するには2本の指のピンチ操作が必要です。ライブプレビューやシミュレータでは、optionキーを押すとグレーの〇が2個表示されます。〇が指で押さえている箇所を示すので、option キーを押したままでドラッグすることで擬似的にピンチイン、ピンチアウトになり地図の拡大縮小ができます。

optionキーを押したままでドラッグすればピンチアウト、ピンチインができます

地図を表示する

先にも書いたように、地図は MapKit フレームワークを使って表示します。MapKit は標準で組み込まれているので、General パネルでの読み込み設定は必要はありませんが、利用するには Import MapKit を実行する必要があります。

Code MapKit フレームワークを利用できるようにする　　　　　　　　　　　《FILE》**MapSample/ContentView.swift**

```
import MapKit
```

Map() を使って地図を作る

地図を表示するには Map() を実行します。Map() は MapKit のメソッドではなく、SwiftUI で定義してあるビューの１つです。Map() にはいくつかの書式がありますが、ここで使ったのはもっともシンプルなもので、引数 coordinateRegion に表示する領域を指定するものです。edgesIgnoringSafeArea(.bottom) は、画面下部のセーフティエリアを無視して地図を広げる設定です。画面の上部の電池やバッテリーの状態を表示するセーフティエリアには地図が表示されません。

Code Map() を使って地図を表示する　　　　　　　　　　　　　　　　《FILE》**MapSample/ContentView.swift**

```
var body: some View {
    // 地図を表示する
    Map(coordinateRegion: $region)
        .edgesIgnoringSafeArea(.bottom)
}
```

地図に表示する領域を作る

表示領域 region は MKCoordinateRegion(center:latitudinalMeters:longitudinalMeters:) で作ることができます。$region のようにバインディングする変数で指定するので、region には @State を付けて宣言します。第１引数の center は座標を示し、CLLocationCoordinate2D(latitude:longitude:) で緯度（latitude）と経度（longitude）を指定します。

サンプルの座標は東京駅で、地図の中心は東京駅になります。第２引数と第３引数の latitudinalMeters と longitudinalMeters は南北、東西の距離（メートル単位）です。サンプルはどちらも 1000.0 なので、東京駅を中心として東西南北に 1km 四方の領域が表示される縮尺で表示されます。

Code 地図で表示する領域を指定する　　　　　　　　　　　　　　　　《FILE》**MapSample/ContentView.swift**

```
@State var region = MKCoordinateRegion(
    center: CLLocationCoordinate2D(
        latitude: 35.6805702,    // 緯度
        longitude: 139.7676359   // 経度
    ),
    latitudinalMeters: 1000.0,  // 南北距離
    longitudinalMeters: 1000.0  // 東西距離
)
```

Map ビューを図形でクリッピングして表示する

イメージと同じように clipShape() モディファイアを適用すると Map ビューもクリッピングすることができます。

Code Map ビューを円形にクリッピングする　　　　　　　　　　　　　　　«FILE» MapViewClip/ContentView.swift

```
Map(coordinateRegion: $region)
    .clipShape(Circle())　———— 円形でクリッピング
    .overlay(Circle().stroke(Color.white, lineWidth: 4))　———— 白枠をオーバーレイ
    .shadow(radius: 10)　———— 影の表示
    .padding(40)
```

地図のビューを円形でクリッピングし、白枠を重ね、影を付けています

8-2 地図にアノテーションを表示する

Section 8-2 地図にアノテーションを表示する

Map() には複数の書式が用意されています。指定座標を指し示すアノテーションを表示する書式を使って、前セクションで作った地図にマーカーやピンを追加してみましょう。イメージやテキストなどをアノテーションとして使う書式も試してみましょう。

1. 位置情報を構造体で定義しよう
2. 地図にマーカーを表示する書式を使ってみよう
3. 指定の地点にピンを刺す
4. 自分だけのアノテーションを作ろう

重要キーワードはコレだ！

Map(coordinateRegion:annotationItems:annotationContent:)、MapMarker、MapPin、MapAnnotation

マーカーのアノテーション

ピンのアノテーション

カスタムアノテーション

STEP ## 3地点にアノテーション（マーカー）を置く

追加するアノテーションの位置情報を構造体 Spot で定義して 3 箇所の spot データの配列を作っておき、Map()
の引数でアノテーションのリストとして指定します。スポットに表示するアノテーションには MapMarker() で作る
吹き出しの形状のマーカーを使います。地図の確認はライブプレビューで行うことができます。

1 マーカーを配置する位置情報を Spot として定義する 　《SAMPLE》 MapMarkerSample.xcodeproj

座標を使うので MapKit フレームワークをインポートする式を追加します。次に位置情報を Identifiable プロトコル
を採用した構造体の Spot として定義します。座標は CLLocationCoordinate2D(latitude:longitude:) で作るので、
latitude と longitude を引数で指定できるように変数で定義しておきます。

Code 　位置情報を作る構造体 Spot 　　　　　　　　　　　　《FILE》 MapMarkerSample/ContentView.swift

```swift
import SwiftUI
import MapKit

// スポットの構造体
struct Spot: Identifiable {
    let id = UUID()
    let latitude: Double
    let longitude: Double
    var coordinate: CLLocationCoordinate2D {
        CLLocationCoordinate2D(latitude: latitude, longitude: longitude)
    }
}
```

2 位置情報の作成と地図の表示

ContentView を次のように入力します。最初に 3 個の位置情報 を入れた配列 spotlist を用意し、地図の領域を
@State を付けた region に指定します。これは前セクションと同じく東京駅周辺の領域です。最後に body に Map()
を使って地図を表示します。

Code 　3 個のマーカーを配置した地図を表示する ContentView のコード 　　《FILE》 MapMarkerSample/ContentView.swift

```swift
struct ContentView: View {
    // 指し示す座標
    let spotlist = [
        Spot(latitude: 35.6834843, longitude: 139.7644207),
        Spot(latitude: 35.6790079, longitude: 139.7675881),      ← 3箇所の位置情報
        Spot(latitude: 35.6780057, longitude: 139.7631035)
    ]

    // 座標と領域を指定する
    @State var region = MKCoordinateRegion(
        center: CLLocationCoordinate2D(
            latitude: 35.6805702,    // 緯度
            longitude: 139.7676359   // 経度
        ),
        latitudinalMeters: 1000.0,  // 南北距離
        longitudinalMeters: 1000.0  // 東西距離
```

8-2 地図にアノテーションを表示する

```
    )
    var body: some View {
        // 地図を表示する
        Map(coordinateRegion: $region,
            annotationItems: spotlist,
            annotationContent: { spot in MapMarker(coordinate: spot.coordinate, tint: .orange)})
            .edgesIgnoringSafeArea(.bottom)
    }
}
```

マーカーを置く座標の指示

3 ライブプレビューで確認する

ライブプレビューにして地図を確認してみましょう。東京駅の地図にオレンジ色の3つのマーカーが追加されていれば成功です。

3地点にマーカーが追加されました

地図の指定座標をマーカーで指す

地図の指定座標をピンやマーカーで指し示したい場合は Map() の書式はアノテーション（ピンやマーカーのこと）を指定する引数が増え、コードが少し複雑になります。ポイントとなるのは座標データの作り方とピンの種類の指定です。

マーカーで指す座標情報を作る

まず、指し示す地点を Identifiable プロトコル を指定した struct Spot で定義するコードを追加します。Identifiable プロトコルでは id プロパティが必須で、初期値として UUID() を指定しておくことができます。マーカー表示のために必要となるプロパティは座標を示す coordinate ですが、座標は CLLocationCoordinate2D(latitude:longitude:) で作るので、次のコードで示すように latitude と longitude をプロパティとして保持し、coordinate は計算で求める Computed プロパティ にします（Computed プロパティ ☞ P.65）。

Code マーカーで指し示す地点データの struct Spot を定義する   «FILE» MapMarkerSample/ContentView.swift

```
// スポットの構造体
struct Spot: Identifiable {
    let id = UUID() ————— ユニークな番号になります
    let latitude: Double
    let longitude: Double
    var coordinate: CLLocationCoordinate2D {
        CLLocationCoordinate2D(latitude: latitude, longitude: longitude)    座標を指定する
    }                                                                       Computed プロパティ
}
```

次に指し示す地点の座標を指定して Spot のオブジェクトの配列を作り変数 spotlist に代入します。

Code Spot データを配列にした spotlist を作る   «FILE» MapMarkerSample/ContentView.swift

```
struct ContentView: View {
    // 指し示す座標
    let spotlist = [
        Spot(latitude: 35.6834843, longitude: 139.7644207),
        Spot(latitude: 35.6790079, longitude: 139.7675881),
        Spot(latitude: 35.6780057, longitude: 139.7631035)
    ]
                        Spot 構造体の座標データを作り、配列にします
    ...

}
```

MapMarker() でマーカーを表示する

アノテーションを表示する書式 Map(coordinateRegion:annotationItems:annotationContent:) を使って地図を作ります。この書式を使うと引数 annotationItems に指定した spotlist から順に位置情報が取り出され、引数 annotationContent で指定した spot に代入されます。そして MapMarker(coordinate: spot.coordinate, tint: .orange) が実行されてマーカーが作られます。引数 coordinate がマーカーの表示座標で、spot.coordinate で spot から取り出します。tint はマーカーの色を決めます。

8-2 地図にアノテーションを表示する

Code　マーカーが配置されている地図を表示する　　　　　　　　　　　《FILE》MapMarkerSample/ContentView.swift

```
var body: some View {
    // 地図を表示する
    Map(coordinateRegion: $region,          ── 地図の範囲
        annotationItems: spotlist,          ── マーカー座標の配列
        annotationContent: { spot in MapMarker(coordinate: spot.coordinate, tint: .orange)})
        .edgesIgnoringSafeArea(.bottom)                                    マーカーのアノテーションを作ります
}                                           spotlist から順に取り出します
```

MapPin() でピンを表示する

アノテーションにはピンの形状もあります。ピンを表示するには、先のコードの Map() の 3 番目の引数 annotationContent の値を MapMarker(coordinate:tint:) から MapPin(coordinate:tint:) に変えるだけです。次のコードならば赤いピンが刺さります。

Code　赤いピンが配置されている地図を表示する　　　　　　　　　　　《FILE》MapPinSample/ContentView.swift

```
var body: some View {
    // 地図を表示する
    Map(coordinateRegion: $region,
        annotationItems: spotlist,
        annotationContent: { spot in MapPin(coordinate: spot.coordinate, tint: .red)})
        .edgesIgnoringSafeArea(.bottom)
}                                                       ピンのアノテーションを作ります
```

赤色のピンになりました

413

カスタマイズしたアノテーションを使る

　マーカー、ピンという既存のデザインではなく、自由なデザインのアノテーションを使うこともできます。次の例では、スポットにイメージとテキストを表示しています。

イメージとテキストのアノテーションを表示します

8-2 地図にアノテーションを表示する

アノテーションで表示する情報を地点データに追加する

スポット名の情報は Spot に name プロパティとして追加します。

Code　地点データに Spot に name プロパティを追加する　　《FILE》MapAnnotationSample/ContentView.swift

```
// スポットの構造体
struct Spot: Identifiable {
    let id = UUID()
    let name: String ──────── spot 名の name プロパティを追加します
    let latitude: Double
    let longitude: Double
    var coordinate: CLLocationCoordinate2D {
        CLLocationCoordinate2D(latitude: latitude, longitude: longitude)
    }
}
```

指し示す地点データの配列 spotlist を作る際に座標軸に加えて、name プロパティの値を指定します。

Code　Spot データを配列にした spotlist を作る　　《FILE》MapAnnotationSample/ContentView.swift

```
let spotlist = [
    Spot(name: "丸善", latitude: 35.6834843, longitude: 139.7644207),
    Spot(name: "八重洲ブックセンター", latitude: 35.6790079, longitude: 139.7675881),
    Spot(name: "出光美術館", latitude: 35.6780057, longitude: 139.7631035)
]
```

MapAnnotation() でカスタマイズしたアノテーションを表示する

カスタマイズしたアノテーションを表示するには、MapAnnotation(coordinate:anchorPoint:content:) でアノテーションを作ります。引数 anchorPoint はアノテーションの表示位置の微調整、引数 content にアノテーションとして表示するイメージやテキストなどのビューを指定します。ここでは家のイメージの下に spot.name で参照したスポット名を表示しています。

Code　地図の指定座標に家のイメージとスポット名を表示する　　《FILE》MapAnnotationSample/ContentView.swift

```
var body: some View {
    // 地図を表示する
    Map(coordinateRegion: $region,
        annotationItems: spotlist,
        annotationContent: {spot in
            MapAnnotation(coordinate: spot.coordinate,
                          anchorPoint: CGPoint(x: 0.5, y: 0.5),
                          content: {
                              Image(systemName: "house.fill").foregroundColor(.red)
                              Text(spot.name).italic()
                          })}
    ).edgesIgnoringSafeArea(.bottom)
}
```

表示するイメージやテキストを作ります

Chapter 8

SwiftUI の Map() で地図表示

415

Section 8-3 現在地を表示して移動をフォロー

地図に現在地を表示してみましょう。現在地が移動すると現在地が追従するようにもします。現在地を得るために CLLocationManager クラスを利用し、デリゲートという手法も活用します。また、現在地を利用する場合はプライバシープロパティの設定が必要です。これまでは Info.plist を編集しましたが、今回から TARGETS の Info パネルで設定するように変更されました。

このセクションのトピック

1. 地図に現在地を表示するには？
2. 現在地をフォローして地図を追従させたい
3. ターゲットに位置情報のプライバシー設定を追加する
4. シミュレータやライブプレビューでも現在地の情報を得られる？

重要キーワードはコレだ！

Map(coordinateRegion: showsUserLocation: userTrackingMode:)、
CLLocationManagerDelegate、CLLocationManager、delegate、
requestWhenInUseAuthorization()、override

現在地を利用する許可を取ります

移動する現在地を追いかけます

シミュレータで現在地を追従するテスト

8-3 現在地を表示して移動をフォロー

STEP CLLocationManager で現在地をフォローし追従する地図を表示する

現在地を取得して更新するために CLLocationManager クラスを活用する LocationManager クラスを定義します。ContentView では LocationManager クラスのインスタンスを観測対象にし、バインディングした表示領域を使って地図を更新します。位置情報のプライバシー設定も行います。

1 LocationManager クラスを定義する

«SAMPLE» MapLocationManager.xcodeproj

Swift ファイルの LocationManager.swift を新規に追加し、1 行目に import MapKit を書きます。次に NSObject を継承し、観測のための ObservableObject プロトコル、領域の更新のための CLLocationManagerDelegate デリゲートを採用した LocationManager クラスを定義します。LocationManager クラスには、region と manager のプロパティ、イニシャライザ、locationManager() メソッドを定義します。region は観測対象のプロパティなので @Published を付けます。

Code LocationManager クラスを定義する   «FILE» MapLocationManager/LocationManager.swift

```swift
import MapKit

// 現在地を取得するためのクラス
class LocationManager: NSObject, ObservableObject, CLLocationManagerDelegate {
    // ロケーションマネージャを作る
    let manager = CLLocationManager()         // 現在地の観測
    // 領域の更新をパブリッシュする         // 位置追従のデリゲート
    @Published var region =  MKCoordinateRegion()

    override init() {
        super.init()          ————— 先にスーパークラスのイニシャライザを実行します
        manager.delegate = self // デリゲートの設定
        manager.requestWhenInUseAuthorization()  // プライバシー設定の確認
        manager.desiredAccuracy = kCLLocationAccuracyBest
        manager.distanceFilter = 2 // 更新距離 (m)
        manager.startUpdatingLocation() ————— 追従を開始します
    }

    // 領域の更新（デリゲートメソッド）
    func locationManager(_ manager: CLLocationManager, didUpdateLocations locations: [CLLocation]) {
        // loacations の最後の要素に対して実行する
        locations.last.map {
            let center = CLLocationCoordinate2D(
                latitude: $0.coordinate.latitude,
                longitude: $0.coordinate.longitude)  ————— 現在地を取得
            // 領域の更新
            region = MKCoordinateRegion(
                center: center,
                latitudinalMeters: 1000.0,  ————— 表示する領域の更新
                longitudinalMeters: 1000.0
            )
        }
    }
}
```

Chapter

8

SwiftUI の Map() で地図表示

417

2 ContentView に現在地を表示する地図を表示する

ContentView.swift でも import MapKit を最初に追加します。struct ContentView では LocationManager クラスのインスタンス manager を作り @ObservedObject を付けて観測します。トラッキングモードはバインディングできる変数 @State trackingMode を宣言し、追従する設定の MapUserTrackingMode.follow を代入しておきます。この2つの値は、トラッキングモードを指定できる書式の Map(coordinateRegion:showsUserLocation:userTrackingMode:) の引数に指定します。

Code 現在地を追従する地図を表示する　　　　　　　　　　　　«FILE» **MapLocationManager/ContentView.swift**

```swift
import SwiftUI
import MapKit

struct ContentView: View {
    // manager の更新を観測する
    @ObservedObject var manager = LocationManager()
    // ユーザートラッキングモード（追従モード）
    @State var trackingMode = MapUserTrackingMode.follow ——————— 現在地を追従するモード

    var body: some View {
        // 現在地を追従する地図を表示する
        Map(coordinateRegion: $manager.region,
            showsUserLocation: true,
            userTrackingMode: $trackingMode)
            .edgesIgnoringSafeArea(.bottom)
    }
}

struct ContentView_Previews: PreviewProvider {
    static var previews: some View {
        ContentView()
    }
}
```

---

3 プロジェクトのターゲットの Info パネルを開く

ナビゲーションエリアで1行目のプロジェクト名を選択して TARGETS からプロジェクトを選び、Info パネルを開きます。そして最初の Custom iOS Target Properties をクリックしてプロパティの設定リストを開きます。

8-3 現在地を表示して移動をフォロー

4 位置情報のプライバシープロパティを追加する

Key の 1 行目にある + をクリックすると 1 行追加されてメニューが表示されます。表示されたメニューから「Privacy - Location When In Use Usage Description」を選択します。すると設定行が追加されるので、Value の欄に「現在地を表示するために使います」といった位置情報を利用する理由を入力します。この文言はアプリを初めて起動したときに表示されるダイアログで使われます。

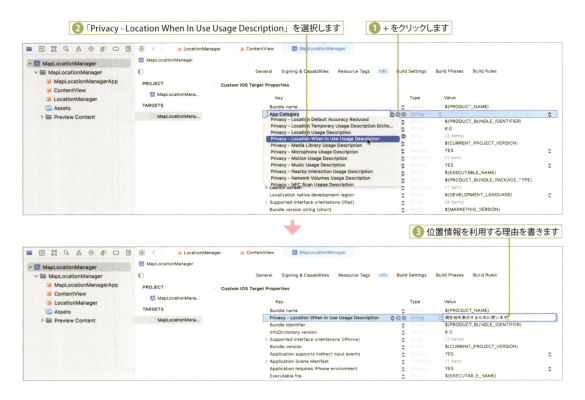

5　位置情報の利用を許可する

現在地の表示はプレビューやライブプレビューでは確かめられませんが、シミュレータを使えば確かめることができます。アプリがインストールされて起動すると、位置情報の利用の許可を得るためのダイアログが表示されます。TARGETS の Info パネルで設定した利用理由がここで表示されます。このダイアログは、アプリをインストール後に初めて起動したときだけ表示されます。

初めて起動したときに、位置情報の利用の許可を求めるダイアログが表示されます

6　シミュレータで現在地を追従する

位置情報の利用を許可すると現在地が表示され、位置移動の追従が開始します。シミュレータでの現在地は、Features メニューの Location から選ぶことができます。City Run、City Bicycle Ride、Freeway Drive を選んだ場合は、走って移動、自転車で移動、高速道路を車で移動の追従をシミュレーションできます。

現在地や移動方法などを選択できます

現在地が表示され、移動を追従します

8-3 現在地を表示して移動をフォロー

ロケーションマネージャを作る LocationManager クラス

現在地の表示と追従には CLLocationManager クラスを使います。この処理を行う LocationManager クラスを
定義し、CLLocationManager() を実行してロケーションマネージャ manager を作ります。この LocationManag
er クラスを定義する際に重要となるのは、NSObject クラスの継承、ObservableObject プロトコル、そして次の
ページで説明する CLLocationManagerDelegate プロトコルの採用です（継承 ☞ P.397、プロトコル ☞ P.400）。

Code ロケーションマネージャ manager を作る   «FILE» MapLocationManager/LocationManager.swift

```
class LocationManager: NSObject, ObservableObject, CLLocationManagerDelegate {
    // ロケーションマネージャを作る
    let manager = CLLocationManager()              デリゲートを採用します
    ...
}
```

ロケーションマネージャ manager の初期化

CLLocationManager() で作ったロケーションマネージャ manager の初期化は、LocationManager クラスのイ
ニシャライザ override init() で行います。

Code LocationManager クラスのイニシャライザで初期化する   «FILE» MapLocationManager/LocationManager.swift

```
override init() {
    super.init()
    manager.delegate = self // デリゲートの設定
    manager.requestWhenInUseAuthorization() // プライバシー設定の確認
    manager.desiredAccuracy = kCLLocationAccuracyBest
    manager.distanceFilter = 2 // 更新距離 (m)
    manager.startUpdatingLocation()
}
```

あとで改めて説明しますが、まず、managerのdelegateプロパティにselfつまりインスタンス自身を指定します。
managerにrequestWhenInUseAuthorization()を実行するとInfoパネルで設定したプライバシー設定が確認され、ア
プリが初めて起動された際には設定ダイアログが表示されます。desiredAccuracyは現在地の精度、distanceFilterは
現在地の更新距離を指定します。最後にstartUpdatingLocation()を実行すると現在地の更新がスタートします。

🛈 NOTE

オーバーライドと super.init( )

override が付いたメソッドは、継承しているスーパークラスにもある同名のメソッドを上書きしています。override init() は
NSObject クラスにあるイニシャライザ init() を上書きしていて、super.init() を 1 行目に入れることで、先に NSObject クラスの
イニシャライザを先に実行しています。override が付いたメソッドは、継承しているスーパークラスにもある同名のメソッドを
上書きしています。override init() は NSObject クラスにあるイニシャライザ init() を上書きしていて、super.init() を 1 行目に入
れることで、先に NSObject クラスのイニシャライザを先に実行しています。

Chapter
8

SwiftUI の Map() で地図表示

421

delegate プロパティとデリゲートメソッド

　移動で変化する位置情報を取得するには、位置が移動する度に最新の位置情報を取得する必要があります。そのために欠かせないのがデリゲートという手法です。イニシャライザではロケーションマネージャ manager の delegate プロパティに self を登録します。delegate の値として設定された manager には、CLLocationManagerDelegate デリゲートで定義してあるさまざまなメッセージが届きます。このようなメソッドをデリゲートメソッドと言います。つまり manager にデリゲートメソッドのコードを書いておけば、メッセージを受けて実行できるようになります。

　そのひとつが locationManager(_ manager:didUpdateLocations locations:) です。didUpdateLocations とあるとおり、現在地が更新したならばこのメソッドが実行されます。引数 locations に現在地の情報が入っているので、これを使って更新後の表示領域の region を取得します。region は @Published が付いている観測対象のプロパティです。

Code　位置の更新で実行されるデリゲートメソッドで観測対象の region を更新する　　**«FILE» MapLocationManager/LocationManager.swift**

```swift
// 現在地を取得するためのクラス
class LocationManager: NSObject, ObservableObject, CLLocationManagerDelegate {
    /* ロケーションマネージャを作る
    let manager = CLLocationManager()
                                              採用するデリゲートを指定

    // 領域の更新をパブリッシュする
    @Published var region =  MKCoordinateRegion()

    override init() {
        super.init()
        manager.delegate = self // デリゲートの設定
        ...
    }


    // 領域の更新（デリゲートメソッド）
    func
    locationManager(_ manager: CLLocationManager,
        didUpdateLocations locations: [CLLocation]) {
        // loacations の最後の要素に対して実行する
        locations.last.map { ──────────── 引数 locations で受け取った配列の最後の値を使います
            let center = CLLocationCoordinate2D(
                latitude: $0.coordinate.latitude,
                longitude: $0.coordinate.longitude)
            // 領域の更新
            region = MKCoordinateRegion( ───── 現在地を含む領域 region が移動で更新されます
                center: center,
                latitudinalMeters: 1000.0,
                longitudinalMeters: 1000.0
            )
        }
    }
```

422

8-3　現在地を表示して移動をフォロー

> **① NOTE**
>
> **map() 関数**
>
> locations.last.map の map は map() 関数です。これは地図を作る Map() ではなく、配列から順に取り出した要素に同じ処理を行うための特殊な関数です。$0.coordinate の $0 は map() で取り出した要素を指す書き方です。

■ ContentView ビューに現在地を表示し移動を追従する地図を表示する

現在地を表示し、追従する地図は Map(coordinateRegion:showsUserLocation:userTrackingMode:) の書式で作ります。第 1 引数の coordinateRegion に観測している manager オブジェクトの region プロパティを指定することで、地図には常に最新の領域が表示されます。LocationManager クラス側では region プロパティを @Publish に設定している点も確認しておきましょう。

Code　　　　　　　　　　　　　　　　　　　　　　　　　　**«FILE»** MapLocationManager/ContentView.swift

```swift
var body: some View {
    // 現在地を追従する地図を表示する
    Map(coordinateRegion: $manager.region, ——— 観測対象なので移動で更新されます
        showsUserLocation: true, ————————— 現在地を表示します
        userTrackingMode: $trackingMode) ——— トラッキングモード
        .edgesIgnoringSafeArea(.bottom)
}
```

showsUserLocation を true にすると現在地を示す青いマーカーが表示されます。userTrackingMode はバインディングした値を指定するようになっているので、@State を付けた trackingMode 変数でモードを指定します。MapUserTrackingMode.follow を指定すると移動がフォローされます。

Code　ユーザートラッキングモード（追従モード）　　　　　**«FILE»** MapLocationManager/ContentView.swift

```swift
@State var trackingMode = MapUserTrackingMode.follow
```

Chapter
8

SwiftUI の Map() で地図表示

423

async/await を使った非同期処理

iOS 15（Swift 5.5）から async ／ await などを使う非同期処理を行うための機能が多く追加されました。非同期処理を使いこなすには経験と知識が必要となりますが、この章では非同期処理の入門として簡単な例を試してみましょう。最初に試すのは、手軽に利用できる AsyncImage を使った画像データのダウンロード表示です。

Section 9-1　画像データを非同期処理で表示する

Section 9-2　非同期処理の並行処理

Section 9-3　非同期処理の逐次処理

Section 9-1 画像データを非同期処理で表示する

複数の画像ファイルをダウンロードして並べて表示する処理では、必要となる画像を一気にリクエストし、早くダウンロードできた画像から順次表示していくことで待ち時間を節約できます。Swift 5.5 ではこの非同期処理（並行処理）を手軽に行えるように AsyncImage が追加されました。

このセクションのトピック

1. 複数の画像をダウンロードできたものから表示したい
2. ダウンロードできるまでプレースホルダを表示するには？
3. ダウンロード表示できた画像はクリックで別ページに表示したい

重要キーワードはコレだ！
AsyncImage、placeholder、List、LazyVGrid、NavigationView、NavigationLink

リストでの表示

複数の画像データを平行してダウンロードします

ダウンロード中はプレースホルダが表示されます

ダウンロードが完了した画像から表示されます

グリッドレイアウトでの表示

9-1 画像データを非同期処理で表示する

STEP 非同期処理で画像データをダウンロードしてリスト表示

Web サーバーに置いてある複数の画像ファイルを非同期処理（並行処理）でダウンロードし、ダウンロードできた画像からリストに表示していきます。ダウンロードが終わるまではプレースホルダを表示しておきます。

1 画像データの型と URL の配列を作る PhotoSource クラスを定義する

まず最初にダウンロードする画像データの Photo 型を定義します。Photo 型は List 表示することを考えて、Identifiable プロトコルに準拠した struct で定義します。Photo 型のプロパティは id と url の 2 つだけです。そして、画像データの配列 photos をプロパティとしてもつ PhotoSource クラスを定義します。

Code PhotoSource クラスと画像のデータ型 Photo を定義する　　《FILE》**AsyncImageSample/ContentView.swift**

```
// 画像データの型
struct Photo: Identifiable {
    var id: URL{url}
    var url: URL
}

// 画像データの配列を作る PhotoSource クラス
class PhotoSource {
    var photos: [Photo] = []
    init (){
        photos = makePhotos()
    }
}
```

2 画像データの配列を作る makePhotos( ) を定義する

実際に配列を作る makePhotos() メソッドは PhotoSource クラスを extension で拡張して追加します（extension を使ったクラス拡張 ☞ P.400）。makePhotos() では画像ファイルの URL を作って配列に入れて戻します。makePhotos() は PhotoSource クラスのイニシャライザで実行され、作られた URL の配列はプロパティ photos に代入されます。

Code PhotoSource クラスに makePhotos() メソッドを拡張する　　《FILE》**AsyncImageSample/ContentView.swift**

```
// URL の配列を作るメソッドを拡張
extension PhotoSource {
    func makePhotos() -> [Photo] {
        let path = "https://oshige.xsrv.jp/samples/photos/"
        let photoNames: [String] = [
            "IMG_1159.jpg", "IMG_1326.jpg", "IMG_1384.jpg","IMG_1475.jpg",
            "IMG_1476.jpg", "IMG_1478.jpg", "IMG_1635.jpg", "IMG_1643.jpg",
            "IMG_1739.jpg", "IMG_1840.jpg", "IMG_1889.jpg", "IMG_2233.jpg",
            "IMG_2325.jpg", "IMG_2406.jpg", "IMG_2408.jpg", "IMG_4008.jpg"
        ]
        // URL の配列を作る
        var photos: [Photo] = []
        for name in photoNames {
            photos.append(Photo(url: URL(string:path + name)!))
        }
        return photos
    }
}
```

Chapter
9

async/await を使った非同期処理

427

3 画像データをダウンロードしてリスト表示する

PhotoSource クラスのインスタンス myPhotoSource を作ります。List の機能を使って myPhotoSource のプロパティ photos から画像データのオブジェクトを順に取り出し、==AsyncImage(url: photo.url)== で URL の画像データを ==非同期処理で== ダウンロードします。

Code 画像データの URL を非同期処理でダウンロードしてリスト表示する «FILE» AsyncImageSample/ContentView.swift

```swift
struct ContentView: View {
    private var myPhotoSource = PhotoSource()
    
    var body: some View {
        NavigationView {
            List(myPhotoSource.photos) { photo in
                // イメージの読み込みと表示
                AsyncImage(url: photo.url) { image in
                    image.resizable()
                        .aspectRatio(contentMode: .fit)
                } placeholder: {
                    Color.orange
                        .overlay(Image(systemName: "photo").scaleEffect(2.0))
                }
                .mask(RoundedRectangle(cornerRadius: 16))
                .frame(height: 160)
            }
            .navigationTitle("お気に入り")
        }
    }
}
```

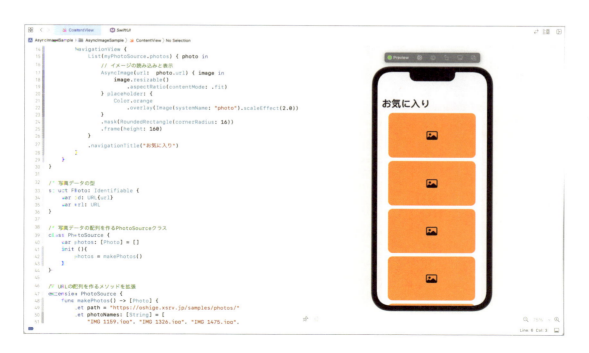

画像データを非同期処理でダウンロードして表示する

　AsyncImage(url:) を使うことで、URL を指定するだけで画像データのダウンロードと表示を非同期処理で行えます。複数の画像データを連続して指定すれば、ダウンロードが完了したものから順に表示されます。List や ScrollView に組み込まれている場合は、ビューが画面の範囲内にスクロールされてからダウンロードが実施されるので、表示していない範囲のダウンロードが先に進むことはありません。

表示待ちのプレースホルダ

placeholder には画像データがダウンロードされて準備ができるまで仮に表示しておくビューを指定します。ここではオレンジ色の Color ビューにオーバーレイを使って SF Symbols にあるアイコンを重ねて表示しています。なお、ビューの形は mask() を使って角丸四角形にしています。（clipShape() ☞ P.124）

Code 画像データを非同期処理でダウンロードして表示する　　　　　《FILE》**AsyncImageSample/ContentView.swift**

```
AsyncImage(url:  photo.url) { image in
    image.resizable()
        .aspectRatio(contentMode: .fit)
} placeholder: {
    Color.orange
        .overlay(Image(systemName: "photo").scaleEffect(2.0))
}
.mask(RoundedRectangle(cornerRadius: 16))
.frame(height: 160)
```

画像データがダウンロードされるまで表示しておきます

■ グリッドレイアウトからのナビゲーションリンク

LazyVGrid を使えば AsyncImage でダウンロードした画像データをグリッドレイアウトで表示できます。次のコードでは AsyncImage で表示する写真を NavigationLink の destination で指定しているので、表示された写真をタップするとページが遷移して別ページで大きく表示されます。プレースホルダをクリックしても遷移しません。struct ContentView 以外のコードは先の AsyncImageSample1 と同じです。

Code グリッドレイアウトのナビゲーションリンクで画像を表示する　　　　《FILE》**AsyncImageSample2/ContentView.swift**

```
struct ContentView: View {
    private var myPhotoSource = PhotoSource()

    var body: some View {
        NavigationView {
            ScrollView {
                LazyVGrid(columns: [GridItem(.adaptive(minimum: 120))]) {
                    ForEach(myPhotoSource.photos) { photo in
                        AsyncImage(url:  photo.url) { image in
                            NavigationLink(destination: image.resizable()
                                        .aspectRatio(contentMode: .fit))
                            {
                                image.resizable()
                                    .aspectRatio(contentMode: .fit)
                            }
                        } placeholder: {
                            Color.orange
                                .overlay(Image(systemName: "photo").scaleEffect(2.0))
                        }
                        .mask(RoundedRectangle(cornerRadius: 16))
                        .frame(height: 200)
                    }
                }
            }
            .padding(.horizontal)
            .navigationTitle(" お気に入り ")
```

画像をクリックするとページが遷移して大きな画像で表示されます

```
            }
            .navigationViewStyle(.stack)
        }
}
```

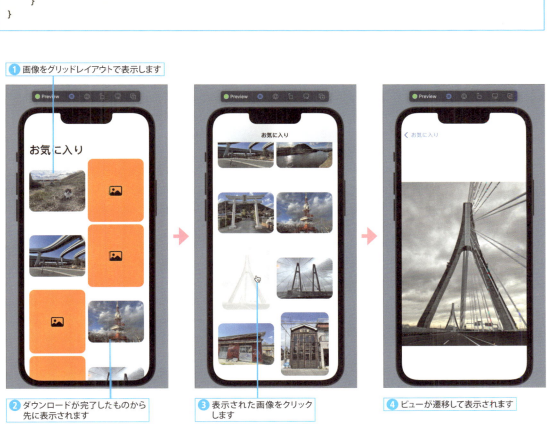

❶ 画像をグリッドレイアウトで表示します

❷ ダウンロードが完了したものから先に表示されます

❸ 表示された画像をクリックします

❹ ビューが遷移して表示されます

Section 9-2 非同期処理の並行処理

async／awaitの組合せで非同期処理を行えます。このセクションでは複数の非同期処理を並行して実行し、その結果がそろったところで結果を表示する場合の例を示します。非同期処理のコードを試すために時間がかかる処理を定義する方法も取り上げます。

このセクションのトピック

1. 非同期処理はどう定義する？
2. 非同期処理はどうやって実行する？
3. 複数の非同期処理を並行して実行したい
4. 複数の非同期処理の結果がそろうのを待ちたい
5. 処理にかかった秒数を計測するには？

重要キーワードはコレだ！
async、await、Task、Task.sleep()

2つの非同期処理が終わるまで待ちます

2つの非同期処理の完了を待って表示します

非同期処理を並行して行い結果を待つ

非同期処理を並行して行うことで、すべての処理にかかる時間はもっとも長くかかる処理を待つ時間と限りなく近くなります。次のサンプルでは5秒かかるgetWho()と3秒かかるgetMessage()を並行して実行し、両方の結果がそろったところで2つの結果を合わせた文字列を表示しています。

経過時間を計るタイマーを使って計測結果を表示したところ、2つの処理の結果を待っての出力は約5秒で完了します。つまり、ボトルネックとなるgetWho()の処理が完了すれば全体の処理が完了することを確かめることができます。

1 時間がかかる処理を擬似的に作る

非同期処理で実行するgetWho()とgetMessage()をasyncとawaitを使って定義します。非同期処理の機能を試すために、時間がかかる処理はTask.sleep()で擬似的に作ります。

Code 非同期で実行するgetWho()とgetMessage()を定義する　　《FILE》AsynchronousConcurrent/ContentView.swift

```swift
// 非同期で実行したい処理
func getWho() async -> String {
    await Task.sleep(5 * 1000 * 1000 * 1000)   // 5秒待ち
    return "山本さん"         ── 5秒後に実行されます
}

// 非同期で実行したい処理
func getMessage() async -> String {
    await Task.sleep(3 * 1000 * 1000 * 1000)   // 3秒待ち
    return "ハロー"
}
```

2 経過時間を計るためのタイマーを作る

経過秒数を計測するためのタイマーStopWatchクラスを定義します。タイマーをスタートするstart()とタイマーを止めるstop()も実装します。

Code 経過秒数を計測するStopWatchクラスを定義する　　《FILE》AsynchronousConcurrent/ContentView.swift

```swift
class StopWatch: ObservableObject {
    // 経過秒数
    @Published var elapsedTime: Double = 0.0
    private var timer = Timer()   // タイマーを作る

    // タイマースタート
    func start() {
        guard !timer.isValid else { return }   // timer 実行中はキャンセル
        self.elapsedTime = 0.0
        timer = Timer.scheduledTimer(withTimeInterval: 0.01, repeats: true) { _ in
            self.elapsedTime += 0.01
        }
    }

    // タイマーストップ
    func stop() {
        timer.invalidate()
    }
}
```

3 スタートボタン、読み込みメッセージ、経過秒数の表示

タスク実行のスタートボタン、読み込みメッセージ、経過秒数を表示します。読み込みメッセージは、非同期処理の getWho() と getMessage() の両方の結果がそろったならば連結した結果を message に代入して表示します。

Code スタートボタン、読み込みメッセージ、経過秒数の表示　　《FILE》 AsynchronousConcurrent/ContentView.swift

```swift
struct ContentView: View {
    @State var message:String = ""
    @ObservedObject var watch = StopWatch()

    var body: some View {
        VStack{
            Button(action: {
                // タスクの実行
                Task {
                    watch.start()
                    message = "- - -"
                    // 並行処理
                    async let who = getWho()          ——— 非同期処理を並行して行います
                    async let msg = getMessage()
                    // who と msg がそろうまで待つ
                    message = await who + "、" + msg + "！"   ——— 結果がそろうまで message
                    watch.stop()                                への代入を待ちます
                }
            }) {
                Label("async TEST", systemImage: "testtube.2")
                    .background(
                        Capsule()
                            .stroke(lineWidth:1)
                            .frame(width: 180, height: 40))
            }.padding(30)
            Text("\(message)").font(.title2)          ——— 実行結果を表示します
            // 経過秒数
            let milliSeconds = Int((watch.elapsedTime) * 100)%100
            let seconds = Int(watch.elapsedTime)
            Text("\(seconds).\(milliSeconds)").padding()   ——— 経過時間の表示
            Spacer()
        }
    }
}
```

9-2 非同期処理の並行処理

4 ライブプレビューで動作を確認する

ライブプレビューにして「async TEST」ボタンをクリックして処理をスタートします。経過秒数がカウントアップされ、約8秒後に「山本さん、ハロー！」と表示されてタイマーも止まります。

非同期処理で行う関数を定義する

非同期処理を行う関数は次のように async を付けて定義します。そして、実際に処理を待ちたい命令に await を付けて実行します。ここでは Task.sleep() で擬似的に待ち時間を作っています。つまり、getWho() を実行すると5秒間の待ち時間が経過したところで次のステートメントに進み、return " 山本さん " を実行して値を戻します。

Code　非同期で実行する getWho() を定義する　　　　　　　«FILE» AsynchronousConcurrent/ContentView.swift

```
func getWho() async -> String {
    await Task.sleep(5 * 1000 * 1000 * 1000)  // 5秒待ち
    return " 山本さん "
}
```

非同期処理を実行する

非同期処理を実行するには async 付けて呼び出します。このとき、変数への代入式では、let who = async getWho() とするのではなく、async let who = getWho() のように書きます。次のように2つの非同期処理を続けて実行した場合、getWho() の戻り値が who に代入されるのを待たずに、つまり、5秒間を待たずに getMessage() の式が実行されます。

Code 非同期処理を並行して実行する «FILE» **AsynchronousConcurrent/ContentView.swift**

```
async let who = getWho()
async let msg = getMessage()——— getWho() の完了を待たずに並行して実行されます
```

並行処理している非同期処理の結果がそろうまで待つ

getWho() と getMessage() の2つの非同期処理の結果がそろうまで待つには await を付けます。次の message への代入式は、who と msg の2つの値が決まるまで待ってからストリングを連結して代入します。

このときの待ち時間は、getWho() と getMessage() の処理時間を合わせた約8秒ではなく、待ち時間が長い getWho() の約5秒です。getMessage() の待ち時間は3秒なので、getWho() の結果を待っている間に getMessage() の処理は終わってしまいます。

Code who と msg がそろうまで待ってから連結と代入を行う «FILE» **AsynchronousConcurrent/ContentView.swift**

```
// who と msg がそろうまで待つ
message = await who + "、" + msg + "！"
```

タスク全体を実行する

ボタンでは一連の操作を Task{ } で囲み1つのタスクとして実行します。タスクでは最初の2行の watch.start() と message = "- - -" に続いて async の並行処理が実行され、先に書いたように並行処理の結果がそろうまで待って message に代入し、最後に watch.stop() を実行してタイマーを止めます。

Code タスク全体を実行するボタン «FILE» **AsynchronousConcurrent/ContentView.swift**

```
Button(action: {
    // タスクの実行
    Task {
        watch.start()
        message = "- - -"
        // 並行処理
        async let who = getWho()            ——— 一連の作業として実行します
        async let msg = getMessage()
        // who と msg がそろうまで待つ
        message = await who + "、" + msg + "！"
        watch.stop()
    }
}) {
    Label("async TEST", systemImage: "testtube.2")
        .background(
            Capsule()
                .stroke(lineWidth:1)
                .frame(width: 180, height: 40))
}.padding(30)
```

経過秒数を計る StopWatch クラス

処理の経過秒数は StopWatch クラスで計っているので、これについても説明しておきましょう。経過時間は Timer.scheduledTimer() で 0.01 秒ごとにプロパティ elapsedTime に 0.01 秒を加算するタイマーを作って計測しています。elapsedTime の値は ContentView に表示するので、経過秒数が更新されていくことを知らせるために StopWatch クラスは ObservableObject プロトコルを指定し、elapsedTime には @Published を付けて宣言します。

タイマーをスタートする start() では、タイマーが重複して作られないように timer.isValid でタイマーが実行中かどうかを確認するのを忘れないようにします。timer.isValid が true のときは実行をキャンセルします。guard を使う場合は否定の !timer.isValid が true の場合に else 文で抜けるように書きます。タイマーは timer.invalidate() で止めることができます。

Code 経過秒数を計測する StopWatch クラス定義　　　　　《FILE》AsynchronousConcurrent/ContentView.swift

```
class StopWatch: ObservableObject {
    // 経過秒数
    @Published var elapsedTime: Double = 0.0
    private var timer = Timer()    // タイマーを作る

    // タイマースタート
    func start() {
        guard !timer.isValid else { return }  // timer 実行中はキャンセル
        self.elapsedTime = 0.0
        timer = Timer.scheduledTimer(withTimeInterval: 0.01, repeats: true) { _ in
            self.elapsedTime += 0.01 ——— 経過時間を加算していきます
        }
    }

    // タイマーストップ
    func stop() {
        timer.invalidate()
    }
}
```

経過秒数を表示する

経過秒数を表示する ContentView では @ObservedObject を付けた変数 watch に StopWatch クラスのインスタンスを作ります。経過秒数は watch.elapsedTime で得ることができますが、Int() と余りを求める % 演算子を利用して小数点以下 2 桁までの表示にしています。なお、次のセクションでは NumberFormatter を使って小数点以下の桁数を指定しているので、そちらも参考にしてください（☞ P.442）。

Code 経過秒数を表示する　　　　　《FILE》AsynchronousConcurrent/ContentView.swift

```
let milliSeconds = Int((watch.elapsedTime) * 100)%100 ——— 1/100 秒の数値
let seconds = Int(watch.elapsedTime)
Text("\(seconds).\(milliSeconds)").padding()
```

非同期処理の逐次処理

非同期処理を行うと結果を待たずに次に進んでしまいます。しかし、非同期処理で戻った結果を待って次を実行したい場合もあります。このセクションでは、非同期処理の完了を待ちならが順に実行していく逐次処理を試します。

このセクションのトピック

1. 非同期処理を順番通り実行するには？
2. 非同期処理の結果を待って次に進みたい
3. 非同期処理ごとの経過秒数を記録しよう
4. 小数点以下の桁数を指定するスマートな方法がある

 重要キーワードはコレだ！
async、await、Task、Task.sleep()、NumberFormatter、maximumFractionDigits

非同期処理の結果を表示します

処理秒数を追加表示します

前の非同期処理の完了を待って次の非同期処理を実行します

9-3　非同期処理の逐次処理

STEP　非同期処理の結果を待って順に実行していく

前セクションでは非同期処理の getWho() と getMessage() を並行して実行し、両方の結果がそろったところで2つの結果を合わせた文字列を表示しましたが、ここでは getWho() を実行したらその戻りを待って結果を表示し、続いて getMessage() を実行するというように非同期処理の逐次処理を行います。前セクションと同じように async と await を使いますが、非同期処理の呼び出し方が違っています。

1　時間がかかる処理を擬似的に作る

非同期処理で実行する getWho() と getMessage() を定義します。前セクションと同じコードで非同期処理の機能を試すために、時間がかかる処理を擬似的に作ります。これは前セクションと同じコードです。

Code　非同期で実行する getWho() と getMessage() を定義する　　«FILE» AsynchronousSequences/ContentView.swift

```swift
// 非同期で実行したい処理
func getWho() async -> String {
    await Task.sleep(5 * 1000 * 1000 * 1000) // 5秒待ち
    return "山本さん "
}

// 非同期で実行したい処理
func getMessage() async -> String {
    await Task.sleep(3 * 1000 * 1000 * 1000) // 3秒待ち
    return "ハロー "
}
```

2　経過秒数を返す getElapsedTime() を StopWatch クラスに拡張する

extension を利用して前セクションで定義した StopWatch クラスに現在の経過秒数をストリングで返す関数 getElapsedTime() を拡張します。StopWatch クラスのコードは同じままで構いませんが、ContentView から elapsedTime の更新を直接参照しないので、elapsedTime の宣言に @Published がなくても構いません。

Code　StopWatch クラスに拡張して getElapsedTime() を追加する　　«FILE» AsynchronousSequences/ContentView.swift

```swift
extension StopWatch {
    func getElapsedTime() -> String {
        // 経過秒数
        let formatter = NumberFormatter()
        formatter.maximumFractionDigits = 2 ——— 小数点以下の桁数を指定します
        let seconds = formatter.string(from: NSNumber(floatLiteral: self.elapsedTime)) ?? "0:00"
        return seconds
    }
}
```

Chapter
9

async/await を使った非同期処理

3 | スタートボタン、読み込みメッセージ、経過秒数の表示

タスク実行のスタートボタンと結果、途中経過の経過秒数を表示します。今回は getWho() と getMessage() の処理結果が順に表示されるので、それぞれの処理が完了した時点の経過秒数を経過秒数として表示します。

Code スタートボタン、読み込みメッセージ、経過秒数の表示   «FILE» AsynchronousSequences/ContentView.swift

```swift
struct ContentView: View {
    @State var message:String = ""
    @State var logTime:String = ""
    @ObservedObject var watch = StopWatch()

    var body: some View {
        VStack{
            Button(action: {
                // タスクの実行
                Task {
                    logTime = ""
                    watch.start()
                    // 逐次処理
                    message = "- - -"
                    message = await getWho()          // 非同期処理の結果を待って順に進めていきます
                    logTime = watch.getElapsedTime()
                    message += "、"
                    message += await getMessage()
                    logTime += "\n" + watch.getElapsedTime()
                    message += " ! "
                    watch.stop()
                }
            }) {
                Label("await TEST", systemImage: "testtube.2")
                    .background(
                        Capsule()
                            .stroke(lineWidth:1)
                            .frame(width: 180, height: 40))
            }.padding(30)
            Text("\(message)").font(.title2)          // 実行結果と経過秒数のログを表示します
            Text("\(logTime)").padding()
            Spacer()
        }
    }
}
```

440

9-3 非同期処理の逐次処理

4 ライブプレビューで動作を確認する

ライブプレビューにして「await TEST」ボタンをクリックして処理をスタートします。「---」の表示の後しばらく待って「山本さん、」と表示され、その下に経過秒数も表示されます。さらに待つと「山本さん、ハロー！」になり、2番目の経過秒数が追加されます。

非同期処理の結果を待って次に進む（逐次処理）

非同期処理の結果を待って次のステップへと進みたい場合は await を付けて実行します。次のように実行することで非同期処理の getWho() の値が戻って message に代入されるまで待ちます。値が代入されたならば経過秒数が計測され、続いて message に "、" が文字列として後ろに連結されます。続く行で非同期処理の getMessage() が実行されてこの結果を待って message に連結します。「ハロー」を返す getMessage() のほうが getWho() より処理時間が短いですが、順に実行されるので「、ハロー！山本さん」のように連結の順番が逆になるといったことはありません。

Code 非同期処理の結果を待って次へ進む «FILE» AsynchronousSequences/ContentView.swift

```
message = await getWho()           getWho()の完了を待って代入します
logTime = watch.getElapsedTime()   経過秒数を記録します
message += "、"
message += await getMessage()      getMessage()の完了を待って連結します
logTime += "\n" + watch.getElapsedTime()   経過秒数を追記します
message += "！"
```

NumberFormatter を使って小数点以下 2 桁までの表示にする

前セクションでは経過秒数の表示が小数点以下 2 桁になるように Int() と % を利用していましたが、NumberFormatter を利用して小数点以下 2 桁のストリングになるように変換することができます。まず、NumberFormatter のインスタンス formatter を作り、小数点以下の桁数を指定したいならば formatter.maximumFractionDigits で桁数を設定します。設定したらば formatter.string(from:) で変換したい数値を引数で指定します。引数の数値は NSNumber 型にキャストして渡します。ただし、数値をフォーマットできない場合は値が nil になるので、?? 演算子を使って代替ストリングを指定しておきます。NumberFormatter にはこのほかにも通貨記号の付加や 3 桁区切りなどのフォーマットがあります。

Code　NumberFormatter を使って小数点以下 2 桁のストリングにする　　《FILE》 **AsynchronousSequences/ContentView.swift**

```
let formatter = NumberFormatter()
formatter.maximumFractionDigits = 2 ——— 小数点以下の桁数を指定します
let seconds = formatter.string(from: NSNumber(floatLiteral: self.elapsedTime)) ?? "0:00"
```

INDEX

記号

$0	150
_	049, 226
-=	043
!	186
! 否定	218, 360
! 強制アンラップ	275
!=	215, 292
?	273
?.	211, 345
??	275, 442
..	052
..<	052, 358
. で省略されているコード	087
" ～ "	047
""" 改行 ～ 改行 """	047
(値 , 値 , ...)	049
[ ] (Set)	098
[ ] (配列)	142
[要素の型]()	145
@Binding	345
@Environment	356
@EnvironmentObject	387
@FocusState	283
@main	389
@ObservedObject	360, 379
@Published	360, 378
@State	197
@StateObject	380
@ViewBuilder	173, 371
*	043
*=	043
/* ～ */	027
//	027
/=	043
\.calendar	256
\.locale	255
\.presentationMode	356
\.self	140
\(変数)	048
\n	047
&	151
&&	218, 292, 347
%	437
+ (Text の連結)	089
+ (配列の連結)	145
+ (文字列の連結)	047

+=	043, 048
+= (配列の連絡)	146
<	215
<=	215
=	043
==	215
>	215
>=	215
||	218

番号

3D 回転する	127

A

abs()	235
actionSheet() → confirmationDialog()	302
Add Modifier メニュー	119
alert()	299
Alert()	299
alignment	086
all	097
allowsFullSwipe	370
animation()	211
append()	144
appendingPathComponent()	284
Apple Developer Program	037
Array(repeating:count:)	329
Array< 要素の型 >()	145
aspectRatio()	106
Assets	103
async	435, 436
AsyncImage	429
await	435, 436, 441

B

background()	100
Binding.constant()	349
bold()	089, 334
border()	083
bottom	086, 097
bottomLeading	086
bottomTrailing	086
Button	191, 370
Button の書式	195, 198, 199

C

calendar	256
Calendar.current.date()	257
Calender()	256
cancel()	300

Capsule()	114
ceil()	234
center	086
CGPoint	415
Circle()	111
class	358, 362, 363, 395
clipped()	103, 118
clipShape()	124, 408
CLLocationCoordinate2D()	407
CLLocationManager	421
Color	310
Color(hue: saturation: brightness: opacity:)	233
Color(red: green: blue: opacity)	233
Color Set	115
Color で選べる色	084
Color を拡張する	402
Computed プロパティ	065, 225
confirmationDialog()	303
contains()	292
cornerRadius()	125, 320
count	140, 292

D

Date()	255
DateFormatter	258
DatePicker	255
dateStyle	258
default()	300
degrees()	118
delegate プロパティ	421
description	259
desiredAccuracy	421
destructive()	301
didUpdateLocations	422
disabled()	313
dismiss()	356
displayedComponents	260
distanceFilter	421
Documents フォルダ	284
Done ボタン	269, 374
do-try-catch	284, 290
Double()	224
Double 型	045

E

easeInOut()	211
edgesIgnoringSafeArea()	120
EditButton()	376

Edit ボタン	374
Ellipse()	113
environment()	255
environmentObject()	387, 389
environmentObject(ShareData())	392
Equatable プロトコル	365, 373
Error オブジェクト	291
extension	400, 402, 427

F

FileManager.default	284
fileprivate	166
fill()	115, 310
fillter()	149
firstIndex()	373
floor()	234
focused()	283
font()	077
font(.system(size:))	085
fontWeight()	077
ForEach-in	147, 321
foregroundColor()	079
for-in	051
Form	246
fourgroundColor()	115
frame()	081, 112
frame の中での位置指定	086
fullScreenCover()	354
func	180, 227

G

get	065
get / set	065, 401
GridItem	329
GridItem(.adaptive())	332
GridItem(.fixed())	329
GridItem(.flexible())	331
Group	267, 347
GroupBox	387
GroupedListStyle	155
guard-else で中断	292
guard let-else	268, 276, 373

H

horizontal	097
HStack	061, 068

I

Identifiable プロトコル	165, 318
if	215
if-else	216
if-else if-else	217
if let-else	187, 269, 277, 285

if 条件式をカンマで区切る	188
Image	106
imageScale()	213
Image(systemName:)	213
immutable	196
import	405
indices	141, 147
Inherited	088
init()	178, 363, 395
inout	151
InsetGroupedListStyle	155
InsetListStyle	155
Int()	224, 437
internal	166
Int 型	045
invalidate()	433
iPhone で試す	033
isEmpty	150, 265, 360
italic()	093

K

keyboardType()	267

L

Label	366
last	273
latitude	407
latitudinalMeters	407
LazyHGrid	334
LazyHStack	323
LazyVGrid	327, 430
LazyVStack	321
leading	086, 097
let	047
lineLimit()	082
Link()	186
List	131
List-in	164
listStyle()	155
locale	255
Locale()	255
longitude	407
longitudinalMeters	407

M

map()	423
Map	407
MapAnnotation	415
MapKit	405
MapPin	413
MapUserTrackingMode	423
mask()	430

max()	234
maximumFractionDigits	442
min()	234
MKCoordinateRegion	405, 407
move()	376
multilineTextAlignment()	083
mutating	197

N

NavigationLink	172, 430
navigationTitle()	135, 172
NavigationView	135, 172, 246
nil	273
NumberFormatter	442

O

ObservableObject プロトコル	360, 378
offset()	098, 108
onAppear()	362
onDelete()	376
onDismiss	313
onMove()	376
opacity()	211
open	166
Optional	273
overlay()	109, 408, 430
override	421

P

padding()	080
PageTabViewStyle()	341
path	284
Picker	237, 246
pickerStyle()	240
placeholder	430
PlainListStyle	156
Playground	038
Playground の実行と再計算	041
position()	120
previewInterfaceOrientation()	333
previewLayout()	167
PreviewProvider プロトコル	167
print()	192
private	166
public	166

R

random()	201
randomElement()	202
Rectangle()	113
remove()	369, 376
requestWhenInUseAuthorization()	421
resizable()	106

Resume ボタン	023
return	063, 180
return がない関数	181
RGB で色を作る	233
rotation3DEffect()	127
rotationEffect()	118, 125, 213
round()	234
RoundedBorderTextFieldStyle()	359
RoundedRectangle()	114
Run ボタン	029

S

scaleEffect()	108, 362
scheduledTimer()	362, 437
ScrollView	321
searchable()	149
Section	153, 249
self	178, 395, 422
set	065
Set	098, 324
SF Symbols	213
shadow()	124, 408
sheet()	310, 349
shuffle()	204
shuffled()	204, 292
SidebarListStyle	156
Simulator アプリ	029
Slider	231
sort()	146
Spacer	095
startUpdatingLocation()	421
static	402
Stepper	223
String()	048
String(contentsOf: encoding:	286
string(from:)	442
String(repeating:count:)	387
String 型	045
stroke()	118, 408
struct	176
subscript	143
super.init()	399
SwiftUI View ファイルを作成追加する	319
Swift ファイルを作成追加する	317
swipeActions()	366
switch	243, 358

T

tabItem	338
Tab View	337
tabViewStyle()	341

tag()	240, 337
Task.sleep()	433, 435
Team	012, 016, 034
Text	058
TextEditor	279
TextField	262, 265, 359
textFieldStyle()	359
throws	291
Timer	362, 437
timeStyle	258
tint()	211, 366
toggle()	212, 345, 373
Toggle	206
toggleStyle()	209
Toggle ボタンスタイル	209
toolbar	282
ToolbarItem()	282
ToolbarItemGroup()	272
top	086, 097
topLeading	086
topTrailing	086
trailing	097
try	290

U

UIApplication.shared.canOpenURL(url)	187
UIScreen.main.bounds.width	323
URL()	186
URL のチェック	187
URL のパス	284
userTrackingMode	423
UTC	259
UUID()	165, 318

V

var	043
vartical	097
Void	181
VStack	059, 068, 091

W

Web ページを開く	186
withAnimation()	213, 373
wrappedValue	356
write()	284

X

Xcode のアカウント	012
Xcode のインストール	010

Z

zIndex()	118
ZStack	109, 118, 328

あ

アクセス権	166
値型	151
アトリビュートインスペクタ	077
アニメーション	211, 213, 373
アノテーション（ピンの形状）	413
アノテーション	410
アノテーション（カスタマイズ）	415
アラートを表示	299
アンラップ	275

い

イーズインアウト	211
イタリック体	093
イニシャライザ	395
色を作る	233
インスタンス	394
インスペクタ	019
インデックス番号	14, 143
インデントを修正するショートカット	247

え

エディタ	018
エラーをスローする	291
円形でクリッピング	408
演算子	043
円を作る	111

お

大きい方の値	234
オーバーライド	421
オーバーレイ	109
オプショナルバインディング	183, 276
オプショナルバリュー	274
親ビューの再描画が子ビューに影響	377

か

改行	047
回転	113, 125
回転の中心	118
外部引数名	227
確認ダイアログ	303
掛け算	043
影を付ける	124
重ねて表示	118
画像表示待ちのプレースホルダ	430
画像を非同期処理でダウンロード	429
型	044
型が違う同士の計算	046
型推論	045
型変換	224
型を指定する	045
角丸四角形	114

角丸のテキストフィールド 359
角を丸める 126
カプセル形 114
画面の横幅 323
空かどうかチェック 265, 360
空の配列を作る 145
環境変数 356
関数の定義 180
関数の定義（外部引数名がある）............ 227
観測するオブジェクト 360
関連付け 345

き

キーボードが表示されない 264
キーボードの種類を指定 265
キーボードを下げる 269
キャスト 224, 268
キャンバス 018, 023
行数制限 082
強制アンラップ 186, 275
協定世界時 259
共有オブジェクトを作る 387
切り捨て、切り上げ 234

く

クラス拡張 400
クラス定義 358, 394
クラス定義の書式 395
クラスのイニシャライザ 363
グリッドレイアウト 325, 430
クリッピング 122, 408

け

経過時間を計る 437
経過秒数のログ 441
継承 397
経度と緯度 407
現在位置を追従する 423
検索ボックス 149

こ

構造体の値を作る 177
構造体のイニシャライザ 178
構造体の書式 176
構造体の中に関数を定義 226
コメントアウト 027
コメントアウトのショートカット 027
コメント文 027
コレクション 051
コレクションからランダムに選ぶ 202
コンソールに出力 193
コンファメーションダイアログ 303

さ

削除ボタン 375
削除を確認するダイアログ 301, 303
サブクラス 397
三項演算子 211
参照型 151

し

シートが閉じたタイミングで実行 313
シートを閉じる 353
シートを表示 349
色相、彩度、明度で色を作る 233
式の値を返す変数 063
時刻書式 HH、mm、ss 258
時刻だけのピッカー 260
四捨五入 234
システムのシンボルイメージ 213
実機で試す 033
シミュレータ 029
シミュレータで現在地を追従する 420
シミュレータを日本語にする 031
写真を消す 211
シャッフルする 204
じゃんけんゲーム 203
縦横サイズ 112
条件分岐 215
昇順／降順のソート 146
小数点以下の桁数を指定 230, 437, 442
少数点以下を取り除く 224
書式を調べる 021
処理を繰り返す 051
新規プロジェクトを作る 015
伸縮モード 106
信頼されていないデベロッパ 036

す

数値に変換 268
数値を文字列に変換する 048
スーパークラス 397
スーパークラスの初期化 399
スクロールビュー 315
図形で切り抜く 122
図形を表示する 111
スコープ 196
ステッパーを作る 221
ストリングリテラル 047
スライダーを作る 229
スリープする 435
スワイプアクション 365
スワイプでページ送り 341

せ

整数にする 224
セーフティエリアを無視する 20
セクション 249
セクションに分かれたリスト 53
セグメンテッドスタイルのピッカー 240
絶対値 235
線で描く 18

そ

ソート 46

た

タイトルを表示する 35
代入 043
タイマーが実行中かどうか 437
タイマーをスタート 437
タイマーをストップ 437
タイマーを作る 362, 437
楕円形 13
縦に並べる 059
タブで切り替える 337
タブル 049
タブルの要素を取り出す 049

ち

小さい方の値 234
チーム 034
チーム名 012
地図 405
地図に表示する領域 407
地図の座標 407
地図の表示領域の更新 417
地図のマーカー 410

つ

ツールバー 272, 282

て

定数 047
デートピッカーを作る 253
テキストエディタを作る 279
テキスト属性 076
テキストデータの保存 284
テキストの縦横サイズ 081
テキストファイルの読み込み 286
テキストフィールドを作る 262
テキストを整列 091
テキストを連結して表示 089
デバイスを回転する 026
デバッグエリア 093
デリゲート 422

446

INDEX

と

透明度	211
トグルスイッチ	206
トグルスイッチの色	211
ドットシンタックス	087
ドットを使ってアクセス	396

な

ナビゲータ	018

に

日時を表示する	253

ぬ

塗り色	111, 115

ね

年月日書式 yy、YYYY、MM、dd	258

は

ハーフモーダルビュー	308
背景色	100
配列から削除する	369, 374
配列から順に要素を取り出す	147
配列からランダムに選ぶ	202
配列に要素を追加する	144
配列の値を参照する	143
配列の最後の要素	273
配列の最大値／最小値	235
配列の書式	142
配列の要素の個数	140
配列の要素を削除する	376
配列をシャッフルする	204
配列をスライスする	146
バインディング	345
パスを作る	284

ひ

比較演算子	215
引数	180
引数の省略と初期値	181
ピッカーを作る	237
日付だけのピッカー	260
日付の範囲（レンジ）を作る	257
非同期処理で行う関数を定義する	435
非同期処理で表示する	426
非同期処理の結果がそろうまで待つ	436
非同期処理の逐次処理	438
非同期処理の並行処理	432
非同期処理を実行する	436
非同期処理を待って次へ進む	441
ひも付け	345
ビューが表示される際に実行	362
ビューを定義	126, 132, 166, 340

ふ

ビューを定義する関数	173
ビューを閉じる	349
表示サイズ	106
表示座標	120
ビルド	025
ピンチ操作	406
フォントの書体	077
フォントの線の太さ	077
複合代入演算子	043
プライバシー設定の確認	421
プライバシープロパティ	419
フルカバーのシートを表示	354
フルスワイプ	368
フルスワイプを無効にする	370
プレースホルダ	430
プレビューする	025
プレビューで使用するデバイス	025
プレビューを表示する	167, 174
プロトコル	179, 400
プロパティ	395
プロパティ変数	176

へ

変数	043
変数の書式	043, 045
変数の書式（get/set）	065
変数の書式（式の値を返す）	063
変数の書式（定数）	047
変数の有効範囲	196
変数名の付け方	044

ほ

棒グラフを作る	362
ボタンを無効にする	313

め

メソッド	395
メソッドを上書き	421
メニュースタイルのピッカー	237
メンバー	395

も

文字色	078
文字サイズを数値で指定	085
文字数をチェックする	292
文字の位置揃え	081
文字列	045, 047
文字列からランダムに選ぶ	202
文字列に変数や式を埋め込む	048
文字列の連結	047
文字列をシャッフル	204, 291
戻り値	180

ゆ

戻り値がない関数	181
ユーザー定義関数	180
ユーザートラッキングモード	423

よ

曜日書式 E、EEEE	258
横スクロール	323
横に並べる	061
余白	080
余白の調整	097
余白を埋める	095

ら

ライブプレビュー	134
ライブプレビューモード	194
ライブラリからのコード入力	074
ライブラリから部品をドロップ	059
ラベル	366
乱数	201
乱数を作るクラス	362

り

リードオンリーの変数	063
リストにフラグを付ける	371
リストの行を入れ替える	375
リストの表示スタイル	155
リストを作る	131

れ

例外処理	284, 290
列挙型	291
レンジ	052

ろ

論理演算子	218
論理値を反転させる	212
論理値をランダムに選ぶ	201

わ

ワークスペース	018
枠線	083
和暦のカレンダー	256

著者紹介

大重美幸（おおしげよしゆき）

日立情報システムズ、コミュニケーションシステム研究所を経て独立。商品開発、コンピュータ専門誌への寄稿、CD-ROM ゲーム、Web コンテンツ、システム開発、教材開発、講師を行う。HyperCard、ファイルメーカー、Excel、Director、ActionScript、Objective-C、Swift、PHP、Python など著書多数。趣味はジョギング、トレイルランニング、サーフィン、レコード鑑賞。
https://oshige.com/

近著

詳細！SwiftUI iPhone アプリ開発入門ノート／ソーテック社
詳細！Python 3 入門ノート／ソーテック社
詳細！PHP 8 + MySQL 入門ノート／ソーテック社
詳細！Swift iPhone アプリ開発入門ノート／ソーテック社
詳細！Apple Watch アプリ開発入門ノート／ソーテック社
詳細！Objective-C iPhone アプリ開発入門ノート／ソーテック社
詳細！ActionScript 3.0 入門ノート／ソーテック社
Flash ActionScript スーパーサンプル集／ソーテック社
Lingo スーパーマニュアル、Director スーパーマニュアル／オーム社
NeXT ファーストブック／ソフトバンク
HyperTalk ハンドブック／ BNN
ファイルメーカー Pro 入門／ BNN
ほか多数（合計 77 冊）

詳細！SwiftUI
iPhone アプリ開発入門ノート [2021]
iOS 15 + Xcode 13 対応

2021 年 12 月 31 日　初版　第 1 刷発行

著者	大重美幸
装丁	INCREMENT-D 廣鉄夫
発行人	柳澤淳一
編集人	久保田賢二
発行所	株式会社 ソーテック社
	〒 102-0072　東京都千代田区飯田橋 4-9-5　スギタビル 4F
	電話（注文専用）03-3262-5320　FAX03-3262-5326
印刷所	大日本印刷株式会社

©2021 Yoshiyuki Oshige
Printed in Japan
ISBN978-4-8007-1295-0

本書の一部または全部について個人で使用する以外、著作権法上、株式会社ソーテック社および著作権者の承諾を得ずに無断で複写・複製することは禁じられています。
本書に対する質問は電話では受け付けておりません。また、本書の内容とは関係のないパソコンやソフトなどの前提となる操作方法についての質問にはお答えできません。内容の誤り、内容についての質問がございましたら切手を貼った返信用封筒を同封の上、弊社までご送付ください。
乱丁・落丁本はお取り替え致します。

本書のご感想・ご意見・ご指摘は
http://www.sotechsha.co.jp/dokusha/
にて受け付けております。Web サイトでは質問は一切受け付けておりません。